美石大观

A Grand Sight of Rare Stones

舒勤荣 著

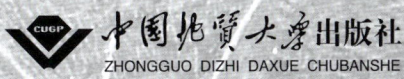

中国地质大学出版社
ZHONGGUO DIZHI DAXUE CHUBANSHE

内容简介

本书是人文地学类有关观赏石内容的图书。作者从人文历史与地质学的基本理论来阐释观赏石,它涉及各类观赏石的基本概念、分类、人文历史、美学鉴赏及科学成因等内容。书中插图丰富,并附色彩绚丽的彩色照片 300 余幅。是一本雅俗共赏的读物,适合广大观赏石爱好者阅读和收藏。

图书在版编目(CIP)数据

美石大观/舒勤荣著. —武汉:中国地质大学出版社,2007.12(2009.3 重印)

ISBN 978-7-5625-2223-2

Ⅰ. 美…
Ⅱ. 舒…
Ⅲ. 奇石-鉴赏-中国
Ⅳ. G894

中国版本图书馆 CIP 数据核字(2007)第 194958 号

美石大观	舒勤荣 著
责任编辑:张　华	责任校对:戴　莹

出版发行/中国地质大学出版社(武汉市洪山区鲁磨路 388 号)	邮政编码:430074
电话:(027)67883511　传真:67883580	E-mail:cbb@cug.edu.cn
经　销/全国新华书店	http://www.cugp.cn

开本:787 毫米×1092 毫米　1/16	字数:260 千字　印张:8.625　插页:4　图版:50	
版次:2007 年 12 月第 1 版	印次:2009 年 3 月第 2 次印刷	
印刷:湖北地矿印业有限公司	印数:2 501—3 500 册	

ISBN 978-7-5625-2223-2	定价:88.00 元

如有印装质量问题请与印刷厂联系调换

献 给

——沙恭达纶

春华瑰丽，

秋实盈衍；

亦扬其芬，

亦蕴其珍。

悠悠天隅；

彼美一人；

恢恢地轮，

沙恭达纶。

——歌德诗（苏曼殊译）

前 言

2003年11月16日,在武汉中华奇石馆召开的一次百人大会上,前武汉市资深领导人、武汉奇石花卉盆景协会理事长、著名奇石收藏大家王杰先生开宗明义,动员社科界的与会者为弘扬中华石文化而撰写观赏石方面的文章。会后陆续收到各地各界提交的文章达80篇,并于次年结集出版。

王杰先生为武汉中华奇石馆的创建倾注了很多的心力,此后又从文化建设的角度为提倡高雅文化而呕心沥血,至今令人感佩。

我作为与会者之一,在武汉中华奇石馆建馆之初便被王杰先生聘为顾问。作为从事地质事业达50年之久而又热衷于观赏石文化与鉴藏的一名爱好者,为这一文化建设做一些工作是顺理成章和责无旁贷的。况且,"知识分子理应担当起文化自觉的责任"(费孝通语),在这种使命感的驱策下开始了此项工作的构思,有意识地查阅相关资料,接触到一些20世纪80年代以来欧美国家出版发行的、印制精美的矿物晶体彩色图片和书籍,这些美轮美奂、千姿百态的矿物晶体,令人耳目一新,精神为之振奋。以此为契机,我决定从一个新的视野,从观赏石地质学的角度,结合我国数千年观赏石传统文化的历史蕴含,以石"文化"为经,以地质"科学"为纬,"编织"这一工程。从2004年初动笔到2006年底,经过不断的努力,在诸多领导和朋友、同事的热心帮助下,历时3年终于完成了全稿。

全书由两大部分组成,分上、下两篇。上篇观赏石文化与科学为本书的主体部分;下篇是在不同刊物、书籍中已发表过的与"石"有关的文章。值得指出的是,第十章"随州陨星的陨落现象——随州陨石雨科学考察"为"陨石"专论,是获得国家自然科学基金资助的科研项目论文。

全书成书约20余万字。上篇附矿物晶体观赏石彩色图片174幅、岩石观赏石彩色图片31幅、印章石彩色图片28幅、化石观赏石彩色图片39幅。下篇附彩色图片37幅。全书共附彩色图片309幅。

对于上篇(观赏石文化与科学),笔者试图用比较通俗易懂的语言,运用地质学的理论知识来阐释观赏石包括岩石、矿物和化石的不同成因及其分类,尽可能地将地学界最新的研究成果以及轶闻趣事,配以精选的插图与表格一并奉献给读者。而对于观赏石鉴赏方面,由于此类文章、书籍如同自20世纪90年代以来,出版面市的各类观赏石图册一样,可以说是汗牛充栋,因此,在编写本书之时着墨不多。

书中在解释某些观赏石的成因方面,例如纹理石的成因解释,仅以广西的红河石中平纹石和凸纹石作例,而产于湖北的三峡图纹石和北方的黄河图纹石,在成因上与之类同,并未一一赘述;另外对有些石种的细分名称则沿用了石界已经熟悉或习惯的称呼,但笔者就不同名称的石质内涵予以阐释。例如对腊石之分为"玉质、密质、雪质和砂质"便是承用前人之名称,而其内容则为笔者之所释。此外,笔者在著述之中对于目前市场中的热门话题,例如"夜明珠"之类,亦在矿物晶体观赏石最后作为"附录"加以评述,以应部分好奇者阅读。而对于观赏石的经营贸易方面,此乃笔者弱项,况且各类观赏石的价格在国内外亦并非一成不变的,故未专题论述。总之,本书呈献给读者的是两个字的意蕴,即"美石",并由此而深入到它的历史文化与科学内涵中。鉴于笔者的知识水平所限,未尽之处在所难免,谨在此先以为歉。

本书的写作是在王杰先生的感召下启动的,尤其得到武汉中华奇石馆及前馆长刘腊堂先生的大力支持;在写作过程中亦深得中国地质大学逸夫博物馆馆长徐世球博士、副馆长刘俊民先生以及同事李富强、张凡、周捍华等人的支持与照顾;在图片的处理上得到安黛宗教授、研究生刘巍的大力帮助,辛建荣教授也是我完成此书的重要精神鼓励者,在此谨向诸位深致谢忱。没有他们的协助,要完成此书是十分困难的。

最后须提及的是,囿于篇幅之限,本书不能将所参阅、引用书籍及资料的作者、名称一一附列书后,笔者预先敬悉各位方家先生、女士见谅,并再三感谢。

自 序

观赏石地质学(Enjoyable Geology)是20世纪90年代以来诞生的一门新型学科,是运用地质学知识研究观赏石物质组成、赋存规律、地质作用过程和形成机理的学科。作为观赏石,它涵盖观赏石美学(Enjoyable Aesthetics)——研究观赏石的美学特征和规律及其艺术内涵的学科,故观赏石研究应包含地质科学和美学这两方面的内容,它既有地球科学的部分,又有人文科学的内涵,这两方面合起来则是人文地学(Earthscience of cultural interest)的一部分(人文地学的涵盖面较广,如旅游地学亦属之),它属于地质科学与人文科学之间的边缘学科。

西方最著名的思想家弗洛伊德(1856—1939年)在他的著作《文明和它的不满》中指出:"美学,科学考察了事物的美的条件,但是它不能对美的本质和起源作任何说明。"对观赏石的美的研究,如果不去深入地探索它本身的奥秘(如观赏石的成分、多彩的致色原因等),就无法从更深的层次去理解其美的本质。矿物晶体的色彩美和形态美、化石的纹饰美和对称美、岩石类观赏石的造型美和纹理美都表明,美是具有物质属性的。

我国虽有300万之众的观赏石收藏者及爱好者,其中绝大多数为中国传统观赏石的钟爱者,可谓为感性的收藏者和鉴赏者;而很少一部分的矿物晶体和化石的收藏鉴赏爱好者,则是具理性的一族。因为国际上对这些天然石质艺术品的收藏主流,依然是对矿物晶体和化石的收藏,热衷于中国传统观赏石趣味的国外爱好者是为数不多的。国外收藏矿物晶体有数百年以上的历史,德国最伟大的诗人歌德(1749—1832年)就是一位矿物晶体的鉴藏者,在他的书房中常能见到他当时收集到的各种矿石标本。有人认为这与中国古、近代科技相对落后于西方有关,但笔者认为不尽然也,其根本原因是东西方人们所崇尚的文化背景差异所致。

古希腊哲学家亚里士多德认为:"美的主要形式是秩序、对称、明确,这些特别表现在数学中"(《政治学》)。德国哲学家黑格尔在他的《科学》中也提到:各种自然结晶体是美的,因为它不但具有合乎规律的平衡对称的形式,而且这种形式看起来是由结晶体本身内在造成的,不是由外在机械作用的影响形成的,因而是美的。中国古代亦有类似于西方以数的比例、尺度而决定美的思想,如古代楚国屈原的学生宋玉在《登徒子好色赋》中所言:"增之一分则太长,减之一分则太短;著粉则太白,施朱则太赤……",形容绝代佳人之美。

其实中国人的爱石情结比之于西方人对矿物晶体的偏好,从审美的角度看,西方人可以说是悦耳悦目、悦心悦意;而中国人则要求悦神悦志,甚至达到"天人合一"的最高境界。这"天人合一"就是中国哲学的基本精神,也是中国美学的基本精神。奇石是自然的产物,但又似人之作,即虽是天工,却宛如人作。它的美亦就在于"天人合一",况且奇石是袖珍的天工之作,是"人心的山水,物化的人情"。总之,从东西方对天然的石(岩石与矿石)质艺术品的不同偏好,正好反映了他们不同的历史与文化背景,中国人的审美情趣是从数千年的历史长河中逐渐形成的,而西方人的审美情趣的养成自然无法与中国人相媲美。另一方面,自人类诞生时的洪荒世界以来,人类所接触的大自然中,岩石比矿物晶体远远要多得多,因此形成了中国人传统的爱石情结,这难道不是理所当然的吗?但是,随着中国经济的高速发展,其收藏者队伍不断扩大,收藏者的文化素质也迅速提高,矿物晶体作为观赏石收藏中的"少数派",其以精美的外形、绚烂的光泽和令人赏心悦目的色彩,以及大自然在造就它时神秘的经历,这其中所蕴含的科学道理是一些好奇的收藏爱好者想要了解的内容。矿物晶体具有十分精确的几何形状,符合数理逻辑,它表现出的对称美、结构美、协调美以及色彩美是一般的岩石观赏石所不具备的。

正是矿物晶体的"天姿国色"倾倒了笔者,在她的诱惑下动了凡心,于是便有了此书的问世。20世纪初,国学大师王国维说:"一切景语皆情语!"笔者正是因景而动情。著名的当代画家吴冠中在"奥秘和奥秘间隐有通途"一文中指出:"花耶非花,乃人之欢愉或思念,事事物物都缘情意所牵,脉脉温情潜伏于彩色的浓郁与淡雅中,画外人意,飘浮于空灵。"奥秘幽径有通途,这正是笔者所要表达的意境。

本书之名为《美石大观》是缘于清代毛奇龄的《后观石录》中一段文字所启迪:"观亦恣我之观,斯可云大观而无憾。"大观者,大视野、大观览之谓。基于这种理念,本书引入欧美与中国自20世纪80年代以来所能发现并经过研究确定为最具魅力的、顶尖完好而美丽的矿物晶体,从中也可让国人收藏爱好者藉以比较中外在鉴藏矿物晶体上不尽相同的审美情趣。若此书的问世能让读者从这些五彩缤纷的矿物晶体图片中得到些许美的享受,笔者也会从中得到欣慰的。

作者识于"书石斋"中
2007 年 7 月 7 日

目 录

上篇 观赏石文化与科学

第一章 绪论——中国观赏石文化略史 ………………………………………… (3)
第二章 观赏石的概念和分类 ……………………………………………………… (8)
    一、观赏石的概念 ……………………………………………………………… (8)
    二、观赏石的分类 ……………………………………………………………… (9)
第三章 观赏石鉴赏 ………………………………………………………………… (11)
第四章 岩石类观赏石 ……………………………………………………………… (13)
    一、造型观赏石 ………………………………………………………………… (13)
    二、造型观赏石的成因 ………………………………………………………… (19)
    三、纹理观赏石 ………………………………………………………………… (22)
第五章 矿物晶体观赏石 …………………………………………………………… (28)
    一、人类应用和研究矿物简史 ………………………………………………… (28)
    二、矿物晶体观赏石的基本知识 ……………………………………………… (31)
    三、世界重要矿物观赏石(图片)赏析 ………………………………………… (41)
第六章 印章石 ……………………………………………………………………… (60)
    一、概述 ………………………………………………………………………… (60)
    二、印章石种类 ………………………………………………………………… (62)
第七章 化石观赏石 ………………………………………………………………… (72)
    一、前言 ………………………………………………………………………… (72)
    二、化石观赏石面面观 ………………………………………………………… (73)
    三、化石观赏石文化 …………………………………………………………… (80)
    四、我国举世闻名的化石产区概述 …………………………………………… (91)
    五、化石收藏的科学启示 ……………………………………………………… (95)
    六、地质年代表 ………………………………………………………………… (97)

下篇 奇石观览

第八章 说砚 ………………………………………………………………………… (101)
    一、引子 ………………………………………………………………………… (101)

二、砚史略 ……………………………………………………………… (102)
　　三、砚材 …………………………………………………………………… (103)
　　四、历史上湖北的名砚 …………………………………………………… (106)

第九章　随州陨星的陨落现象 ………………………………………………… (107)
　　一、陨落现象 ……………………………………………………………… (108)
　　二、陨石雨的分布范围与特征 …………………………………………… (109)
　　三、陨星运行情况讨论 …………………………………………………… (110)
　　四、陨石的外形特征和烧蚀图像 ………………………………………… (111)
　　五、陨石的矿物成分、结构和化学成分（从略） ………………………… (113)
　　六、结论 …………………………………………………………………… (113)

第十章　湖北观赏石 …………………………………………………………… (114)
　　一、岩石观赏石 …………………………………………………………… (114)
　　二、矿物观赏石 …………………………………………………………… (118)
　　三、生物化石观赏石 ……………………………………………………… (120)
　　四、事件石、纪念石 ……………………………………………………… (124)
　　五、湖北古代著名观赏石 ………………………………………………… (125)

第十一章　武汉中华奇石馆藏石品鉴 ………………………………………… (128)
　　一、奇石世界揽胜——武汉中华奇石馆 ………………………………… (128)
　　二、镇馆之宝——武汉中华奇石馆馆藏珍品撷英 ……………………… (129)

参考文献 ………………………………………………………………………… (132)

图版目录

图版 01　岩石类观赏石　历史上著名的造型观赏石撷英
图版 02　岩石类观赏石　造型石
图版 03　岩石类观赏石　造型石
图版 04　岩石类观赏石　纹理石
图版 05　矿物晶体观赏石　**自然元素类矿物**　金刚石　自然硫
图版 06　矿物晶体观赏石　**自然元素类矿物**　金刚石　自然银　自然铜
图版 07　矿物晶体观赏石　**硫化物·碲化物类矿物**　雄黄　雌黄　锑雌黄
图版 08　矿物晶体观赏石　**硫化物·碲化物类矿物**　辰砂
图版 09　矿物晶体观赏石　**硫化物·碲化物类矿物**　黄铁矿　方铅矿　淡红银矿　深红银矿
图版 10　矿物晶体观赏石　**硫化物·碲化物类矿物**　闪锌矿　辉锑矿　黄铜矿　毒砂　碲金银矿
图版 11　矿物晶体观赏石　**氧化物(含 OH 化物)类矿物**　刚玉　尖晶石　锐钛矿　金绿宝石　铁铅砷石
图版 12　矿物晶体观赏石　**氧化物(含 OH 化物)类矿物**　赤铁矿　赤铜矿　毛赤铜矿　磁铁矿
图版 13　矿物晶体观赏石　**氧化物(含 OH 化物)类矿物**　水晶簇　紫水晶　玉髓　欧泊
图版 14　矿物晶体观赏石　**卤化物类矿物**　萤石　石盐　萤石(发光)球
图版 15　矿物晶体观赏石　**含氧盐类·硅酸盐矿物**　电气石　锂电气石
图版 16　矿物晶体观赏石　**含氧盐类·硅酸盐矿物**　黄玉
图版 17　矿物晶体观赏石　**含氧盐类·硅酸盐矿物**　海蓝宝石　艳绿柱石　绿柱石
图版 18　矿物晶体观赏石　**含氧盐类·硅酸盐矿物**　榍石　桃针钠石　硅化雀石　铁锂云母-石英
图版 19　矿物晶体观赏石　**含氧盐类·硅酸盐矿物**　锂辉石　红硅钙锰矿　蓝晶石　蔷薇辉石
图版 20　矿物晶体观赏石　**含氧盐类·硅酸盐矿物**　鱼眼石　羟鱼眼石　氟鱼眼石
图版 21　矿物晶体观赏石　**含氧盐类·硅酸盐矿物**　锰铝榴石　镁铝榴石　钙铝榴石
图版 22　矿物晶体观赏石　**含氧盐类·硅酸盐矿物**　霓石-钠铁闪石-钾长石　绿铜矿　天河石　硅铜铀矿
图版 23　矿物晶体观赏石　**含氧盐类·硅酸盐矿物**　绿帘石　斜绿泥石　斜黝帘石　黝帘石　叶蜡石　铬绿泥石
图版 24　矿物晶体观赏石　**含氧盐类·磷酸盐矿物**　磷氯铅矿　绿磷铁矿　绿松石　锂磷铝石　磷锂石
图版 25　矿物晶体观赏石　**含氧盐类·磷酸盐矿物**　银星石　磷叶石　磷铝钠石　绿磷铅铜矿　磷灰石

图版 26	矿物晶体观赏石 含氧盐类·**磷酸盐矿物**	氟磷灰石 磷铝铁石 斜磷铜矿 蓝铁矿
图版 27	矿物晶体观赏石 含氧盐类·含 UO_2 的磷酸盐·**钒酸盐矿物**	钙铀云母 准钙钒铀矿 准铜铀云母 铜铀云母 镁铀云母
图版 28	矿物晶体观赏石 含氧盐类·**砷酸盐矿物**	砷铅矿 水砷铝铜矿 砷酸镁钙石 基性砷锌矿 毒石
图版 29	矿物晶体观赏石 含氧盐类·**砷酸盐矿物**	水砷锌矿 水红砷锌矿
图版 30	矿物晶体观赏石 含氧盐类·**砷酸盐矿物**	钴华 臭葱石 镁毒石 砷铁锌铅石 砷铅矿
图版 31	矿物晶体观赏石 含氧盐类·**钒酸盐矿物**	钒铅矿
图版 32	矿物晶体观赏石 含氧盐类·**钨酸盐·铬酸盐矿物**	白钨矿 钨锰铁矿 斜钨铅矿 铬铅矿
图版 33	矿物晶体观赏石 含氧盐类·**钼酸盐矿物**	钼铅矿
图版 34	矿物晶体观赏石 含氧盐类·**硫酸盐矿物**	水硼钙钒 铝氟石膏 绒铜矿 硫酸铅矿 石膏玫瑰 重晶石
图版 35	矿物晶体观赏石 含氧盐类·**碳酸盐矿物**	方解石 文石 佛手状方解石 豌豆形霰石 铁白云石
图版 36	矿物晶体观赏石 含氧盐类·**碳酸盐矿物**	菱锌矿 斜方绿铜锌矿 菱钴矿 蓝铜矿
图版 37	矿物晶体观赏石 含氧盐类·**碳酸盐矿物**	菱锰矿 硫碳酸铅矿 绿铜锌矿
图版 38	印章石	田黄石
图版 39	印章石	田黄石 鸡血石
图版 40	印章石集锦	
图版 41	新生代动物化石	白垩纪恐龙蛋·假化石
图版 42	辽西热河生物群——晚中生代动物的天堂	
图版 43	菊石和鹦鹉螺	
图版 44	三叠纪海洋动物化石 古生代和元古代化石	
图版 45	植物化石 海百合化石 三叶虫化石	
图版 46	动物世界的黎明和崛起	
图版 47	名砚选粹	
图版 48	湖北观赏石集锦（一）	
图版 49	湖北观赏石集锦（二）	
图版 50	武汉中华奇石馆集锦	

上篇 观赏石文化与科学

Shangpian
Guanshangshi Wenhua Yu Kexue

第一章 绪论——中国观赏石文化略史

中国观赏石文化是我国独有的一种文化现象,是传统文化的组成部分。石文化发端于原始人类的原始工具制造,原始人类为了生存、发展和安全的需要,创造了石头工具,随着石头工具制造技术的精进,人类从旧石器时代步入新石器时代。同时,由于维持生存的物质来源相对丰富,原始人类开始有了美的追求,于是有了用漂亮的石头制作小饰物来装扮自己,以引起异性的注意。这便开始有了精神意义上的对美石的追求。距今7 000年的河南新郑裴李岗文化和浙江河姆渡文化遗址中,出土了石珠和简单加工的玉器;分布于辽西和内蒙古东部地区的红山文化遗址中,出土了豕形、鹰形玉饰和猪龙等,这些都是原始人类精神需求的产物,可谓最早的石质艺术品。

据文献记载,黄帝时代即有了配合自然景色构建的"元圃",这是我国造园史的开始。商周时代,周武王灭商时"得旧宝石万四千,佩玉亿有八万"。

春秋晚期,吴国在吴王阖闾的治理下,国力逐渐强盛起来,大建宫苑,始用周边所产的太湖石来装点园景。

秦汉时期,秦朝的阿房宫和汉时的上林苑中皆有"构石为山",宰相李斯设计"盆植"美化阿房宫。据《西京杂记》载,汉高祖刘邦的未央宫就设有"池十三、山六"以供玩赏。汉武帝的甘泉宫、建章宫以及上林苑等处将自然山水囊括于宫中。此时,贵族和民间富豪的私家园林也逐渐发展起来。从民间"构石为山"的造园风气来看,汉代取用自然石来装饰庭园的风气已十分普遍。

魏晋南北朝时期虽是战乱频仍的时代,但士大夫阶级似乎看穿了人生,玩石之风兴起。如《南齐书》文惠太子传载:"……楼观塔宇,多聚奇石,妙极山水"。魏晋六朝"文人学士每以异石为好。琉璃砚匣,终日随身;翡翠笔床,无时离手"。自此以后,奇石便逐渐发展成为独立的鉴赏对象了。

唐代是我国观赏石艺术十分普及的时期,如在唐高宗和武则天的陪葬墓——章怀太子墓的壁画里,就有两名宫女手捧树石盆景的图画。

唐代宰相李勉还是我国真正有记载的私人奇石收藏的第一人。他因藏有"罗浮山石"、"海门山石"而闻名于世。唐穆宗时身居相位的牛僧儒也是一位酷爱藏石的人,他在洛阳的府第中收藏了很多太湖石,更有趣的是,这位相爷到了"游息之时与石为伍",甚至到"待之如宾客,视之如贤哲,重之如宝玉,爱之如儿孙"的境地。唐代大诗人白居易最钟情于太湖石,其诗文中即有许多是吟咏"太湖石"的诗句,如"风气通岩穴,苔文护洞门。三峰具体小,应是华山孙",并指出,"石有聚族,太湖为甲",太湖石的奥妙,就在于"三山五岳,百洞千壑,视缕簇缩,尽在其中。为仞一拳,千里一瞬,生而得之",对太湖石作了较高的评价。诗人还总结出"爱石十德",广叙玩石的益处,他认为赏石可以"养性延容颜,助眠除睡眠;澄心无秽恶,草木知春秋;不远有眺望,不行人洞窟;不寻见海埔,迎夏有纳凉;延年无朽损,昇之无恶业"。由此可见,唐代玩石、藏石是相当普遍的,但对观赏石的理论研究和著述还很少见诸于市。

唐代末期五代十国时的南唐后主李煜(公元 937—978 年),是宋朝立国三年后即位的,后亦亡于宋。李煜虽不善于朝政,但却是一位大词人、书画家,亦是一位收藏大家,其所用"澄心堂纸、李廷硅墨、龙尾石砚三者为天下之冠"。据《铁围山丛谈五》载,李后主收藏的"海岳庵研山"(如图 1-1 所示),"径长踰尺咫,前耸三十六峰,皆大于手指,左在引两阜陂陀而中凿为研……"。另李后主还有一青石砚,名为"宝晋斋研山"(如图 1-2 所示),据《李之彦砚谱》载:"砚中有黄石如弹丸,水常满,终日用之不耗"。这两"研山"只是李后主收藏品中最负盛名者。这两砚在南唐破国后流入民间,为米元章(米芾)所得。"海岳庵研山"便是米芾用它与苏仲容交换一座宅园的著名"研山",辗转至清代以后为朱彝尊收藏。

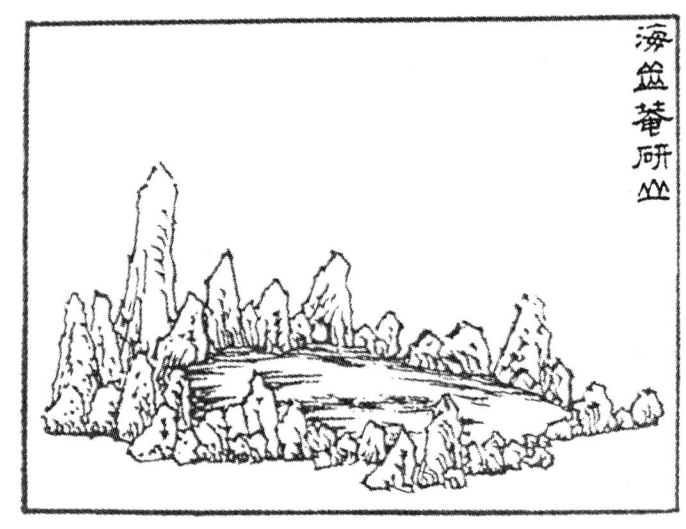

图 1-1　海岳庵研山

在此叙述这段轶事,是为了陈述观赏石文化中的一桩趣事,即从李后主始,作为书写工具的砚台(研山),此时便有了一个全新的价值:艺术观赏性。自此以后,砚石之精妙者,亦为文人争宠的新贵。李后主乃肇始者,不可不书之。

宋代,它是我国科技史上具有重要地位的时代,也是我国地学史上最辉煌的时代,其玩石之风更盛,将玩石艺术推向了高峰。随着审美及欣赏能力的提高,新的观赏石品种被不断发现,此时产生了一部观赏石专著,杜绾所著的《云林石谱》,它记载了百余种山石品种,并对其产地、形状、颜色、硬度、透明度、纹理、磁性、晶形乃至受风化程度等作了较详细的论述。这是我国历史上最早的关于观赏石的总结。

宋代是我国奇石收藏、鉴赏的黄金时代,产生了一批精于奇石艺术的名家,上至宋徽宗赵佶,他虽不是一个好皇帝,然而在书画艺术以及奇石鉴赏与收藏上却是一位大家。其臣下精于石艺的却有一大批名臣,如欧阳修、吴允、苏东坡、米元章(米芾)、范石湖、杜季阳(即编撰《云林石谱》的杜绾)、黄庭坚、赵孟坚(大书画家赵孟頫的堂弟)、赵希鹄和赵子昂等人。就是这样一批入仕的文人学士,不仅在实践上而且在赏石艺术的理论上,开创了我国观赏石文化的先河,

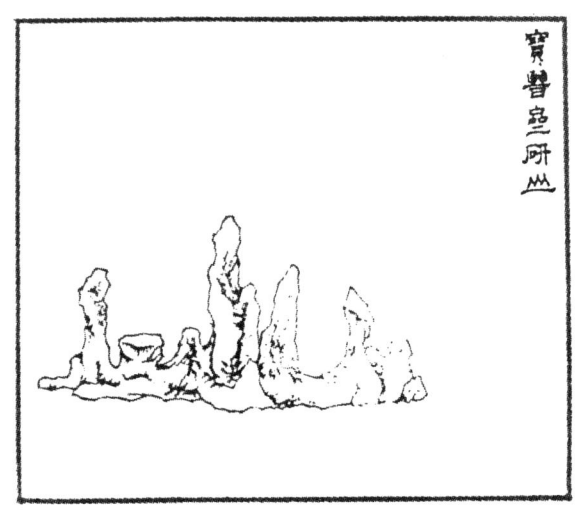

图 1-2　宝晋斋研山

奇石艺术水平自宋以降直至元、明、清、民国,皆未有超过者。在这里,须特别提出,北宋名臣米元章和苏东坡对奇石艺术鉴赏的贡献。

米元章(米芾),世称米襄阳,因官职之故又称米南宫,是一位因玩石至今仍为人们津津乐道的奇人。他为人狂放,不墨守成规,一身洁癖,不与人同器,故世人多称其为"米癫",在奇石鉴赏上有独创的见解,如"秀、瘦、皱、透"四项赏石原则为其首推。他品石首重奇石的精神和内在气韵,他玩石近乎于痴。有一次宋徽宗命内侍在瑶林殿上摆好长绢、玛瑙砚、李廷珪墨、牙管笔、金砚匣和玉制镇纸等御用工具,召元章至,命他对绢挥毫,皇上映帘视之。元章反系袍袖,跳跃便捷,落笔如飞,徽宗大喜,书法完成后米芾知道徽宗在帘后欣赏兴致正浓,于是捧着石砚跪请说:"此砚经臣儒染,不堪复以进御。"徽宗因此赐给了他。只见米芾连忙抱着石砚答谢,根本不在乎砚中剩下的墨汁沾渍了袍袖,还喜形于色,也顾不了平时的洁癖,弄得宋徽宗大笑道:"癫名果不虚传也!"

米芾在安徽无为任职期间,就近蓄有为数不少的灵璧石。有一次他听说河里有一怪石,造型非常奇特,老百姓都不敢去挖取它,米芾得知后马上派人不惜工本挖起运至州府供藏。起初他对此石并不在意,等他见到此石后,深为其不同凡响的造型所惊愕,于是马上设案整冠下拜说道:"吾欲见石兄廿年矣!"此乃千古流传的佳话,即世称的"米癫拜石"。

唐宋八大家之一的苏东坡,名轼,号东坡居士。他工诗词,其诗文气势雄浑,词藻豪放,也擅长行书、楷书,与蔡襄、黄庭坚、米芾并称为宋四大家。东坡居士一生经历了多次党争,且屡遭贬谪,但始终不改其玩石的心境。他是北宋藏石名家,举凡多彩石、图样石、盆景石、山水景石随兴所至,不拘类别。他曾收集齐安江中红、黄、白的色彩石298枚。每枚都有细微图样,极为清新可爱,大的寸许,小者如枣、栗、菱角大小,后将一古铜盆用来盛石,"以净水注石为供",刚好其僧友佛印和尚拜访他,于是就将其送给佛印作为礼禅悟理的启灵,并作《前后怪石供》两文以说明自己赠石的理由。后人多沿用这个典故以石供佛。

值得一提的是,北宋末期,由于宋徽宗沉迷于书画和奇石造园等艺术,国政疏荒,加上政治腐败,统治者加紧搜刮人民,阶级矛盾非常尖锐。宋徽宗听信奸臣谗言,为求祥瑞而在汴京开筑"万寿艮岳",敕派宠臣朱勔等人到江南各地去搜取奇花异石,这便是激起民变的"花石纲"。其工程之浩大,"所费以亿巨万计",花石的取用"虽江湖不测之渊,力不可致者,百计以出之"。运送的舟楫更是日夜络绎不绝,工程历经6年才全部完成。据史载,除了征调民间的庭苑花石筑"万寿艮岳"外,宋徽宗更广征天下的奇珍异石,选得65石亲自一一予以封爵题名,并刻铭于石背,依形绘成图鉴,定名为"宣和六十五石"。现在的"江南三大名石"(上海豫园的玉玲珑,苏州留园的冠云峰,杭州西湖名石苑的绉云峰)都是当年"花石纲"遗石。宋徽宗的横征暴敛,激起了北方的宋江起义,名著《水浒传》依这一历史事件写成,而南方的方腊起义亦与这"花石纲"有关。数年以后的"靖康之变",北宋王朝的覆亡不能不说亦与宋皇室的穷奢极欲不无关系。

宋室南渡以后,玩石的风气并未因此稍挫,例如在赵希鹄的《洞天清禄》中还把奇石与古董、珍玩、字画并列,由此可见奇石受重视之一斑。

元代蒙古人入主中原以后,奇石的鉴藏渐转为民间发展,但在规模上已不如唐宋时期。元初的藏石家多半是南宋遗民,如元初的赵孟頫即为一例。元时奇石玩赏之风仍承袭唐宋,但"盆景石"的赏玩之风比之前朝更趋普及,成为元代鉴藏奇石的另一特色,也带给明清二代一个玩赏奇石的新风气,例如元名画家倪瓒对著名的"狮子园"的规划与经营。

明代立朝之初经济一度繁荣,社会安定,市井民众相对富裕,观赏石事业发展蓬勃。其盛况可从明黄省《吴风录》中得知,其中记载当时太湖一带取石状况,如:"自朱勔创花石媚……至今吴中富豪竞以湖石筑峙奇峰阴洞,至诸贵占据名岛以凿之。"与石谱有关的专著较之唐宋更多,有《园冶》、《素园石谱》、《石品》以及对当时在地学上有很大贡献的代表人物徐霞客著述的《徐霞客游记》等。徐霞客对石灰岩地形、地貌和溶洞的探险研究,不仅在中国,亦在当时的世界地学领域上处于领先的地位,对于石灰岩质的庭园观赏石的成因及产地都有深入的述录和独到见解。

著名的造园家李计成在《园冶》中记载了可供观赏、造园的山石有16种。书中详细介绍了雅石产地、选石原则,从治园角度对奇石的陈列提出要因地制宜选材陈列,并要重视环境空间与奇石的比例。他对太湖石的开采有精彩的记述:"采人携锤錾入深水中,度奇巧取凿,贯以巨索,浮大舟,架而出之。"并描述了太湖石的成因:"石在水中,岁久为波涛冲蚀,皆成嵌空,石面麟麟作靥,名曰弹窝,水痕也。"

另一位明末造园名家李渔(公元1611—1680年)在《闲情偶寄》中,进一步诠释了由宋人米芾、苏东坡提出的鉴赏奇石的"瘦、透、漏"的内容:"此通于彼,彼通于此,若有道路可行,所谓透也;石上有眼,四面玲珑,可谓漏也;壁立当空,孤峙无依,所谓瘦也。"

林有麟著有《素园石谱》。他不仅自己藏石,为了对先人示敬,在他的"素园"里,专门收有其先辈保存的多方奇石。他还喜欢收藏一些色彩艳丽的、带有美丽花纹的,包括雨花石在内的小卵石,并将这些石头的美丽花纹绘成图形,附在《素园石谱》后面,名曰"青舫绮石"传于世。

《石品》是郁濬于明万历四十五年(公元1617年)撰,这是一本以叙述岩石为主体的书,记述了各种岩石、矿物及化石共581种,但其中观赏石类则不足10种。

清代是对观赏石理论的探讨和对前人藏石经验的总结时期,亦有一些著述传世。如清初宋荦著的《怪石赞》、高兆所著的《观石录》、沈心房著的《怪石录》,其后梁九图著的《谈石》,其中对选石、陈列和养石技法等皆有见地。《谈石》指出:"藏石先贵选石,其石无天然画意的不中选。"在陈列上他主张应在选石的基础之上措置美石,如"位置失法,无以美观"。同时为了维护奇石的清新苍润,要十分注意养石。对养石的水都要经过细心的研究考量,可谓"浇必用山涧极清之水"。

李渔在《闲情偶寄》中说:"书斋磊石,原非得已。不能置身岩下与木石居,故以一拳代山,一勺代水,所谓无聊之极思也。然能变城市为山林,招飞来峰使居平地,是神仙妙术假手于人,以专奇者也,不得以小技之。"作者在此指出了摹拟自然的山石盆景并非雕虫小技,而是出于对身居城市里的人亲近自然的需要。这不仅是生理上,而且也是精神文化上的需要,点出了山石(树石)盆景产生的原因。

清代知名的书画家郑板桥对于奇石也颇有研究,他阐释苏东坡的"丑石"观曰:"米元章论石,曰瘦、曰皱、曰透,可谓尽石之妙。东坡又言'石文而丑',一丑则石之千态万状,皆从此出。彼元章但知好之为好,而不知陋劣中有至好也。"同时他更进一步地表示石"丑"当"丑而雄,丑而秀"亦臻佳品。

民国以来,战乱频仍,自日军入侵直至1949年全国解放为止,社会动乱,民不聊生,无所谓藏石、玩石,观赏石事业日趋衰落,更无人问津石头的事。

到20世纪80年代后期,随着改革开放及人民物质文化生活水平的提高,我国观赏石事业开始复兴、繁荣,所谓"盛世藏宝,乱世藏金"。进入20世纪90年代以后,继唐宋、明清时代赏石、玩石盛世以来,无论从投入的资金,还是参与的人数,其规模之大,石玩的品种之多,数量之大,涉及地域之广泛,都是盛况空前的。全国各大都会、中心城市或产石的中小城市都建有规模大小不等的奇石馆,其中有官办的、有民办的,观赏石事业兴旺蓬勃之状是历史所未有,观赏石已从旧时达官贵人文人学士的殿堂、林苑、书斋走入寻常百姓之家。从20世纪90年代以来,全国各地几乎每年都举办品味很高的观赏石展,新的石种也在不断地被发掘出来。有关观赏石方面的书刊、图集以百倍于古代的数量推向市场,同时观赏石的经济价值也被市场所关注。从事观赏石经营的从业人员及其经济效益亦在逐年递增。观赏石已不再是少数人的爱好,在某些省市,已经形成了产业,观赏石产业亦成为招揽客商的品牌推出,如广西柳州、山东临朐、江苏徐州等地。

第二章　观赏石的概念和分类

一、观赏石的概念

观赏石自古迄今有许多名称：奇石、雅石、艺石、怪石、供石、赏石、欣赏石等。韩国称寿石，日本、东南亚及中国台湾称雅石。其中以称呼观赏石、奇石及雅石者较为普遍。

我国有许多涉及观赏石的书籍，有的将观赏石称为异石（《南齐文惠太子传》）、片云（《素园石谱》）、幽石（《素园石谱》）、巧石（《渔阳公石谱》）、片石（《素园石谱》）。在日本亦有称水石者。观赏石在南北朝以前多称"异石"、"怪石"，唐宋则以"怪石"、"奇石"、"巧石"称之，明清二代则称"奇石"、"盆石"为多，这反映了每个时代不同的赏石观。及至今日，其观赏品味也日趋多元化，任何一个称谓已不能再涵盖整个鉴赏内容。

第一章对观赏石的文化发展及其起源作了介绍。石之观赏的发端是人们对自然山石、风景之美的向往，古代文人雅士在游山玩水、领略山川英华之余，又兴起了以石头做缩微山水，大者为私家庭苑山石小景，小者为文居清玩，从中领略"尺寸千里"个中谐趣。这一方面体现了中国人对自然山水万物的态度，即亲近自然，崇拜自然，欣赏自然，因而顺应自然的造化，而不去人为地破坏它。另一方面，有了这种崇敬和欣赏，便自然产生了一种占有的欲望。因而在自然山涧、流水之中，发现了千奇百怪的类似山川、走兽、人物及器物造型的天然石头，用它来象征这些山水景色，享受这些所谓"一峰则太华千寻，一勺则江湖万里"（《长物志》）的意趣，陶冶人之性情。起初，这些山石盆景、文房清供便是早期人们欣赏的观赏石。

随着时代的发展、生产力的进步、国内外文化频繁的交流、知识的扩展和更新、新的岩石种类和矿物及金属、非金属矿物晶体的发现，大大丰富了观赏石的内容。观赏石基本上都具有"质、色、形、纹"四大基本要素，但还必须具备三种特质，即天然的、唯美的和稀有的。这四大要素和三种特质构成了观赏石的基本内容，即"天造"艺术品。我们常将观赏石列为"发现艺术品"。"美是到处存在的，不是缺少美，而是缺少发现"（罗丹语），要发现美的观赏石需要人们具备一双慧眼和一定的文化底蕴。既已发现这种石质艺术品，且是大家公认的，那这样的天然艺术品当然具有一定的经济价值了。

什么是观赏石？综上所述，观赏石是自然界形成的、具有观赏价值的石质艺术品。它们按照地质学的运动机理在自然界中产生和赋存，不仅是一种新的矿产资源，同时又是按美学规律评价鉴赏的天然石质艺术品。其关键所在，它是可按地学规律去寻找与发现的"天然石质艺术品"。兹作以下解释。

天然性：观赏石是按地质规律形成，且保持天然的产出状态。无论观赏石的外形、纹理、颜色和质地都是天然生成而非人工制作的。

石质：按《辞海》（1999年版）解释，石是指"构成地壳的矿物质硬块"。如岩石（由矿物组成）、矿物（由单质或化合物组成）、化石（古代生物的遗体被"石化"而成），等等。

艺术性：这里指的是天然地赋予人们的感官产生美感、愉悦，甚至兴奋和激情的作用。如岩石的纹理、矿物的色彩、化石的幽古与奇特等。此处，艺术性强调的是人们去主动发现的天然艺术品而非人为精湛加工的石质艺术品，并体现出"发现"的素质，这是对人们鉴赏力的开掘和检验。

二、观赏石的分类

在我国960万km^2的广袤疆域上，有复杂多样的地质条件、纵横千里的河川水动力资源、星罗棋布的大小湖泊以及南北长18 000km的大陆海岸线，还有举世罕见的山岳冰川，因而我国拥有种类繁多的观赏石资源，全国各地都有独具特色的观赏石品种，据不完全统计，我国观赏石种类达千余种，其中岩石类观赏石已超过200多种。20世纪90年代以来各地开展的观赏石展览不断推出，群众性的赏石活动更加广泛和深入，观赏石的收藏不断掀起高潮，在这一背景下，各地陆续发现了一些新的石种，如广西发现的大化石便是其中继彩陶石后发现的新的优良石种，还有湖北鄂西南发现的云锦石亦是很具鉴赏和收藏价值的优良石种。

根据作者数十年觅石藏石的经验和探索，现将自己对观赏石分类的意见陈述如下，以作"抛砖引玉"之一家言，可分为如下几类。

（一）岩石类观赏石

岩石就是矿物集合体，是组成地球的固体部分，它是地质作用的产物。岩石分为火成岩、沉积岩和变质岩三大类。从鉴赏的始发点看，岩石可分为造型石和纹理石两种，是中国传统石玩收藏和鉴赏的主要对象。

1. 造型石

通常是指一类造型奇特、古怪、抽象或具象的天然造就的观赏石。如江苏太湖石、安徽灵璧石、广东英德石、内蒙古及新疆等地的风棱石等，其精灵古怪是三维的，给人以强烈的美的冲击力。

造型石的鉴赏标准是"瘦、皱、透"，其最早是由北宋大书画家、美石鉴赏家米芾提出，后经发展而成的，这是对一类抽象的、具奇特几何造型特征的岩石观赏石美的评鉴。如太湖石、灵璧石、风棱石和一些钟乳石等皆属此种类型。造型石主要是赏其外形美。

2. 纹理石

以具有美丽的纹理、抽象或具象的图案或文字等，以平面的（二维的）纹饰美来打动鉴赏者、收藏者的心灵。石中图案的意境美（神似），常给人以巨大的冲击力。其岩石的外形可以是浑圆、椭球或其他卵石状，但石之画面常令人流连忘返。纹理石主要是赏其意蕴美。如黄河石（河南、甘肃等地）、清江石、三峡石（湖北）、红河石、天峨石（广西）、许多滨江和沿海所产的大小卵石，以及南京雨花石皆属纹理石。

纹理石的鉴赏标准是"色、质、形、纹"，色是指岩石上图画或文字的色彩以及画面背景石的色彩间反差是否明显。质主要是指岩石的质地，如石英质（硅质）的质地比砂岩、粉砂岩质地要光润、坚密。形是指岩石中画面的形似，如画面构成一幅有故事情节和内容的图画，如"嫦娥奔月"、"玉女沐春"、"出水芙蓉"……等便是鉴藏者所梦寐以求的珍品，其价值也随之陡增。鉴藏此类观赏石主要是赏其意，即意境美。岩石的外形可以不拘其形，其大者可达$1m^3$以上，如黄河石；其小者可掌心把玩，如雨花石。纹理是指岩石本身的纹理、画图和景致是否达到鲜明、清新和悦目。

(二) 矿物晶体观赏石

矿物晶体观赏石为世界性的鉴藏种类，并非中国传统品味的观赏石类别，诚如岩石类的观赏石非大多数西方人喜爱的类别那样。但近年来矿物晶体类的观赏石随着中国观赏石市场不断地开拓和发展，也逐渐为玩石者所认识和接受。

矿物晶体观赏石以它美丽的色彩、精巧的结晶、完整无缺的天然的几何造型，以及不同时序、不同成分的矿物叠加组合，一直受到矿物学家、科研院所及自然博物馆的重视。矿物晶体是大自然"加法"艺术的结晶，而岩石类观赏石是大自然"减法"艺术所造就。前者是由小长大的结晶过程而形成的艺术品，而后者往往是岩石"减瘦"或风化形成的天然艺术品。其本身蕴藏着许多科学的奥秘，它可以启迪人们对大自然的热爱之情，又能够从一簇簇色彩奇丽的、美丽多姿的矿物晶体上得到美的艺术享受。

矿物晶体虽不是中国传统的观赏石类，但由于其自身所具有的千姿百态，也逐渐引起了许多石玩爱好者和收藏家的兴趣，它本身的价值也逐渐为人们所认识。尤其要指出的是，一些价值连城、色彩绚丽的宝石本身便是由矿物晶体的单晶加工而成。近年来一些"宝石级观赏石"亦被收藏家千方百计地寻来收藏，因此矿物晶体的收藏本身具有宝石学的赏析特征和价值因素，它还具有天然性、珍稀性、色彩美以及如中国画般的意境美。本书将用专门章节介绍国外20世纪80年代以来矿物晶体观赏石的代表作品（图片），以供广大爱好者鉴赏。

(三) 生物化石观赏石

生物化石观赏石是一个独立的、庞大的体系，其大者为装架的大型恐龙化石，如马门溪龙化石骨架，小的如呈埋藏态展陈的一只小蜜蜂、一条小鱼、一片树叶，等等。还有，在一片石板上有许多条不同姿式的鱼组合在一起，好像还在水中游动嬉戏一般，其动感栩栩如生。这类观赏石不仅具有强烈的视觉冲击力，而且具有深奥的科学意义，它反映了生物的进化过程，亦给了人们以美的享受。因生物化石具有很高的经济价值，许多珍贵的脊椎动物化石还有广大的需求市场，所以，国家明文规定禁止出口到国外。

(四) 事件石

事件石是指有重大历史意义或自然史意义的石体。石体本身不一定很美、但很珍贵，此石与人联系在一起产生了重要的历史事件，那么这块看起来普通的石头便有了不寻常的价值，如突降的陨石、如某火山喷发抛出的火山弹，等等。尤其是陨石，它是地外星体爆裂后陨落在地球表面的陨星碎块，是研究地外星体的重要物证，非常珍贵，如"吉林陨石"和湖北"随州陨石"，它是全世界科学工作者千方百计想收集的"石头"。

(五) 纪念石

纪念石是指当代或历史上知名人士收藏过，或具特殊纪念意义，或具科学价值的石体。如周恩来收藏过的雨花石，朱德、郭沫若、沈钧儒等人收藏过的观赏石，米芾、苏轼、黄庭坚等历史人物收藏过的文房石（砚台），等等。其实这些石体皆是"石以人为荣"，有了这些名人的"染指"，其人文价值便提高了许多。而不在于对石体本身的褒贬了。

第三章　观赏石鉴赏

　　观赏石之所以为人们收藏和喜爱，疯狂地搜取，除了其经济价值外，主要是对美石的一种向往和追求。诚如唐代名臣牛僧孺"待之如宾客，视之如贤哲，重之如宝玉，爱之如儿孙"，并且让巅狂自负的米芾整冠下拜，口中喃喃说道："吾欲见石兄廿年矣！"此即世称"米癫拜石"的佳话。中国人之爱石，且深知石艺"尺寸千里"个中谐趣，石之美，美在何处？究其根源无非是人们对自然之物（石体）赋予了"人情"和"人格"，而以拟人化的思想来欣赏万物。所谓"四时佳兴与人同，万物静观皆自得"，在物我两忘的情景之下，体验之中，石就不仅是石，它还具有诗的情趣和山水的意境。石之奇是一个美学概念。好奇是人共同的审美心理，从本质上说，就是好美。美总是以奇特而令人愉悦的。观赏石之所以为人所慕，它有一个突出的特点，那就是虽为天工，却宛如人造，天人合一，这就是美的本质之所在，中国美学的基本精神即在于此。因此观赏石从某种意义上讲，它是浓缩的自然，比之一般的自然更美，它是人心的山水，是物化的人情，并将这种人情融于生活之中，使观赏石的自然美与生活结合成一体。日日观赏把玩，面对它深思、遐想，使石体显得更亲切可爱了。这个过程就是王朝闻先生所说的"自然的人化"过程，即"是将人的思想感情加在或移入自然对象的结果"。按照中国传统的审美观点，认为天地万物之美，是"造化"的产物和作品，它虽然不是人所创造的艺术品，但却远远高于它。人们深刻地意识到，美是与大自然的变化规律分不开的，自然美高于艺术美。中国奇石文化的重要意义，就在于它打破了自然与艺术的对立，把自然美提高到"不是艺术而胜似艺术"的高度，这就是刘勰所谓"云霞雕色，有逾画工之妙"（《文心雕龙》）。自古以来，观赏石鉴赏的至高至美的境界是人格化，如清代赵尔丰在《灵石记》中论述"石体坚贞，不以柔媚悦人，孤高介节，君子也，吾将以为师；石性沉积，不随波逐流，然扣之温润，纯粹良士也，吾乐与为友"。

　　中国传统的审美意趣还有以怪为美，以丑为美的。清代刘熙载认为"怪石以丑为美，丑到极处便是美到极处"，如一些灵璧石和太湖石，便具有这种特质。这种以造型取胜的奇石，百孔千疮，奇拙巧丑，历来是中国传统观赏石的鉴赏对象。

　　说到底，奇石之所以美，完全是人心的感悟，同样一块奇石，有人认为奇美无比，总想要得到它，而有人则不以为然，并未感到有何之美。这便是人对石的感悟之不同，因为人对石之美的鉴赏是因人而异的。

　　所谓鉴赏，则是人们对具体观赏石的感触，即通过人们的感官——眼、耳、鼻、舌、身（肢体）对被观赏的石体进行深入的接触和具体的感受、体察、欣赏及鉴别的精神活动。这种活动是经过人的大脑思维的高级神经的运作，产生激情的过程。康德认为"鉴赏乃是判断美的一种能力"。鉴赏既受到被赏识对象（石体）本身特性的规范，又调动鉴赏者本身的想象力。不同的时代、不同的个人，由于个人文化背景不同，以及经验、感受力、艺术兴趣的观念的不同，当面对同一件被鉴赏的石体时，可以得出相异、相反、相近或相同的评价和感受。人们只有经常地、深入地观察和欣赏各类不同的观赏石，才能不断地提高自己的鉴赏水平，进而促进观赏石文化的发展。

这里所说的感知、接触是有针对性的。对造型石（岩石类）、矿物晶体，以及一些肖形的纹理石和化石，要善于利用眼睛——即视觉感知，反复观赏，发挥想象的空间，把握意境的翅膀，拓展联想的时空，再三玩味，才能深入石里。有的奇石，如灵璧石（又叫磬石、八音石）、钟乳石，它们是会发出悦耳之音的，你敲击不同的部位则会发出不同的声音，意趣万千，极其惑人；有的奇石亦会发出一丝隐隐香味，如陕南产出的"巧克力"香味石便是如此，再如矿物晶体中的毒砂，敲击之会有一种蒜味，这也是该种矿物的鉴定特征之一；更有一些奇石对舌头有黏附作用，如高岭石，洁净的白色高岭石用舌尖触之，即会使你的舌尖被该石所黏附住。更多的奇石要靠我们用肢体去"亲密接触"，才能对奇石的形、质、色、纹有所领悟。"茶品三口"是鉴茶的门道，奇石亦要再三玩味，才能真正体味到观赏石的造型（形）、质地（指石之密度、光泽和硬度）、色（彩）（淡雅、瑰丽、鲜明、单一……）和纹理（具象或抽象）之美。写实主义者以具象为美，而浪漫主义者则以抽象为美。而似与不似之间则是艺术至上主义，往往是艺术家鉴赏的最高境界。总之，鉴赏之第一要务是要与石有"亲密接触"，否则只是"隔岸观火"、"隔靴搔痒"，纵然是洋洋数万文的"鉴赏"文章，也只能算是"雾里观花"。对于五官的感觉，马克思曾给予高度的评价："五官感觉的形成是以往全部世界历史的产物"（马克思《1844年经济学——哲学手稿》）。

对观赏石的鉴赏，除了具备以上所述的人文精神的内蕴之外，同时还要有科学精神的内涵。无论是一块岩石类奇石和矿物晶体，还是古生物化石，它的形成史，追根溯源，都是一部自然演化的历史，都是地质作用的产物。通过深入地探索和研究，可以提高人们对自然科学的认知水平和对自然探索的兴趣，从而进一步地提高我们的鉴赏水平。对一位从事自然科学工作的奇石鉴藏者和正在学校学习的青少年而言，一件奇石所蕴含的科学内容（如物质成分、形成原因等），以及围绕奇石提出的种种疑问，都是我们应该进一步探索的内容。

第四章 岩石类观赏石

一、造型观赏石

造型石是中国传统观赏石中最常见的类型,也是我国传统观赏石文化中历史最悠久、传承有序、理论体系最完备的一类,它以千姿百态,妞怩袅娜,极尽自然界三度空间中一切最摄人心魄的结构之美。古往今来无不令人流连难忘。这类造型石的鉴赏重点是其外部的自然形态美。

(一)历史上著名的江南四大造型名石和北京四大造型名石

1. 江南四大造型名石

(1)"玉玲珑",位于上海豫园东区玉华堂前,高约 5m,石上有 72 孔洞,以"漏"蜚声于世。古书载:"尝以一炉置石底,孔孔出烟;以一盂水灌石顶,孔孔流泉。"其精致俊丽,"秋纤得衷,修短合度"。郭沫若曾为之赋诗云:"玲珑玉垒千钧重"。此石为太湖石,呈灰色,为宋代"花石纲"遗石。

(2)"皱云峰",置于杭州西湖花圃"掇景园"内,以"瘦"、"皱"为主要特色,奇拔险峻,壁立当空。全石高 2.6m,半腰处仅 0.4m,"形同云立,纹比波摇,皱也",为石之绝品,为宋代"花石纲"遗石。此石为深灰色英德石,形成于泥盆纪。

(3)"冠云峰",置于苏州留园内,石高 6.5m,"其肩若削成,腰如束素",清秀挺拔,以"瘦"秀著称,四面入画,峰顶似雄鹰俯视,峰底若神龟仰首,有江南峰石之冠的美誉,1980 年还为之发行了特种邮票,亦为宋代"花石纲"遗石。此石为浅灰色的太湖石(留园内还有"朵云峰"和"岫云峰"二石,与"冠云峰"合为留园"三峰"而名闻遐迩)。

(4)"瑞云峰",位于苏州市第十中学内(为清代江南织造署地),石高约 10m,宽约 1.2m。"色殊黝右,嵌空玲珑,研然突出",容"瘦、皱、漏、透"于一身。从远看,其"有若云气纷溢,缥缈濛漠之感",故有"瑞云"之称谓。此石为深灰色太湖石,是不可多得的湖石精品。

综上所述,"'冠云峰'孤高秀挺,瘦也;'瑞云峰'四方通联,透也;'玉玲珑'四方有眼,漏也;'皱云峰'纹比波摇,皱也。"江南四大名石,突出了"瘦、皱、漏、透"的审美特质。

江南太湖石是石灰岩经波浪侵蚀而成,其成岩时代是石炭纪—二叠纪。

2. 北京四大造型名石

(1)"文峰",存于故宫"福景宫"小院内,放在一座平面八角形的汉白玉雕须弥座上,处于深宫之中,独具灵秀庄重之美。

(2)"青云片",原陈放于风景如画的圆明园时赏斋,因其状可爱,乾隆皇帝除为其题石名外,还亲书御制诗刻于石上。1860 年,英法侵略军火烧圆明园,此石遭弃埋。1925 年,"青云片"才被人们清理出来,移置于中山公园中。乾隆皇帝戏称此石为"雌石"。

(3)"青芝岫",现置于颐和园乐寿堂前的庭院之中,它横卧在一个雕刻为海浪的石座之上。此石为海青色,石体布满"巨孔小穴",所有孔穴皆息息沟通。此石为明朝万历二十三年,进士米万钟发现,爱石成癖的米万钟打算将其拉回自家庭院——勺园赏玩,此石从房山才运到良乡,米家伪托财力不济,不得不将此石遗弃路旁,其实乃因朝政原因。这便是有名的"败家石"之名石。此石后被乾隆皇帝发现,将它运至清漪园(即颐和园),除赐名"青芝岫"外,还题写了《青芝岫诗》刻于石上。乾隆皇帝戏称此石为"雄石"。

以上这三块名石都是石灰岩质,与南方的太湖石相同,但其产地不在江南,而是产在北京附近房山县大石窝。

(4)"青莲朵",现存放于北京市中山公园社稷坛西门外,其下有汉白玉石座,此石为灵璧石,石上镌有乾隆皇帝御书的"青莲朵"三字。提起此石,还有一段十分有趣的历史故事,它原是南宋临安(杭州)德寿宫的旧物,名曰"芙蓉石",亦称"德寿石"。乾隆皇帝第一次(公元1751年)下江南时,遍访西湖名胜,当见到此石后,爱怜有加。陪同的地方官员见此情此景心领神会,于是将此石就由杭州辇运北京。此时正值圆明园三园之一的长春园之茜园竣工,便将该石置于茜园,同时命名为"青莲朵"。16年后(公元1767年),乾隆皇帝赋诗以纪其事,诗云:"昔年德寿石,名曰青莲朵……"不胜兴废之感跃于纸上。1860年英法侵略军火烧圆明园,所幸此奇石未遭毁坏。后民国建立,在建中央公园(中山公园)之际,1915年前后将此石移至公园内,从而使南宋时期的这一名石得以保存至今,供人观赏。随手写来此石已历经800余年历史。

(二)灵璧石

灵璧石因产于安徽省灵璧县而得名,又名八音石、磬石,敲击它时会发出金属般的声响,自古以来皆取之作石磬原料。除以黑色为主的灵璧石外,尚有白灵璧、红(赭)灵璧和花灵璧等种类。灵璧石是由一种结晶很细、结构致密的碳酸盐岩经风化而成,属晚元古代青白口地层的碳酸盐岩,距今约7亿年,其硬度多在摩氏硬度5以上,这就是为什么灵璧石能发出金属般声响的原因。灵璧石有约3 000年的开发历史,殷商时期便有取灵璧石制作宫廷乐器的记载。而开作供石自唐代以来便有用之。灵璧石的石肤别具一格,黝黑皴皱、沟壑交错、雄浑苍古、粗犷凝重,表面纹饰丰富多彩,有胡桃纹、蜜枣纹、鸡爪纹、弹子窝、宝剑痕、树皮裂、乳丁、裙折、结带、金星、玉脉赤线等十多种纹理,有的交错缠结,孔洞贯连;有的则圆润细滑,肤如凝脂。乾隆皇帝曾为灵璧石题字称其为"天下第一石"。

(三)英石

英石又称英德石,亦属碳酸钙类岩石。其形态、造型与太湖石相似。英石以黑色为主,为泥盆纪隐晶质厚层状石灰岩溶蚀而成,产于广东英德市。英德石也是开发较早的古代观赏石。据北宋杜绾的《云林石谱》记载:"石产溪水中,有数种:一微青色,间有白脉笼络;一微灰黑,一浅绿,各有峰峦,嵌空穿眼,宛转相通。其质稍润,扣之微有声;又一种色白,四面峰峦耸拔,多棱角,稍莹澈,而面有光可鉴物,扣之无声。采人就水中度奇巧处錾取之。"又明代林有麟之《素园石谱》载:苏东坡曾获"二石,一绿一白亦目为仇池",又云:"此石如铜矿声,倒生岩下,以锯取之,底平,起峰二三寸亦可作几案奇玩,黑润者可爱"。《岭南杂记》载:"英德石,大者可置园庭,小者可列几案,无不刻划奇巧,玲珑峻削"。以上记载已将英德石的色、质、形、纹乃至声音和后期方解石脉的穿插等叙述得清清楚楚。当今英德石作为造型石已深得人们喜爱,甚至远销海外。

(四)昆山石

昆山石因产于江苏省昆山县玉峰山而得名。昆山石色白(灰白、黄白)多窍,玲珑秀美,又称为玲珑石。其成分主要为白云岩,是寒武纪白云质灰岩经构造破碎后硅质胶结和石英细脉呈网状充填再经风化后形成。昆山石同太湖石、雨花石被誉为江苏三大名石,其开发史可追溯到宋代。北宋杜绾在《云林石谱》记载:"石产土中,多为赤土积渍,既出土,倍费挑剔洗涤。其质磊缺,巉岩透空,无耸拔峰峦势;扣之无声。土人唯爱其色洁白;或栽植小木或种植溪荪于奇巧处,或置立器中。互相贵重以求售。"昆山石上常见有石英脉充填,有的石英脉中还可含有水晶簇小洞,小的水晶簇点缀在洁白的昆山石上,晶莹璀璨,殊为可爱。玉峰山下的昆山亭林公园中,矗立着两件古代开采的昆山石,一名"春云出岫",一名"秋水横波",高1.7m左右(见图版01)。这是昆山石中的稀世珍品,无不令人叹为观止。昆山石产地已辟为公园,禁止开采,故市场上很难再见到昆山石。

(五)巢湖石

巢湖石为产于安徽省巢湖周边地区的各类碳酸盐岩,形成原岩为石炭纪、二叠纪和三叠纪地层的石灰岩,但以二叠纪栖霞组灰岩最为重要。它含有丰富的海生无脊椎动物化石,如腕足类、腹足类、双壳类以及珊瑚、菊石、海百合等。因此它与其他地方产的太湖石是不大相同的。它除具有太湖石所共有的造型奇巧等共性外,巢湖石周身孔洞多、孔径圆、孔壁光,为太湖石中之佼佼者。巢湖石之所以孔洞"多、圆、光",是与其原岩中含化石丰富有关。其中的化石或结核从岩石中剥离、脱落后,留下了孔穴和凹坑,在此基础之上再经饱和碳酸盐溶液的溶蚀,便形成了大小不一的圆润的孔洞。如图4-1所示。

图4-1 巢湖石

巢湖石在杜绾的《云林石谱》中名为"无为军石"。宋崇宁(公元1102—1106年)年间,米芾知无为军。据《宋史·米芾传》载:"无为州有巨石,状奇丑,芾见大喜曰:'足以当拜'。具衣冠拜之,呼为石兄。"宋人费究《梁溪漫志》亦称:"米元章守濡须,闻怪石在河壖,莫知其所自来,人以为异不敢取,公命移石至州治,为燕游之观。石至而惊,遽命设席,拜于庭下曰:'吾欲见兄廿年矣'。"此即世称的"米癫拜石",为我国观赏石鉴赏史上留下了千古佳话。该石现仍幸存于巢湖县图书馆的庭院内,虽风化斑驳较甚,但仍不失当年之风骨。

另据《云林石谱》载:"无为军石产土中,连络而生,择奇巧者斩取之,易于洗涤,不著泥渍,石色稍黑而润,大者高数尺,亦有盈尺及五、六寸者,多具群山势,扣之有声……"。民间传说宋徽宗建艮岳,旨令专运太湖石的"花石纲"船队进京,因需求量过大,产于太湖周边地区的太湖石不足以应差,官员只得以部分巢湖石顶替,不料被人告发,徽宗赵佶御审后,以钦批"以桂代薪,何罪之有"结案,一时间巢湖石身价倍增(见图版1)。

(六)钟乳石——岩溶洞穴观赏石

钟乳石是岩溶洞穴中最常见的一种观赏石。以色泽艳美、结晶晶莹者其观赏价值为高,主要成分为碳酸钙。洞中钟乳石形态千姿百态,有石笋、石柱、边石堤、石幔、晶穗、水下的石葡萄、水下晶花、水上晶花、穴珠、鹅管等十多种。其形成原因源于溶洞中富含 $Ca(HCO_3)_2$ 的地下水沿岩石缝隙从溶洞顶滴下时,因压力降低,其中 CO_2 逸出和部分水分蒸发使 $CaCO_3$ 沉淀并由少积多堆积起来,形成了形态各异的钟乳石。但它的出水口形态(如渗滴、管状、隙状、片状、毛细状……)以及来水量、含杂质情况、环境封闭程度、形成时间等是影响钟乳石颜色、形态的重要因素。因而钟乳石形态千变万化,色彩亦万彩纷呈,是绝佳的观赏石。但须指出的是,钟乳石以及产出地溶洞是国家环境保护的对象,不允许个人随便开挖,更不许进入市场进行交易。

(七)风棱石(风砺石)

风棱石是我国西北特有的观赏石品种,主要分布于气候干旱的荒漠地区,由风和沙对地面岩石吹蚀和研磨作用形成。风棱石的棱角多少,与风向改变次数、被吹蚀岩石的形状以及岩块被翻转的次数有关。风棱石大致有如下几类:①玛瑙质;②碧玉质;③硅质岩类;④半硅质岩类;⑤硅化木;⑥其他。

风棱石以奇特的造型石为主。它具有质地细腻、坚硬耐磨、造型生动、色彩多样、尺寸适宜等特点,是一种十分珍贵的观赏石类型,深受藏石者的喜爱。如图4-2所示。

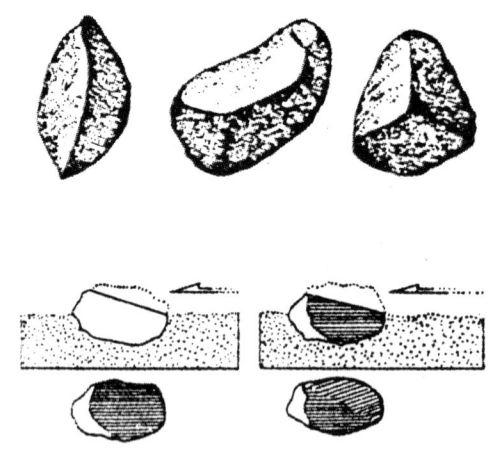

图4-2 风棱石及其形成

(八)葡萄玛瑙石

这是20世纪90年代新发现的一种十分珍稀的宝石级观赏石,也就是像葡萄的玛瑙石。它是由硅酸胶体凝聚而成,为低温热液胶体矿物,化学成分为 SiO_2。它色彩丰富、晶莹剔透、稀有而昂贵。其颜色有紫、紫红、红、褐红、黄、灰白、青、黑等色。以半透明为主,少有透明者。它主要产于内蒙古阿拉善地区。形成于中生代(约1.37亿年)玄武岩火山口附近的大型孔洞之中。作为造型石类,葡萄玛瑙石不仅能形成串串葡萄状,也能形成如熊猫、熊、龟、鸟等动物形态。葡萄玛瑙石因其自身具有珠圆玉润、色彩美艳、造型奇特和珍奇罕有的特点,所以深受人们青睐。

(九)腊石

腊石,最早见于清代谢堃成书的《金玉琐碎》中:"腊石者,真腊国(即今柬埔寨)所出之石也。质坚似玉,非砂石不能磨与琢也。昔之人曰碱砆(似玉的美石),乱玉碱砆即腊石也。"这里,作者谢堃将腊石的特征说得很清楚:一是腊石为似玉的美石;二是腊石的硬度很高亦似玉。

腊石在地质学的范畴是什么岩石? 一句话:是石英质的岩石。也就是说为含SiO_2很高的岩石。石英的硬度为摩氏硬度7,它的硬度比和田玉硬度要高,而与翡翠(硬玉)的硬度相当。

腊石的颜色可分为白色、黄色、红色及杂色(亦称花色),这与其SiO_2中含有不同成分的伴生元素(如铁、锰、钛等)有关。

腊石的质地亦可分为所谓玉质、蜜质、雪质和砂质,这是由组成腊石主要矿物石英(SiO_2)的赋存或产出的状态决定的,呈微晶或隐晶状态,如玉髓这种矿物形态的便是"玉质";蜜质则是指一种色如蜂蜜的玉髓;而以雪颗粒似雪粒般均匀、质纯的石英(脉石英组成的,$SiO_2>90\%$)则称之为雪质;砂质则通常表示这种腊石含石英(SiO_2)成分不纯,其中尚有许多残留的围岩成分,这种腊石中石英含量通常在70%以下,其原岩名为硅化构造岩(如硅化糜棱岩、硅化碎裂岩等)。

"腊石自古出岭南"。大凡对观赏石稍有了解的人都知道产于广东的腊石名冠华夏,其产地还包括广西的局部地区(横县—桂平一线即郁江以东直到广东),此仅以广东为例述之。

从地质成因看,广东省(注:含海南岛)面积约23万km^2,其中岩浆岩的面积达9.7万km^2,占全省总面积的42%;岩浆岩中:侵入岩(以花岗岩为主体)为8万km^2,喷出岩为1万km^2,混合花岗岩为0.7万km^2。其中以花岗岩为主体的侵入岩占全省总面积的34.7%,如此之多的花岗岩举国罕见。广东共有大小不等的花岗岩岩体151个,其中大于1 000km^2的岩体有12个。最大的是佛岗岩体,大于5 000km^2;大东山岩体约为2 250km^2;贵东岩体约为1 800km^2;诸广山岩体约1 600km^2。腊石的成分以石英为主,与花岗岩的关系极为密切。组成花岗岩的主要矿物为长石、石英和云母。矿物中SiO_2含量占70%以上,而石英含量占20%以上。花岗岩岩体构造发育,多呈北东—北北东和近东西向,分为岩(体)前期和岩(体)后期这两类构造。其中许多构造以硅化带、硅化破碎带的形式出现,而硅化带中SiO_2存在的形式以充填为主,硅化交代为辅,前者多以石英脉的形式出现,后者则以SiO_2交代破碎带中碎裂花岗岩的方式出现,这种交代碎裂花岗岩的方式与花岗岩本身破碎程度有关,即SiO_2按碎裂花岗岩、碎裂岩和糜棱岩分别交代,原岩成分渐次难辨,亦即是岩石碎裂程度愈深。例如硅化碎裂岩(被SiO_2交代后)已难辨原岩花岗岩的成分和结构,而硅化糜棱岩则更难辨原岩了。花岗岩中的构造——硅化带、硅化破碎带中的SiO_2是哪里来的呢? 一是由岩浆期后富含大量的SiO_2热水溶液中来;二是"就地取材",从花岗岩本身通过侧分泌方式(一种复杂的地球化学过程)将岩体中的SiO_2夺取出来作为原料。大量质纯的硅化带中的脉石英多为岩浆期后的富含大量SiO_2的热水溶液充填构造空间而成,它是形成半透明,白如雪,颗粒为"雪粒"状腊石的原

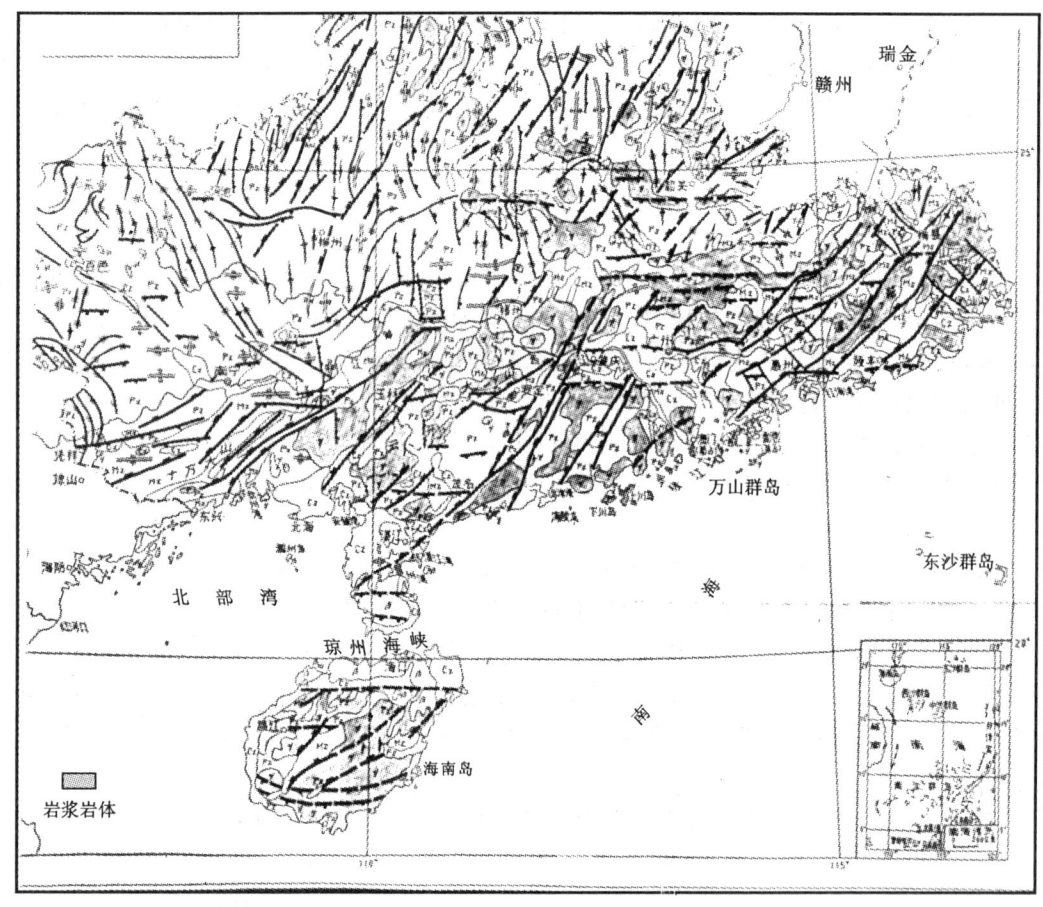

图 4-3　广东省腊石分布示意图

岩材料,而硅化碎裂岩或硅化糜棱岩则是构成不透明、颗粒比较粗糙的砂质腊石的原料。广东大面积花岗岩在成岩以后,温度降低,低温的富 SiO_2 的胶体溶液常在一些伴生元素(如铁、锰、钛等)的掺和下逐渐在花岗岩或一些喷出岩的裂隙、孔洞中慢慢沉淀下来,形成隐晶质的常带淡红、蜡黄或绿色的玉髓,在喷出岩孔洞中则常形成玛瑙。这种玉髓在一定的环境条件下可成为"玉质"或"蜜质"腊石的十分稀少而珍贵的原料。以上所述都是"腊石自古出岭南"的地质背景。作者曾在粤北诸广山岩体从事地质工作十余年,凡有石英脉、硅化带发育之地,其附近河沟之中的滚石里必可找到腊石。许多质地纯净的脉石英滚石,由于长期受河水浸染、风化,表面常为褐黄色,但敲碎察看,里面依然洁白如雪。值得指出的是,某些硅化破碎带常有放射性元素污染,尤其是一些颜色较深、较杂的如褐红色、黑褐色的腊石,则应作放射性检测为好。岭南腊石生成年代绝大多数(约占80%以上)在2.5亿年至6 500万年之间,即地质学上称作印支-燕山期岩浆活动期。

腊石是由花岗岩体中的石英脉、硅化带经地壳上升,受风化剥蚀而形成大小不等的块体,再经流水搬运后打磨而成。其中有一些属硅化碎裂岩者,由于硅化不均匀,残留的原岩在流水冲刷、搬运过程中使质坚的、含 SiO_2 成分高的部分保留下来,而硅化弱的部分原岩则被水冲磨掉,腊石便形成千疮百孔的蜂窝状,于是一件件不同形态的造型腊石便在自然状态下被雕琢完成。这就是腊石观赏石千姿百态的形成原因。

腊石为造型石,但它的质地与色彩也是人们鉴赏和收藏的追逐重点。一件好的腊石作品除了它的形态惹人喜爱外,其质地如玉(髓)质的细滑柔嫩、致密坚硬、光泽掠眼,仿佛是一件天工打造的天然玉雕,再加上沉着稳重的颜色(如蜜黄、浅绿或绯红色),具有宝石般的高贵气质,能不是人见人爱的石中至尊、箧中瑰宝?

(十)沙漠玫瑰石

此石为产于沙漠和戈壁地区的一种造型美丽的观赏石。其实,它是盐湖矿中的硬石膏,化学成分是 $Ca[SO_4]$。当盐湖中的卤水矿化度饱和时,便形成层状石膏($Ca[SO_4]\cdot 2H_2O$);而当矿液浓度不饱和时,便结晶成石膏片,并聚集而成为石膏花。此后被沙所掩埋,在沙漠戈壁地区高温烘烤下,$Ca[SO_4]\cdot 2H_2O$ 失去了其中的结晶水,便形成硬石膏。其硬度由小变大(摩氏硬度由2变成3.5~4)。由于其结晶形态类似玫瑰花,故称为沙漠玫瑰。其颜色有灰白、粉、红、褐等色。内蒙古所产的沙漠玫瑰石以灰黑色为主,其上多有沙粒附着。

(十一)闪电熔岩——"雷击石"

这是一件在世界上独一无二的、在所有书籍、文献、资料中从未见刊载过的造型奇石,1995年它诞生于北京市顺义县的潮白河岸边沙滩上。这是一个电闪雷鸣、风雨交加的日子,一阵让人心惊胆战的雷声过后,附近的高压线被击断。赶来抢修电路的几名电工在现场发现,高压线被截去2m多长,它的正下方出现一个隆起半米高的沙堆,扒开沙堆,竟发现一块高约30cm,形状怪异,类似树根状的奇石。后经中国地质大学等单位近两年的研究、分析、鉴定,最后断定:它是世界上首次发现的"雷击石"——闪电熔岩。它是由于被雷击加上高压电的双重作用,在一瞬间产生的高温,对部分良导体进行有序的熔化、气化后又遭暴雨骤然冷却而形成的。形成条件无比苛刻,极具偶然性。其岩石学特征尚待研究,此标本现存于中国地质大学(北京)。

除以上介绍的观赏石中常见的造型石外,还有许多亦属此类,如沙漠漆、矗石、构造岩观赏石、松香石(为褐色文石)以及芦管石(为湖边芦苇被钙华包围胶结,后芦苇枯死、腐烂并遗留其腔体外形的岩石)等。

二、造型观赏石的成因

综观所有造型观赏石千奇百怪的造型特点,其成因概括起来主要有两种,即物理(机械)作用和化学作用。这两种作用通常一起发生,共同完成一件件造型石作品。

(一)物理作用

包括物理风化作用、风的吹扬和磨蚀作用、流水的侵蚀和搬运作用等。

1. 物理风化作用

物理风化作用是造成岩石在地壳表面自然环境中所引起的机械破坏作用,它只是将岩石大块变成小块。引起这种机械破坏作用的原因主要是温度的变化、水的结冰,当然还有其他的次要原因。

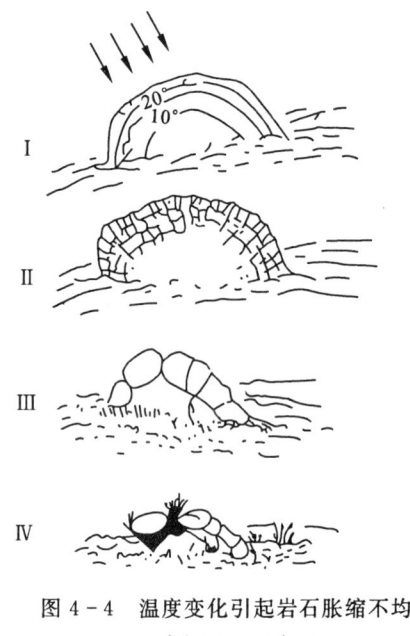

图4-4　温度变化引起岩石胀缩不均
而崩解过程示意图

图4-5　冰楔作用过程
水渗入岩石裂隙冻结时以很大的力量膨胀,这样
就把岩石撑裂,产生破成棱角状的碎块

(1)温度的变化是使岩石受热之后膨胀,冷却之后收缩,这样一来岩石这个不良的热导体就会发生内外的脱离现象,即在温度变化的影响下因内外胀缩不平衡而遭破坏而由大块变成小块、整块变碎块。如我国西部沙漠地区,白天温度可达47℃,而到夜晚温度可下降到-3℃,昼夜温差可达50℃,岩石在这样的胀缩下,很快便崩碎了。如图4-4所示。

(2)水结冰后,它的体积要增大10%,可以产生960kg/cm² 的压力,如果水沿着岩石的裂缝或孔洞渗入到岩石里面,当气温降低到0℃以下时,水结成冰,岩石就要被胀破,或将原来的裂缝胀大,这叫冰劈作用。而被冰劈作用所破坏的山脊,常是尖陡的。如图4-5所示。

除了上述两种破碎岩石的作用外,还有如盐类的结晶、雷击电闪等破碎岩石的作用。

2. 风的吹扬和磨蚀作用

这种作用地质上叫风的剥蚀作用。风的破坏力是由风吹到物体上产生的压力所致,压力的大小与风速的平方成正比;风速愈大,破坏力愈强。吹扬作用就是风压对岩石的破坏作用;磨蚀作用是风所携带的沙石对岩石进行的破坏作用。这两种作用常常是相辅相成的。它是风棱石形成的主要原因。沙漠边缘石磨菇的形成则是由于风对水平岩层软硬岩石差异剥蚀造成的。

3. 流水的侵蚀和搬运作用

这种作用其实就是流水地质作用的主要部分。流水的侵蚀作用,就是对岩石的破坏作用。其作用方式可分为冲蚀和磨蚀,前者是流水本身的冲击作用,后者则是把冲蚀作用破碎了的岩石碎屑变成研磨物质与流水一起加强对岩石的破坏,即冲击加研磨共同作用。如奇形怪状的"水冲石"的形成便与流水的冲磨作用有关。所谓"滴水穿石",时间的因素不可小觑。岩石被冲磨的形状变化与携带泥沙的流水方向的变化密切相关。这种作用如同一把天然的刻刀,它可以将任何质地的岩石雕凿成人们意想不到的造型石。所有河道中产出的造型石,如腊石、马鞍石、彩陶石、大化石、水冲石等都是河水这把刻刀的杰作。

流水的侵蚀搬运作用中的磨蚀作用,正是侵蚀与搬运的结合作用。流水的搬运力的大小取决于其流速的大小。根据实验结果证明,被搬运石头的重量随着流速的 6 次方成比例地增大。如果流速增加一倍,那么水流能够搬运石头的重量就要增大 64 倍。河流的上游流速大,能搬运最大的石头,中游流速变小,搬运的石头也在变小,到下游只能搬运沙和泥了。这也就是流水搬运作用的分选性,也是以纹理为主要鉴赏内容的卵石形成的原因。广西的红河石、三江石、湖北的三峡石、汉江石等都是河卵石。这是由于它们所处的河段位置决定的。

(二)化学作用

它包括化学风化作用和地下水的地质作用,这些都是形成碳酸盐质造型石的主要原因。

1. 化学风化作用

化学风化作用是指岩石在水及水溶液的化学作用的影响下而受到的破坏作用。它与物理作用不同的是,它不仅使岩石破碎,还使岩石的矿物成分和化学成分发生显著的变化。引起化学风化作用的因素,主要是常态下大气中的水和水溶液。它们对岩石中的矿物可以进行溶解,也可进行化学反应,发生交代作用,使岩石改变原来的成分而遭到破坏。这种化学作用主要是溶解、水化和水解作用。

2. 地下水的地质作用

(1)地下水的溶蚀作用。这种作用是在地下岩石中进行的,其中最主要的是地下水的破坏作用,这种作用主要是化学溶蚀作用,因在地下进行,所以叫潜蚀作用。潜蚀作用是形成喀斯特地貌的主要原因。雨水降落地面渗入地下后,从空气和土壤中吸取 CO_2 和有机物质,有很强的溶解作用。尤其对分布面积大的石灰岩、白云岩,溶解作用显著。

$$Ca[CO_3] + H_2O + CO_2 \rightarrow Ca[HCO_3]_2 (溶于水)$$
$$Mg[CO_3] \qquad\qquad\qquad Mg[HCO_3]_2$$

石灰岩和白云岩常有纵横发育的裂隙,含 CO_2 的水渗入后,岩石被逐渐溶解成为重碳酸钙(镁)$[(Mg,Ca)[HCO_3]_2]$ 而随水流走。如此发展,岩石裂隙逐渐扩大,常造成各种各样的更大的空隙。

许多著名的造型石,如太湖石、灵璧石、英石、墨石、巢湖石(这些岩石为石灰岩,成分为 $Ca[CO_3]$)以及昆山石[白云岩,成分为 $CaMg[CO_3]_2$],都是在这种含 CO_2 的水和有机质在地下潜蚀、"挖掘"而形成巉岩透空、峰峦耸拔、弹窝互通、玲珑别透的奇石。所有这些碳酸盐类的造型石都是从土中掘出或从深水中锤錾出者,"性湿润,扣之铿然;而山上者枯而不润",从采石人的经验看,这种好的造型石都是在土中或水中发现的。

(2)地下水的沉积作用。溶解了大量矿物质的地下水,如在地下运行过程中遇到了物理条件(如水分蒸发,溶液浓度增加;CO_2 逸失,溶解力减低;温度、压力降低等)或水溶液的成分发生改变时,即当水溶液中所含矿物成分达到过饱和状态时就开始了沉积作用。这种作用是地下溶洞中最常见的观赏石(石钟乳、石笋、石柱等)形成的原因,其中色泽绮丽、晶莹闪亮者最具观赏价值。如图 4-6 所示。

地下水中所含 $Ca[HCO_3]_2$ 或 $H_2Si_4O_9$(复硅酸)常沉淀于岩石的裂隙中,多为脉状,有

$Ca[HCO_3]_2$ 沉淀者为方解石（$Ca[CO_3]$）脉；有 $H_2Si_4O_9$ 沉淀者为石英（SiO_2）脉。纹理石中的文字石许多都是由方解石脉或石英脉充填裂隙所形成的。植物被埋在地下，植物的木质纤维被复硅酸交代而形成硅化木。另有一种叫模树石的观赏石，也是由于被含铁质或锰质的地下水渗入岩石细小的裂隙中，沉淀它所溶解的矿物质而形成的，其乍看起来像植物化石，因此，有时也常被误认为是植物化石。

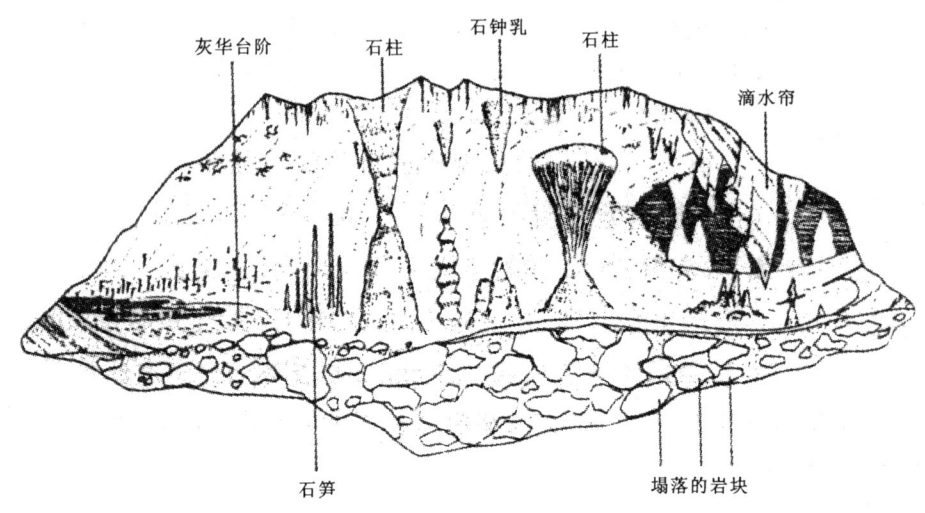

图 4-6　各种各样的洞穴堆积物

三、纹理观赏石

纹理观赏石是以鉴赏岩石美丽的纹饰、奇巧的平面图案为主要特色，收藏者以追求其图案的神似及其所表现的意境和内涵。它是大写意似的、有时是抽象的美，不太注意图画的载体即岩石外形，而其外形多以椭圆形或浑圆形、卵形为主。

岩石多数为河、海的卵石，其花纹图像的形成原因概述之，一是岩石沉积形成时期（成岩期）原生形成的；二是成岩后受其他地质作用影响而形成的。简言之，一是原生沉积形成；二是后生变成。

（一）原生沉积形成的纹理石

原生沉积形成的纹理石指成岩期同时形成的纹理石。

1. 沉积作用形成的图纹

沉积作用是指形成及堆积层状沉积物的作用，它包括沉积物物质供应区的母岩的离解、已离解出来的颗粒搬运到沉积场所的沉积和沉积物中所发生的化学变化和其他成岩变化，以及沉积物最终固结为坚硬的岩石的作用。

菊花石为最具代表性的原生沉积形成。我国菊花石皆产于约2.7亿年前形成的海相碳酸盐地层中，即下二叠统栖霞组石灰岩地层中。组成菊花花蕊和花瓣的原生矿物主要为含锶

(Sr)的矿物,即菱锶矿(Sr[CO$_3$])、天青石(Sr[SO$_4$])、方解石(Ca[CO$_3$]),其次为白云石(Mg[CO$_3$])、石英(SiO$_2$)和极少量的重晶石(Ba[SO$_4$])。湖南浏阳菊花石和湖北宣恩菊花石以产量大而著名。

浏阳菊花石:花蕊以石英为主,次为天青石、方解石与白云石。花瓣以天青石为主,含极少量的方解石和白云石。

宣恩菊花石:花蕊以菱锶矿为主,含微量的重晶石及方解石。花瓣主要由方解石、白云石和石英组成,分布有星点状菱锶矿,其中方解石与白云石约占50%,而石英另占50%。但它们的集合体皆保留了菱锶矿的矿物假象,这是因为Sr[SO$_3$](天青石)的溶解度是Ca[CO$_3$]和Sr[CO$_3$]的10倍以上。这也是天青石被溶解后通常为方解石和石英所取代的原因(见图版4)。

从湖南、湖北所产菊花石的物质成分分析,"菊花"的形成,离不开天青石(SrSO$_4$)和菱锶矿(SrCO$_3$),这两种矿物都含有锶(Sr)这种元素。现代海洋中Sr^{2+}的平均浓度为8.1mg/l,若与相当量的CO$_3^{2-}$结合(海水中的Sr[CO$_3$]浓度为13.6mg/l),要形成菱锶矿,其条件是Sr的补给相当充分;而天青石的形成条件是海水中Sr^{2+}浓度为22mg/l,必须当海水浓缩至1/3时才能使Sr[SO$_3$]沉淀形成天青石。具备以上条件的海洋环境,恰与2.7亿年前二叠纪栖霞组碳酸盐岩的某层位(即某阶段)的成岩条件是密不可分的。此外,因为Sr的"晶癖"(即结晶习性)——指某一种晶体在一定的外界条件下总是趋向于形成某一种形态的特性。"菊花"形态是矿物的一种集合体形态,而矿物的集合体形态取决于其单体的形态和它们的集合方式。在这里应指出从菊花石的矿物成分上看主要为天青石、菱锶矿,这两种都是含Sr的矿物,即使如宣恩菊花石的花瓣少有菱锶矿,但仍保有其外形(假象),这说明形成"菊花"的形态主要与含锶的矿物有关,在矿物学上,天青石和菱锶矿都是斜方晶系,一般其晶体形态也有一些共同之处,这便是组成其集合体呈菊花状的原因之一。菊花石形成的整个过程,与下二叠系栖霞组碳酸盐岩为同生沉积,其成岩阶段也是一致的。菊花石美丽的纹饰是与其岩层在同生条件下形成的。

地质界的老前辈章鸿钊先生曾对浏阳菊花石成因作过科学的解释,他认为"盖当方解石结合时,其质由散而聚,即聚即凝,向中愈密,以其余液四射,辄复坚结,玉洁冰莹,宛若花瓣,或大或小,而常为菊花之形,此菊花石之所由名也"。

我国碳酸盐型菊花石产地除了湖南浏阳、湖北宣恩以外,还有湖南泸溪、湖北黄石、江西永丰、广西来宾及陕西宁强等地。据研究表明,产于江西永丰的菊花石是海藻化石形成;而产于广西东岗岭石灰岩的菊花石是一种苔藓动物的化石。

根据菊花石原生矿物的组成,可将我国菊花石分为三类:①天青石型;②菱锶矿型;③天青石-菱锶矿混合型。

对菊花石的鉴赏主要为多姿多彩的"菊花"造型,以及其在近黑色基底岩石上的空间展布,因此好的菊花石"作品"(非人工),除欣赏美丽的菊花花蕊和花瓣乃至整个的花朵上,还要鉴赏花朵与花朵之间的主次、协调、点缀的搭配关系。菊花石的花形多样,主要有圆球花形、蝴蝶花形、爪花形、柱状花形、盘形或杯形花形等。花形尤以蝴蝶花妩媚多姿,其花朵分布疏密相间、错落有致,小花灵秀可爱,大花粗犷豪放,唯我独秀,有的如天女散花、落英缤纷;有的似彩蝶飞舞、翩翩而至。花冠直径小者寸许而大者盈尺,总能令人赏心悦目。

2. 岩浆作用形成的纹理石

岩浆作用(包括岩浆期后的热液作用),地壳深处的岩浆,具有很高的温度,遭受很大的压力。地壳运动使地壳出现破裂带时,由于局部压力降低,岩浆就要向压力降低的方向运移,侵入到地壳中,称侵入活动;如喷出地面,则称火山活动。岩浆最终将冷凝成为岩石,这个过程便是岩浆作用。此作用还会形成一些矿产。同时在活动过程中,它与围岩接触,形成各种围岩蚀变;其基性和中性火山喷发活动后期会形成低温热液型的玛瑙,如雨花石中的玛瑙石。岩浆作用形成的观赏石最著名的为河南的牡丹石。

(1)雨花石。雨花石的芳名,来源于一个美丽的故事。相传南朝梁武帝时期(公元502—549年),高僧云光在今南京市中华门外的石子岗(梅岗)讲经弘法。因精诚所致感动上苍,"天为之雨花",天花落地,化作美丽的石子。后人根据这一美丽的传说,将法师讲经处命名为"雨花台",将雨花台附近所产彩色石子称为"雨花石",地质界将产于雨花台组砾石层中的砾石,称之为雨花石。该层是长江中下游晚新生代的重要地层,它对确定地层时代、阐明古长江的演变与古地理环境有重要的科学意义。雨花台组砾石层的砾石成分很复杂,除了晶莹剔透、五彩斑斓的玛瑙石外,也包括各种色彩的燧石、硅质岩、石英岩、脉石英、硅化灰岩以及蛋白石、碧玉岩、水晶、紫水晶和化石类等砾石。其中玛瑙、玉髓和水晶类为雨花石中的上品,其价格较贵,其他种类的雨花石为一般品种,价格便宜。这两类石子,凡经过人工打磨抛光的称为抛光石,可随身把玩,未加工的统称为水石,需要置于盛水的容器中观赏。雨花石的主要化学成分是SiO_2,其次含有少量的氧化铁和微量的Mn、Cu、Al、Mg等元素的化合物。这些微量元素是致色离子,如赤红者含铁(Fe),蓝色者含铜(Cu),紫色者含锰(Mn),绿色者含有氧化锰(MnO_2)等。雨花石的环状花纹是二氧化硅(SiO_2)胶体溶液围绕火山岩空隙从外向内多层次逐层沉淀而成,凝固后形成美丽的环带状玛瑙特有的花纹。

雨花石中的精品,即是各种不同色彩的花纹图像的玛瑙石,素以色、质、形、纹著称于世,蜚声海内外。其优者,"玛瑙浮来山水趣,琉璃映出锦鱼鲜","非声非色非香味,别有幽芬来袭人"。除了具备一切天然的图像美引人入胜外,其更具意境之美。人们常用"巧夺天工"来形容艺术品,但雨花石的意蕴是"天工"所无法"巧夺"的。一些雨花石更具有诗的意境和韵味。古人云:"物色之动,心亦摇焉。"雨花石可以说它不似艺术品却更胜似艺术品。另一方面,雨花石给人的视觉冲击,不仅是平面上的,而且是立体的、多方位的。苏东坡诗云:"横看成岭侧成峰,远近高低各不同;不识庐山真面目,只缘身在此山中。"故鉴赏雨花美石要前后左右、上下顺倒、反复地把玩、观赏,趣味无穷。有道是:"叠叠高峰映碧流,烟岚水色石中收;人能悟得其中趣,却胜寻山万里游。"这便是自古迄今,雨花石的魅力所在。

从以上叙述可知,雨花石中的上品,即玛瑙、玉髓类的雨花石,其上所有的色彩和花纹是岩浆后期热液作用形成的。但它们的形成也与沉积作用有十分重要的关系,否则便不可能形成雨花石。科学研究证明,这些玛瑙、玉髓形成后,如不经过风化—搬运(磨蚀)—再沉积的过程,今人是无法获取雨花石的。

雨花石的形成时代要追溯到距今约2 300万年至160万年的中新世、上新世和早更新世。含雨花石的古砾石层在南京附近至少有三套地层,它们都是古长江及其支流古秦淮河、古滁河的堆积物。当时古长江及其支流的水,把上游和周围山上许多风化了的碎石,包括与基性火山岩的成因有关的玛瑙石在内,经过长途搬运,在搬运过程中对碎石进行磨蚀,磨成浑圆的砾石并带到古长江下游,在水流较缓的南京附近成层地沉积下来,形成了含雨花石的砾石层。这种砾石层,从长江上游到中下游都有分布。过去曾在南京雨花台一带开采,以后主要集中在六合县开采,以六合县的灵岩山玛瑙涧出产的雨花石数量最多、质量最好、名气也最大。此外,江埔、仪征等地也含有这种"雨花台砾石层"。

评价一块雨花石的质量,通常需要从其大小、颜色、花纹、形态、层次、光洁度、质地、硬度等多方面加以比较衡量。优质的雨花石一般应满足以下条件。

①颜色:艳丽、多彩、色彩对比鲜明。

②石质:以硅质为好,硬度要达 6.5 以上,这样比较润泽;要求石面少疤坑、无裂纹。

③形状:以近圆形、椭圆形,其周边光滑为好。

④花纹:作为鉴赏雨花石的主体,应以具象或抽象的天然画面及自然风景为上好。如日月星辰,锦绣江山、人物、动物,等等,以引起收藏者无限联想者为上品。

以上标准,概括起来便是:色、质、形、纹具佳者为上品雨花石。

产于湖北长江三峡一带的三峡石,也是一种类似于雨花石的小卵石,其中有一些也极具观赏价值。

(2)牡丹石。作为以纹理为鉴赏特征的著名纹理石还有河南的牡丹石,这也是属于岩浆作用形成的纹理观赏石。牡丹石的岩石学名称叫做辉绿玢岩,在岩石学上是一种具斑状结构的基性浅成岩。牡丹石中灰白色的"花瓣"为斜长石斑晶,而暗绿色的基底为细晶或呈隐晶质结构的辉石、橄榄石和黑云母等暗色矿物。在地壳深部的基性岩浆上升到距地表附近的过程中,温度逐渐降低,白色的斜长石开始结晶出来,按斜长石的结晶习惯,是在未凝结的岩浆中相互聚集,形成聚斑晶,等岩浆进一步的冷凝以后,这种灰白色的斜长石斑晶便成为牡丹石的花瓣,而暗绿色的矿物辉石等比斜长石要较晚晶出,即晶出的温度也要低一些,因而斜长石形成的花瓣与碧绿色的基底,形成十分明显的反差。整个画面好似一幅蜡染的花布图案。随着时间的推移,暗色矿物辉石会被蚀变成角闪石和绿泥石,因而灰白色的斜长石斑晶的四周会变成暗绿色。这便是牡丹石的形成过程。形成牡丹石图纹的地质作用是以岩浆地质作用为主和以变质作用为辅而形成的。

此外有些文字石也是岩浆地质作用的杰作。如 1996 年 10 月在泰山发现的泰山花岗英脉石(香港)"回归石",名闻遐迩。

(二)后生形成的纹理石

指岩石形成以后由其他原因(如变质作用、构造作用、风化作用)形成的纹理石,这是一类十分常见的纹理石。

1. 变质作用形成的图纹石

(1)大理石图纹石。其形成是原岩为石灰岩或白云质灰岩与地球内部岩浆侵入体接触,发生烘烤、熔融作用而带入和带出部分矿物质使原来沉积形成的碳酸盐岩变成大理岩。其中一些不纯净的原岩或因带入了某些矿物质而形成具万千变化的图纹大理石,同时也使原岩发生重结晶现象,如著名的云南大理石。

(2)梨皮石。广西产的一种水冲石。梨皮石的形成与接触变质作用有关,它是由岩浆侵入原岩为泥质或粉砂质岩的近旁,由于温度与压力的变化而使泥质或粉砂质岩产生角岩化,变成由绿泥石和绢云母为小斑晶的斑点结构而成,原岩已基本上全部重结晶,使新产生的岩石比原来的岩石更加坚硬。这种热接触变质作用属于相对于岩浆侵入体距离较远的中、低级变质作用产物。梨皮石经激流加河床中泥砂、砾石的长期冲蚀作用,常被雕刻成具雄奇造型的观赏石(见图版 2)。

(3)京西菊花石。其产于北京市房山周口店石炭系碳质板岩——红柱石角岩中。与梨皮石的成因类似,亦为接触变质产物。菊花石的"花瓣"是由束状或放射状灰白色红柱石矿物组成,其观赏价值比沉积作用形成的菊花石要低。

2. 构造作用形成的图纹石

(1)窗棂状观赏石。这是由于原岩受力以后形成多组X型节理或裂隙,然后充填了含铁的硅质物,使原岩形成了格子状,格状中的岩石相对较软,受风化溶蚀后流失,仅留下原来的格子构架,形成了造型奇特的窗棂观赏石。如格子中的岩石,未风化或未完全风化掉,则会形成具奇特格状纹理的观赏石。

(2)彩霞石。其产于广西柳城、柳江一带。它是由张性构造作用使石炭纪灰岩发生角砾状破碎后形成。带棱角的大块张性角砾被后期不同浓度的含氧化铁和碳酸钙的溶液充填胶结而成角砾状彩霞石,有的沿条带层理面上形成白色方解石($CaCO_3$)与红棕色的含氧化铁(Fe_2O_3)的方解石成互层状产出,由于层面不平整,被风化后(或人为剥离)形成红白相间的各种图纹,亦有人为的用"去白留红"或"去红留白"的办法形成动物、景物等图像,使之成为完全人工制作而成的图纹工艺石。但已失去了天然石趣的韵味。

3. 风化作用形成的图纹石

(1)红河石。其产于广西红水河上游地段,特别是天峨县境内的河谷卵石,具有各种各样的图纹,如风景、人物、动物、花草等图纹,其中,以天峨石著称于世。红水河流域的不同地段所产的红河石质地都不同。典型的红河石原岩属海相三叠系地层,岩性以粉砂岩为主,原岩颜色偏青灰色、浅褐色至浅紫色,其风化后,原岩中所含铁离子Fe^{2+}不同程度氧化成Fe^{3+},造成原岩染色,以致于使原岩颜色染成晕状扩散、渗透,使之带有不同深浅色调的棕褐、棕灰、棕黄等色晕。这是使岩石具有不同原岩色调形成图纹的第一种方式,即含致色Fe^{3+}离子(有时含锰Mn^{2+})的氢氧化铁(或含Mn)的胶体溶液,通过在原岩碎屑颗粒之间扩散与渗透方式致色的方法。

这种方法形成的图纹纹理为平纹状纹理,其外貌一般为一系列同心环状Fe_2O_3的色晕(此即所谓Liesegangrings现象——李氏环现象)。另一种方式是原岩受构造影响形成许多节理或裂隙,使风化后的原岩在含有氢氧化铁(或含锰)的胶体溶液沿节理或裂隙进行充填、胶结的作用,以致于形成不同于原岩(粉砂岩)的一种新的含铁或锰的物质,在岩石破碎后,在岩石中突显出一种异于经风化后的岩石的成分,而这种充填物本身有一定的厚度(裂隙或节理的宽度),附着在岩石上自然会形成一种凸纹的纹理图案。天峨石中的凸纹石纹理便是这样形成的。类似以上成因的图纹石,还有湖北的三峡石和北方的黄河石等(见图版4、图版47和图版48)。

(2)模树石。又名松林石、松屏石、松风石、婆娑石和假化石。其在古籍上有过生动记述,如宋代赵希鹄《洞天清禄》中记载:"蜀中有石,解开自然有小松形,或三、五十株,行则成径,描画所不及;又松止高二寸,正堪砚屏之式。"又元末杨禹《山居新话》载:"至正七年(公元1347年)社稷署太祝张从善尝预营寿室(坟墓),解石板为穴门,石中忽有纹成松石,虽绘画者不如也。"

1990年7月作者曾在京郊房山县文化馆看到产于房山龙骨山的模树石。这种松林般的模树石产于龙骨山石灰岩和石灰岩夹层中的页岩中,模树石画面大,构图优美,天然成趣,且产量较大,具有一定的规模。如配以适合的几架或镜框展示,不啻于一幅松林风景天然画。全国许多地方的岩层中都可发现模树石。

这种类似树木的石板上的图样很像植物化石,其实它不是真化石,而是含氧化铁和氧化锰的饱和溶液渗透石缝而成的树枝状形态。其中铁和锰都是地壳中含量较多的元素,又是变价元素,即 Fe^{2+}、Fe^{3+} 和 Mn^{2+}、Mn^{4+},由于含 Fe^{2+} 和 Mn^{2+} 的氧化物在地下水中的溶解度大大高于 Fe^{3+} 和 Mn^{4+} 的溶解度,所以铁和锰常以二价离子形式在水中迁移,当含 Fe^{2+} 和 Mn^{2+} 离子的地下水流到地下水 pH 值较高(即偏碱性)的环境时,反应的氧化还原电位降低,这时处于还原态的 Fe^{2+} 和 Mn^{2+},易氧化成氧化态的 Fe^{3+} 和 Mn^{4+},又由于 Fe^{3+} 和 Mn^{4+} 的化合物在水中溶解度很低,所以地下水中的铁和锰便以 MnO_2 和 Fe_2O_3 的形式在岩石的层面或缝隙面上沉淀下来,形成模树石。

模树石为何长成树枝的形态?这是因为其形成机理与寒冬窗户玻璃上的冰花形成的机理是一致的。当冬天气温降到 0℃ 以下时,空气中的水汽便会凝结成冰。水汽在玻璃上凝结往往是从某些点开始的,这些点构成了冰花生长的晶芽。水分子向晶芽上附着时,容易黏附在晶芽的凸出部位,这样较突出部位的冰花长得就更快,而生长快的部位更凸出,也就更容易接收水分子。这就使冰花在各方面生长的速度不均匀,从而使冰花长成树枝形态。模树石的生长过程也与之类似(见图版 41)。

第五章 矿物晶体观赏石

一、人类应用和研究矿物简史

矿物(Mineral)是由地质作用所形成的天然单质或化合物。它们在一定的物理化学条件范围内是稳定的,是组成岩石和矿石的基本单元,是地球演化过程中化学元素运动和存在的一种形式。迄今为止,世界上已发现的矿物约 3 500 种,绝大多数是固态无机物,而液态(如自然汞)、气态(如氡)以及有机矿物(如琥珀)等仅占数十种。矿物在地壳中的分布很广泛,地壳的气圈、水圈和岩石圈是根据矿物存在的主要物理状态来划分的。矿物都具有一定的化学成分和内部构造(如晶体是具有格子构造的固体),从而也有一定的形态及物理和化学特性。组成岩石或矿石的矿物,它们在空间上、时间上的组合是有一定规律的,这取决于矿物的成分与结构,同时与其形成的地质条件密切相关。因而,地壳中的矿物是在各种地质作用中发生和发展的,是在一定的地质和物理化学条件下处于相对稳定的自然元素的单质和其化合物。

矿物学是地球科学的一门分支学科。它是研究地壳物质成分特性及其历史的学科之一,也是地球科学研究的基础学科之一。

人类认识矿物首先从认识岩石开始,这完全是由于生存的需要,是一种经验的积累。我国旧石器时代文化是从距今 170 万年前的元谋猿人开始的。从考古发掘证实,元谋人已经会使用有明显人工打击痕的石英岩石器。其后约 50 万~60 万年前蓝田猿人和北京猿人制作和使用的石器都是选用含 SiO_2 成分的矿物(如脉石英、水晶、燧石等)以及岩石(如石英岩、石英砂岩等)来作原料。这是原始人类从实践中认识到这些矿物、岩石的某些物理性质(如有较大的硬度等)特征的必然结果。原始人类挑选较坚硬的岩石或矿物打制成可使用的工具过程是一种"本能劳动"。人类进化到旧石器时代晚期,约距今 19 000 年前的山顶洞人时期,除了使用 SiO_2 质地的各种较精细的石器外,还会制造钻孔的小石珠和小砾石,还从相当远的地方采回赤铁矿块,并将它碾碎做颜料,将饰品涂成红色,或者撒在死者的尸体旁边,这种现象反映了原始人已从"本能劳动"的需要转向有意识的"由经验上具体的东西向抽象的东西过渡的艺术"。从哲学上讲,意识是人对客观现实的自觉反映,19 000 年前的山顶洞人使用赤铁矿的现象是人类有意识的、自觉利用矿物的开始,它比简单使用为了生存与生活的石器已大大向前跨越了一步。"原始人采用象征性的表现形式表现出未知事物,与原始人潜意识的存在有着密切的联系。"

历史发展到距今约 11 000 年至 4 000 年的新石器时代,据考古学和地质学的发掘、研究和从我国 3 000 处以上遗址出土的新石器时代实物的研究表明,我们的祖先已认识和使用了各种岩石和矿物,如玛瑙、叶蜡石、滑石、绿松石、碧玉、软玉和蛋白石等(见福建省福州市郊 5km 源村新石器时代遗址),并逐渐注意玉石(软玉)矿物(见山东省日照县两城镇新石器时代遗址出土了用软玉制成的石刀,长 12.7cm,厚仅 0.3cm,刃很锐利);在浙江余姚河姆渡遗址发现了萤石制品;在河南偃师二里头文化遗址中发现了绿松石串珠;在广东曲江石峡墓葬中发现了水晶制品等;在甘肃广通县齐家坪距今约4 000年的齐家文化遗址发现了用天然红铜锤锻而成的红铜器,史称铜石并用的时代,此时已是新石器时代晚期的"尾声"了,以后便逐渐步入了青铜器时代。

青铜器时代是夏代晚期。在河南偃师二里头遗址文化层(经C^{14}测定为公元前1900—前1200年,即相当于夏末商初)中曾发掘有铜渣以及铜镞、铜凿、铜鱼钩、铜铃、铜刀、铜锛和铜爵等,这些都是铜锡合金的青铜器,故当时除开采铜矿外,还开采了锡矿。那时可采的铜矿石除少量的自然铜外,都是以孔雀石作为冶炼铜的矿石。在安阳小屯的殷墟中也曾出土过成块的金属锡,在大司空村出土了6件锡戈,同时也发掘出了铅制的酒器和铅戈。黄金最迟在商代已为人们所认识和利用,在河南辉县殷代墓葬中曾出土过金叶,在小屯的发掘中发现了金块。在殷代,玉器的使用较为普遍,殷墟五号墓中出土了较多的玉器,都是利用软玉、蛇纹石玉等制成。

周朝和春秋战国时期,是我国从奴隶社会向封建社会转化的大变革时期,也是由青铜器时代向铁器时代的过渡时期,矿冶事业大为发展。我国先民已经获得炼制铸铁、甚至碳钢的技术,铁工具也已经在农业和日常生活中广泛使用。先秦时代诞生的《山海经》中提到了80多种矿物、矿石和岩石的名称,"它们是依据矿物单体或集合体的主要成分、形态、光泽、透明度、磁性、硬度、脆性、触感、打击发声情况与用途等命名的"。其中有些矿物名称,如雄黄、磁石、金、银、垩、玉等一直沿用至今。生产力的发展促使找矿规律的认知和总结,如在管子(公元前696—前645年)学派的著作《管子·地数篇》中记载:"黄帝曰:'此言可得闻乎?'伯高对曰:'上有丹砂者,下有黄金;上有慈石(磁石)者,下有铜金;上有陵石者,下有铅锡赤铜;上有赭者,下有铁,此山之见荣者也。'"同文又载:"桓公问于管子曰:'请问天地所出,地利所在?'管子对曰:'山上有赭者,其下有铁;上有铅者,其下有鈆银;上有丹砂者,其下有鈆金;上有慈石者,其下有鈆铜。此山之见荣者也。'"(文中"荣"者指矿苗的露头;"鈆"者指矿藏。鈆金、鈆银即金矿、银矿。赭为褐铁矿,是赤铁矿氧化而成)。以上古藉所载,皆大体上符合现代硫化矿床中矿产共生组合规律的理论。

秦汉以后的各种文献中,如汉代刘安(公元前164—前122年)著的《淮南子》、汉代司马迁(公元前145—前86年)《史记》货殖列传、及班固、班昭撰著的《汉书》(公元92年)等著作中都记载了各种矿产以及对各种矿物的认识,亦对矿物的化学性质、蒸馏、化合性和稳定性等方面作了一些新的阐释;晋代葛洪在《抱朴子》中也阐述了对矿物一些特性的认识,如在"内篇卷十六仙经"中说:"丹精生金,此是以丹作金之说也。故山中有丹砂,其下多有金";北宋沈括(公元1031—1095年)著的《梦溪笔谈》中,记录了不少地质史料,对胆矾、钙芒硝($Na_2SO_4 \cdot CaSO_4$)(即"太阴玄精")等矿物的形成原因,均有相当准确的描述。此外,北宋时期的《图经本草》、《经史证类大观本草》以及《本草衍义》皆有矿物方面的资料记述;明代李时珍(公元1518—1593年)所著《本草纲目》于公元1596年出版,它总结了我国历代药用矿物的知识,其中提到260多种矿物、矿物药材的名称,可靠地描述了38种药用矿物,并说明了它们的用途,指出了它们的形态、性质和鉴定特征;明代宋应星于明崇祯十年(公元1637年)撰《天工开物》是我国古代百科全书式的技术著作,其对矿物研究的特点是:它不仅记载了矿物的名称、种类、性质、形状,记载了各种矿物的产地、开采技术和生产情况,而且记载了10多种宝石的名称,并对古代有关矿物的一些传说和迷信,根据事实予以辩证与评论,如"五金篇"说:"谓砒为锡苗者,亦妄言也"。

此外,《天工开物》卷中和卷下记载的有关矿物共生现象的叙述和理论,在我国古代探矿史上也占有重要的地位;除以上文献中记载了地质矿物学内容外,明初陶宗仪的《辍耕录》及明神宗万历四十五年间郁濬所著的《石品》等文献中亦有有关宝石矿物的记述;清代记述各种矿物的文献很多,主要有以下文献:清初方以智父子在《物理小识》卷七金石类中论述各种矿物计13种,清初谷应泰所编的《博物要览》也记载有金、银、金石、玉及水晶之产地和产状,清康熙五年(公元1666年)孙延铨撰《颜山杂记》记述了许多矿产资源,清嘉庆九年(公元1804年)檀萃在《滇海虞衡志》中记载了产于云南的矿物,清道光元年(公元1821年)李榕在其所著的《华岳志》中记述了华山地区的矿物数种及清道光十年(公元1830

图5-1 北宋时期伟大的科学家沈括
(张家驹《中国历史人物丛书》,1962)

年)广东人郭淳在其《岭南丛述》中记载了岭南矿产近30种。清嘉庆年间姚元之在《竹叶亭记》中对北京西山的菊花石(红柱石)作了描述:"……其纹俨然菊花……斜侧反正悉备,亦有致趣……",清光绪年间,谭嗣同在《谭浏阳全集》中对浏阳菊花石砚亦作了记述,浏阳菊花石之"菊花"以方解石聚晶而成。谭嗣同曾作菊花石砚铭数则,在《菊花石瘦梦砚铭》中题到,"霜中影,迷离见;梦留痕,石一片",可见谭氏对菊花石砚之钟爱情怀。

我国封建社会共历经了2 000多年漫长的岁月,初期生产力曾一度有所发展,秦汉中央集权的封建统治确立,到西汉中期便实行"独尊儒术,罢黜百家"的方针,使春秋战国时代的自然科学思想受到很大的限制和伤害,使以后的生产力长期得不到大力发展,各种自然科学的发展受到一定的影响,矿物学的研究也相对地处于停滞不前的状态。

在西方,从古罗马衰亡至文艺复兴(公元395—1453年),矿业的发展和经常的生产实践虽需要理论概括,但在漫长的1 000多年里却没有留下多少矿物学的文献。至公元1546年,阿格里科拉在其著作《论矿物的起源》中,才第一次引入"矿物"(Mineral)这一名词,并第一个把矿物与岩石分开叙述。约100年以后,由于数学、物理学的发展,逐步解决了晶体形态测量、测绘计算的问题,矿物学中的结晶学派才逐渐发展起来。又过了约100年,当化学从炼金术中解放出来以后,对矿物的化学组成才开始逐步有了认识,并出现了矿物学中的化学学派。到19世纪末,门捷列夫化学元素周期表的出现,为矿物的化学分类和化学成分的深入了解打下了基础。由于资本主义生产力的发展,矿物学成为了一门独立的科学,出现了大量的矿物学专业工作者与专著。偏光显微镜、反射测角仪、化学分析、光谱分析和X射线结构分析等现代仪器和方法的使用,以及数学、物理学、化学和地质科学理论的发展,使矿物学发展成为了地学领域里的一门现代科学。

二、矿物晶体观赏石的基本知识

(一)矿物的晶体形态

矿物绝大多数都呈现一定的几何多面体形态,通常人们把这种具有多面体形态的矿物晶体叫做结晶体,简称晶体。晶体之所以具有多面体外形是由于结晶体的内部质点(离子、原子、分子)在三维空间呈周期性、有规律排列的结果。从本质上来说,晶体是指内部质点呈规律排列的固体。这种有规律的排列在空间上构成格子状的构造是一切晶体所具有的共性。

1. 单形

矿物晶体在自然界可形成繁杂多样的形态,其单晶形态有4万种之多。矿物晶体总是存在一定的对称性,即晶体中相同部分有规律的重复,对称要素有点、线、面。根据对称要素组合,晶体可归纳为32种对称型,但是属于同种对称型的晶体,其外形不一定相同。如果只考虑几何形态,几何上不同的单形共有47种。其中,低级晶族的单形有7种(如图5-2所示);中级晶族的单形有25种(如图5-3所示);高级晶族的单形有15种(如图5-4所示)。但常见的单形晶体仅15种。单晶是由形状相同、大小相等的晶面组成,如立方体、八面体、菱形十二面体都是单形。矿物晶体的生长往往是按它的结晶习性形成规则的单形,多数矿物结晶单形有3~5种,有的达到10多种,少数矿物如方解石、石英的单形有几十种。晶形是矿物晶体的重要鉴赏内容,也是鉴定矿物的重要依据。

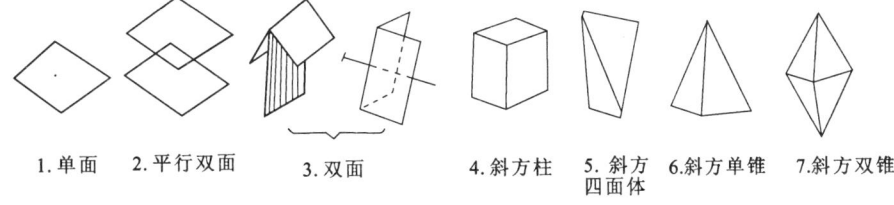

1. 单面　2. 平行双面　3. 双面　4. 斜方柱　5. 斜方四面体　6. 斜方单锥　7. 斜方双锥

图5-2　低级晶族的单形

2. 聚形

在自然界还有一类晶形是由两个以上的形状、大小都不同的单形聚合物构成,这类晶形称为聚形。自然界中矿物晶体呈单形出现的较少,大多数都呈聚形。我们认识矿物晶体的形状,不仅要认识单独存在的单形,而且要认识聚形。鉴定矿物聚形晶体最主要的方法就是分析这一聚形是由那些单形组成的。组成一个聚形的单形种类最多不会超过7个。聚形中,同一个单形的各晶面,它们的性质必定相同,而不同种的单形晶面,彼此间性质不同。另外,同种矿物的单体有规律地连生在一起的称为双晶。双晶可分为穿插双晶、接触双晶和重复双晶。也有根据矿物独特的结晶习性和外形对双晶命名的。如石英晶体中的巴西双晶、日本双晶(如图5-6所示)、道芬双晶;斜长石晶体中的聚片双晶;石膏晶体中的燕尾双晶;辰砂晶体中的矛状双晶;锡石晶体中的膝状双晶(如图5-5所示)等,绝大多数矿物具有双晶。在国外,有些矿物晶体的鉴藏者喜欢专门收藏矿物的双晶,但自然界矿物以单个晶体、聚晶或双晶出现是比较少见的。主要还是以集合体的形态产出。集合体的形态很多,按结晶程度大致分为两类:①显晶质

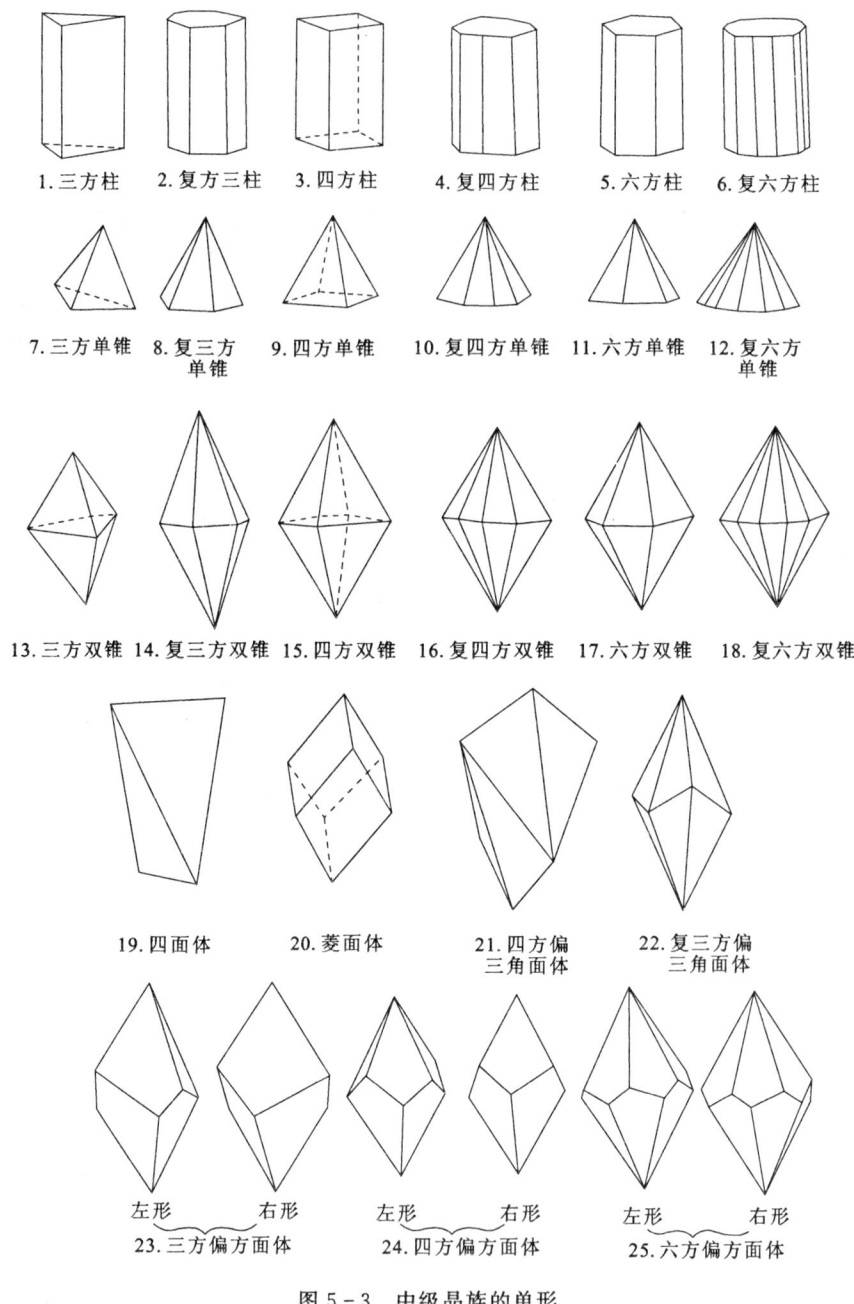

图 5-3 中级晶族的单形

集合体；②隐晶质和胶状集合体。其中显晶质集合体中的单体矿物用肉眼即可分辨，按照它们的大小关系，单体形态以及集合方式可分为粒状、柱状、纤维状和放射状、片状、鳞片状、树枝状、晶簇和晶洞状。而隐晶质和胶状集合体的矿物单体肉眼难以分辨，有的甚至在普通显微镜下也不易分辨，依据其外表形态或成因可分为分泌体、结核体、鲕状及豆状体、钟乳状体（形态如葡萄状、肾状、乳状等）、被膜、皮壳状、土状块体、集合体等。

矿物的形态是矿物最显著的外表特征之一，它取决于矿物的化学成分及其内部构造，但也

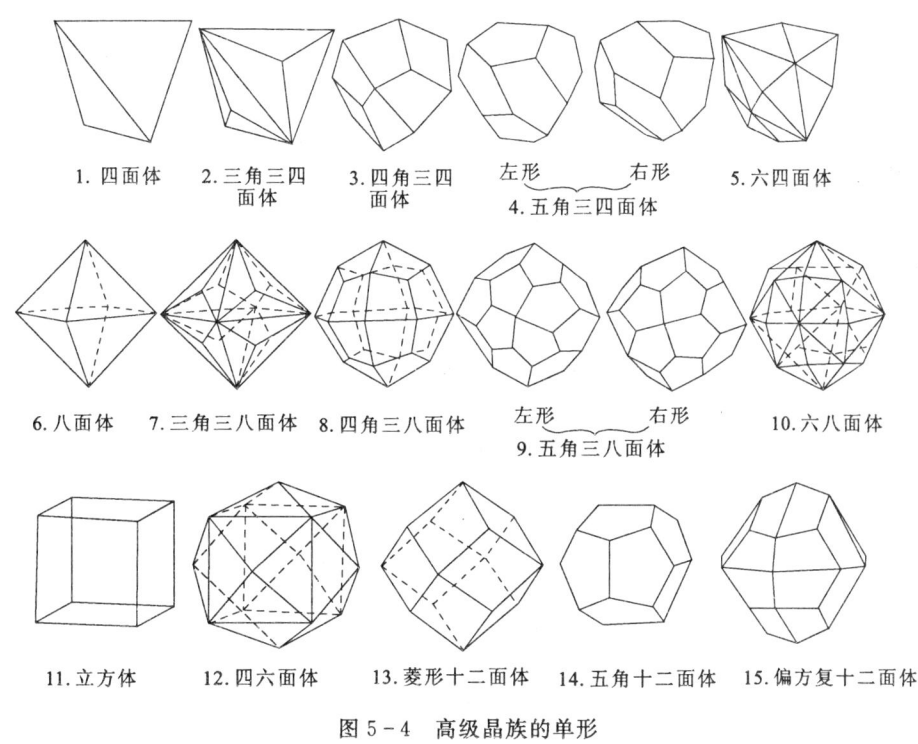

1. 四面体　2. 三角三四面体　3. 四角三四面体　4. 五角三四面体（左形　右形）　5. 六四面体
6. 八面体　7. 三角三八面体　8. 四角三八面体　9. 五角三八面体（左形　右形）　10. 六八面体
11. 立方体　12. 四六面体　13. 菱形十二面体　14. 五角十二面体　15. 偏方复十二面体

图 5-4　高级晶族的单形

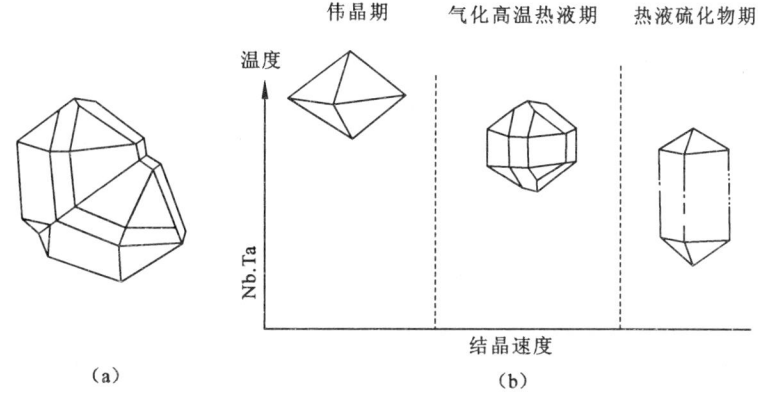

图 5-5　锡石晶体与双晶
(a)锡石晶体中的膝状双晶；(b)锡石的结晶习性

受一定的外界环境的影响（如溶液化学性质、温度、浓度、压力等）。即使同一矿物也可以形成各种不同的形状。但是，在一定的条件下，每一种矿物都有它习见的形态，这一性质称为矿物的结晶习性，如图 5-7 所示为方解石在不同温度条件下的结晶习性。如方解石，在理论上它具有 7 种单形，但它的聚形现已发现多达 300 多种，而最常见的单形为菱面体、六方柱体和复三方偏三角面体 3 种（如图 5-8 所示）。它们在不同的温度条件下的结晶习性是随着温度的变化而变化的。

此外，矿物晶体形状发育的完好程度也不一样，这是矿物晶体在形成过程中，由于先后次序的不同、晶体结晶能力的不同而造成的差异，其结果是有的矿物晶体发育成各晶面发育完好、形态完整、规

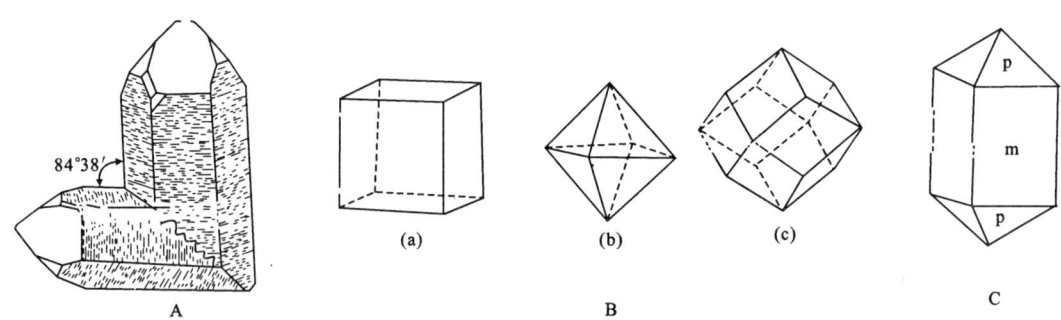

图 5-6 石英晶体的日本双晶
A.晶体；B.单形：(a)立方体，(b)八面体，(c)菱形十二面体；C.聚形：m—正方柱；p—正方双锥
（对称要素均为 $3L^44L^36L^29PC$）

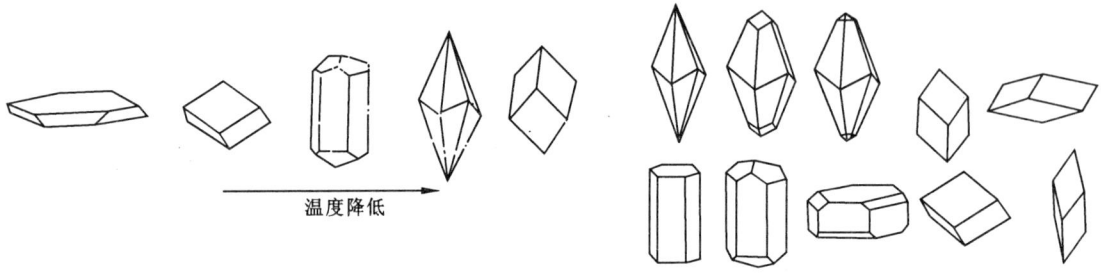

图 5-7 方解石在不同温度条件下的结晶习性　　图 5-8 方解石的晶体

则的自形晶体，有的矿物晶体一部分晶面发育完好，而另一部分发育成不完好、不规则的半身形晶体，还有一部分矿物晶体完全无完好的晶面、形态呈不规则的他形晶体。常见矿物的晶体形态见表 5-1。

表 5-1 常见矿物的晶体形态

晶体名称	晶面数目	晶面形状	晶面夹角	常见矿物
立方体	6	正方形	90°	方铅矿、黄铁矿、萤石
八面体	8	等边三角形	70°31′44″	磁铁矿、黄铁矿、萤石
菱形十二面体	12	菱形	90°、120°、60°	石榴石、磁铁矿、萤石
五角十二面体	12	五边形	≠90°	黄铁矿
四角三八面体	24	四角形	≠90°	石榴石
六方柱	6	矩形	60°	石英、绿柱石、磷灰石
四方柱	4	矩形	90°	锡石、金红石、锆石
三方柱	3	矩形	120°	电气石
斜方柱	8	平行四边形	≠90°	正长石、角闪石、辉石
六方双锥	12	等腰三角形	≠90°	磷灰石、高温石英
四方双锥	8	等腰三角形	≠90°	锡石、金红石、白钨矿
三方双锥	6	等腰三角形	≠90°	石英
菱面体	6	菱形	≠90°	方解石、白云石、菱铁矿
斜方双锥	4	不等边三角形	≠90°	自然硫
平行双面	2			云母、石墨

(二) 矿物的物理性质

自然界中每一种矿物都具有一定的物理性质。矿物的颜色、光泽、透明度、发光性、硬度、相对密度等就是矿物的物理性质。这里所述的物理性质主要着重于肉眼所能识别的矿物物理性质。

矿物的物理性质,主要取决于矿物本身的化学成分与内部结构,化学成分相同,而内部结构不同,其物理性质也不同(如金刚石与石墨的差异);而同一种矿物,在不同的地质条件下生成,其物理性质也会有差异(如图版25中的5种不同的水砷锌矿,不仅结晶形态不同,其颜色、透明度、光泽皆不相同,唯化学成分是相同的)。

1. 矿物的颜色

矿物晶体观赏石首先吸引人眼球的是矿物的颜色。它是最具观赏价值的因素之一,也是鉴定矿物的一个重要特征。如辰砂的红色、孔雀石的绿色、天河石的蓝色都是具有冲击力、招人青睐的美色。根据矿物颜色产出的原因,可将矿物的颜色分为自色、他色和假色。

(1) 自色。它是由矿物的化学成分所决定的,是矿物本身固有的颜色。它与矿物成分中某些离子存在和晶体内部结构有关。如 Fe^{3+} 使矿物呈红色,如赤铁矿;Cr^{3+} 使翡翠呈翠绿色……。像这样一些使矿物呈现颜色的离子,称为色素离子,它们主要是钛(Ti)、钒(V)、铬(Cr)、锰(Mn)、铁(Fe)、钴(Co)、镍(Ni)、铜(Cu)等元素的离子,见表5-2。

表5-2 常见色素离子及有关矿物的颜色

离子	Cu^{2+}	Ni^{2+}	Co^{2+}	Fe^{2+} Fe^{3+}	Fe^{3+}	Fe^{2+}	Mn^{4+}	Mn^{2+}	Cr^{5+}	V^{5+}	V^{3+}	Ti^{4+}
颜色	蓝	绿	绿	玫瑰	蓝	黑	褐	红	绿	黑	玫瑰	紫红	绿	黄红	绿	褐	褐红
矿物举例	蓝铜矿	孔雀石	镍华	钴华	钴土	磁铁矿	褐铁矿	赤铁矿	绿泥石	软锰矿	菱锰矿	刚玉、铬绿泥石	钙铬石榴石	钒铅矿	钒云母	金红石	榍石

(2) 他色。它是矿物因含有外来带色杂质的机械混入物或气泡等所产生的颜色。如紫水晶,它是由无色透明的石英带入少量的 MnO 和 Fe^{2+} 形成的颜色;而蔷薇水晶的浅玫瑰色,是因含 Mn 和 Ti 所致。

(3) 假色。它是因矿物表面的氧化膜,或解理,或细小裂隙等引起的光波干涉而产生的颜色。如斑铜矿的表面因氧化膜的影响常使暗红铜色的原色变成具紫色蓝色斑纹的色彩——锖色。

常见矿物的色标见表5-3。

表5-3 常见矿物色标

颜色	紫色	绿色	橙红色	褐色	黄铜色	蓝色	橙黄色	红色	灰色	金黄色
矿物	紫水晶	孔雀石	雄黄	褐铁矿	黄铜矿	蓝铜矿	雌黄	辰砂	方铅矿	自然金

2. 矿物的透明度

矿物的透明度是指矿物透光程度的大小。在矿物学中,矿物的透明度可分为以下三类。

(1)透明:完全或基本能透见物像,如水晶、冰洲石、黄玉等。

(2)半透明:只能模糊透见物像暗影,如辰砂、闪锌矿等。

(3)不透明:完全不能透见物像,如磁铁矿、方铅矿等金属矿物。

矿物的透明度主要取决于矿物对光的反射和吸收的程度不同,凡反射和吸收强的矿物,其透明度则小;同时,它还受矿物厚度的影响,越厚则透明度越低。

3. 矿物的光泽

矿物的光泽是指矿物表面反射光线的能力和特征,这是由于矿物对光的折射和反射所引起的,其由强至弱可分为:金属光泽、半金属光泽、金刚光泽、玻璃光泽。以上所讨论的矿物的光泽,是指矿物在平坦光滑的晶面或解理面上所呈现的光的反射情况。当矿物表面不平坦时,就会影响反射光的强弱,其光泽会发生变异,而呈现出一些特殊的光泽,如脂肪(或树脂)光泽、丝绢光泽、珍珠光泽、蜡状光泽和土状光泽等。

统计表明,呈玻璃光泽的矿物最多,占矿物总数的70%。光泽是矿物鉴别的重要标志。

4. 矿物的条痕色

条痕是指矿物粉末的颜色,如黄金在试金石上的划痕留下的条痕色是鉴别黄金成色的重要方法。有些矿物的条痕色和矿物的颜色是一致的,如孔雀石的绿色、自然金的金黄色、辉锑矿的铅灰色等。但有些矿物的条痕色与矿物的颜色是不相同的,如黄铜矿的颜色为黄铜色,而它的条痕色为绿黑色。条痕是鉴定矿物的方法之一。

5. 矿物的硬度

矿物的硬度是指矿物抵抗外来机械作用的能力,是矿物内部质点(原子或离子半径)间联结力强度大小的反映。一般而言,组成矿物的质点半径越小,电价越高,质点间距离越小,排列越紧密,其所组成的矿物硬度就越大。一般用刻划的方法来比较矿物硬度的相对大小(如指甲硬度为2~2.5,小刀硬度为5~5.5)。矿物学家常用摩氏硬度计来评价矿物的硬度,见表5-4。

表5-4 摩氏硬度计

标准矿物	滑石	石膏	方解石	萤石	磷灰石	正长石	石英	黄玉	刚玉	金刚石
摩氏硬度	1	2	3	4	5	6	7	8	9	10

6. 矿物的发光性

矿物受外界能量激发,如在紫外线、X射线、放射线等影响下能发光的性质谓之发光性。矿物在受到外界能量激发时发出的光叫萤光,如萤石、白钨矿等;在外来能量停止激发时而继续发光的称为磷光,如磷灰石。国内收藏界有人专门热心于发光矿物的收藏。

7. 矿物的磁性

矿物的磁性是指矿物被磁性体吸引或排斥的性质。矿物通常以能否为磁铁吸引为标准,按其磁性强弱可分为三级:强磁性(如磁铁矿);中磁性(如黑钨矿、铌钽铁矿等);弱磁性(如角闪石、电气石等)。

8. 矿物的相对密度

矿物的相对密度是指矿物在空气中的重量与水温在4℃时同体积水的重量之比。每种矿物都有一定的相对密度,它是鉴别矿物的一个重要物理常数。

按相对密度矿物可大体分为以下三类。

(1)重矿物。相对密度>4,如方铅矿、重晶石。

(2)中重矿物。相对密度为2.5~4,如石英、长石类。

(3)轻矿物。相对密度<2.5,如石膏、石墨等。

矿物的相对密度主要决定于矿物元素的原子量及单位体积内的质点数。

9. 矿物的放射性

矿物的放射性除天然的放射性矿物,如铀(U)、钍(Th)、镭(Ra)以外,有些矿物由于在形成以后主要受后生地质作用的影响,本身虽不是放射性矿物,却带有放射性,其放射性强度甚至足以对人体造成危害。如湖北产的某些绿松石,含有一些暗色的方解石晶簇,这些"暗色"则是后生被放射性污染而造成的(关于湖北产的某些绿松石的放射性问题参考本书"湖北观赏石"内容)。

10. 矿物的其他物理性质

矿物除上述物理性质外,还具有电性、压电性、脆性、柔性、弹性、挠性、延展性和吸水性等性质。

(三)矿物的化学性质

矿物的外观形态和物理性质取决于组成它们的化学成分和晶体构造,而矿物的晶体构造只是组成该矿物的化学元素质点排列的方式,即元素在空间的位置关系,所以决定矿物的性质实质上是矿物的化学成分。但是,大多数矿物晶体收藏者并不把矿物的化学成分作为矿物观赏价值的评价因素。例如碳(C)是组成石墨和金刚石的化学元素,但收藏石墨的人却是凤毛麟角,而金刚石却是人们追逐的对象,尤其是富人。必须指出,矿物的形成是地壳中各种化学元素迁移、运动、分散、聚合的结果,因而,研究地壳的化学成分是了解矿物化学成分的基础。

(四)矿物的成因

矿物是在地壳的演化历史过程中形成的,它是地壳中迄今数十亿年来各种地质作用的产物。因此,它与化学元素本身的性质有关,但它的形成受一定地质作用所规定的物理、化学条件所制约。

矿物的形成过程实质上是矿物晶体的长大过程。它是由正负离子形成晶线,进而形成晶面,再形成结晶格子(晶芽),晶芽在过饱和溶液中继续长大而成为大的矿物晶体。矿物可由气态、液态、固态这3种方式直接结晶而成。

矿物形成的地质作用分为内生作用和外生作用。内生作用的能源产自地球内部,它又可分为:①与岩浆活动有关的岩浆作用(包括深层岩浆、伟晶、热液、火山作用);②与地热、地压有关的变质作用。外生作用又称表生作用,为太阳能、水、大气和生物所产生的作用,即沉积作用和风化作用。各类型作用之间在一定条件下是可以相互转化的。

1. 内生成矿作用及其矿物的成因类型

(1)深层岩浆作用。岩浆是处在地壳深处的高温(650℃~1 000℃)、高压下富含挥发成分的硅酸盐熔融体。随着温度、压力的降低可结晶出各种岩浆矿物,主要是硅酸盐类矿物,见表5-5。

(2)伟晶作用。它是岩浆作用的继续,温度在400℃~700℃之间,此时处在封闭系统中的残余岩浆仍含有大量挥发性的物质,矿物由富含挥发成分和稀有、放射性元素的残余岩浆中结晶出来,其形成晶体较大。主要矿物见表5-6。

(3)热液作用。当岩浆期后的残余挥发组分和温度降到水的临界温度(370℃)以下时,即变成溶液状态,这些水溶液沿着裂隙活动时,溶液中的组分可以与围岩发生交代形成一系列矿物,或者直接从水溶液中结晶出来充填在裂隙中。这些矿物是在375℃~50℃于地下数千米至近地表处形成的。按照形成的温度可分为高温热液(375℃~300℃)、中温热液(300℃~200℃)、低温热液(200℃~50℃)。最主要的热液矿物见表5-7。

表5-5 最主要的岩浆矿物

岩石类型	矿物名称	
	造岩矿物	金属矿物及其他有用矿物
超基性岩及基性岩	橄榄石、辉石、基性斜长石、角闪石	铬铁矿、铂、镍黄铁矿、磁黄铁矿、金刚石、黄铜矿、磷灰石
中性岩	角闪石、中性斜长石、辉石、石英	钛铁矿、磁铁矿、锆英石
酸性岩	石英、正长石、酸性斜长石、黑云母、白云母	褐钇铌矿、铌-钽铁矿、锆英石、独居石、钛铁矿、磷钇矿、曲晶石、钍石、锡石、黑钨矿、细晶石、烧绿石、绿柱石、锂云母
碱性岩	钾长石、钠长石、霞石、辉石、角闪石、霓石、黑云母	钛铁矿、金红石、磁铁矿、锆英石、褐帘石、异性石、钙钛矿、独居石、磷灰石、钛铌钙铈矿、烧绿石

表5-6 最主要的伟晶矿物

岩石类型	矿物名称	
	造岩矿物	金属矿物及其他有用矿物
花岗伟晶岩	石英、微斜长石、钠长石、白云母、黄玉、电气石、萤石	铌钽矿、板钛矿、磷钇矿、绿柱石、磷灰石、锂辉石、锂云母、沥青铀矿、独居石、褐帘石、锡石、艳榴石、细晶石、锰钛矿
碱性伟晶岩	霞石、钾石、钠长石、脂光石、钠沸石、方钠石、霓石、异性石、闪石、电气石、萤石	锆英石、曲晶石、异性石、烧绿石、褐帘石、钛铁矿、锡石、金云母

表5-7 最主要的热液矿物

热液型	有用矿物	脉石矿物*	围岩蚀变*
高温热液型	黑钨矿、锡石、辉钼矿、辉铋矿、毒砂、黄铁矿、自然金、黄铜矿、磁铁矿	石英、云母、电气石、黄玉、萤石	云英岩化、电气石化、黄玉化
中温热液型	黄铜矿、方铅矿、闪锌矿、自然金、辉银矿、沥青铀矿、黄铁矿(有时也有毒砂、锡石)	石英、方解石、绿泥石、重晶石、绢云母	多种多样
低温热液型	辰砂、辉锑矿、雄黄、雌黄、辉银矿、方铅锌、闪锌矿、斑铜矿、自然金、自然银	石英、方解石、高岭石、明矾石、重晶石	硅化、绢云母化、明矾石化、高岭石化

注:*为与有用矿物伴生或共生的没有用的矿物,即脉石矿物,但不是绝对的。围岩蚀变是指含矿溶液沿围岩裂隙上升时与围岩发生了化学反应,促使围岩在成分上、结构上发生了根本变化而形成新矿物的现象。

(4)火山作用。是地下岩浆熔体或火山喷气直接结晶而形成矿物。其特有的矿物有石榴石、透长石、沸石、蛋白石以及火山气体升华矿物,如自然硫、雄黄、雌黄等。

2. 外生成矿作用及其矿物的成因类型

(1)风化作用。其包括物理风化、化学风化和生物风化作用。当原岩或矿物遭受化学风化时,易溶矿物的部分元素如钾、钠、钙等形成真溶液,被地表水带走,留下残余空洞;而部分难溶化合物则残留原地,生成氧化物、氢氧化物、硫酸盐和碳酸盐等,见表5-8。

表 5-8 几种岩石(矿床)主要的风化型矿物

原来岩石(矿床)类型	风 化 型 矿 物
花岗质岩石	高岭石、水云母
富铝碱性岩	三水铝土矿
基性喷出岩 含 Ni 超基性岩	三水铝土矿、针铁矿、水赤铁矿、硅镁镍矿、镍铁绿泥石、蛇纹石、白云石
富含铁锰质岩石	褐铁矿、针铁矿、硅锰矿
铜的硫化物矿床	褐铁矿、针铁矿、水赤铁矿、孔雀石、蓝铜矿、硅孔雀石、赤铜矿、黑铜矿、自然铜、胆矾、铜铀云母
铅的硫化物矿床	褐铁矿、针铁矿、白铅矿、铅矾、彩钼铅矿、铬酸铅矿、磷酸氯铅矿
锌的硫化物矿床	褐铁矿、针铁矿、菱锌矿、水锌矿、绿铜锌矿
锑的硫化物矿床	锑矿、黄锑矿、锑赭矿、红锑
铜的硫化物矿床	钼酸钙矿、钼矿

(2)沉积作用。按沉积机理和方式的不同可分为机械沉积、化学沉积和生物沉积3种。机械沉积的矿物是风化产物被水搬运到适宜条件下沉积的、其化学性质稳定的矿物,如自然金、金刚石、锡石、黑钨矿、白钨矿、绿柱石、锆英石、独居石、石英等;化学沉积的矿物是从真溶液中直接结晶出来的,如石膏、钾盐、芒硝等;还有一部分是从胶体溶液中,由于电介质的凝聚而发生的沉淀作用,形成铁、锰、铝、硅的氧化物和氢氧化物,如赤铁矿、铝土矿、锰矿等。胶体矿物常形成致密块状、鲕状、豆状、肾状等形态。生物沉积为生物有机体作用的结果,形成的矿物有石灰石、硅藻土和磷块岩等。

3. 变质成矿作用及其矿物的成因类型

变质作用是内生或外生矿物受到温度、压力和化学活动性强的流体作用,使其成分、结构、构造发生变化而形成新的矿物。形成此种矿物的一系列作用称为变质作用。根据其形成条件可分为接触变质和区域变质两个大类。

(1)接触变质型。矿物生成于中等深度(2~3km),是由于岩浆溶液侵入围岩的接触带上,它又造成了以交代为主导的接触型(接触交代型),它是指岩浆中的挥发性物质及热水溶液交代围岩而产生新的矿物。其中以中酸性侵入岩与石灰岩接触交代作用最为剧烈,交代结果产生以钙、铁、铝等为主的硅酸盐矽卡岩矿物(见表5-9)。另一类型称为热变质型接触,其中交代作用是次要的,而以热的烘烤作用为主,造成围岩中的矿物因受热而发生重结晶,如石灰岩变成大理岩。新生成的矿物主要决定了围岩成分,如围岩为硅质灰岩,则新生矿物为硅灰石等,如围岩为泥质岩,则生成堇青石、红柱石及硅线石等。

(2)区域变质型。这是由强烈的地壳运动所产生的大面积的变质作用。在高温高压和H_2O、CO_2的参与条件下,原岩物质再结晶,并伴随一定的交代作用而产生新的矿物,如云母、绿帘石、阳起石、蛇纹石、滑石、角闪石、长石、石英、石榴石、透辉石、硅线石、橄榄石、辉石、刚玉和尖晶石等。区域变质作用的强度随着深度的增加而增强。

(五)矿物的共生组合

不管生成时间先后,只要在空间上共同存在的不同矿物就称为一个组合。成矿原因相同、

表 5-9　几种矽卡岩矿床最常见的矿物

矿种类型	矿物名称			
	非金属矿物		金属矿物	
	主要矿物	次要矿物	主要矿物	次要矿物
铁	石榴石 辉石	绿帘石、角闪石、绿泥石、符山石、方解石、石英	磁铁矿 赤铁矿	黄铜矿、磁黄铁矿、黄铁矿、白钨矿、方铅矿、闪锌矿
铜	石榴石 辉石	绿帘石、绿泥石、符山石、硅灰石、金云母、方解石、石英	黄铜矿	斑铜矿、黄铁矿、磁黄铁矿、磁铁矿、辉钼矿、白钨矿
钨	石榴石 辉石	斜长石、绿帘石、石英、黑云母、符山石、方解石、萤石	白钨矿	辉钼矿、磁铁矿、黄铜矿、自然金、闪锌矿
钼	石榴石 辉石	方解石、石英	辉钼矿	黄铜矿、黄铁矿、磁铁矿、毒砂、自然金、方铅矿、闪锌矿
铅锌	石榴石	石英、绿帘石、绿泥石、方解石	方铅矿 闪锌矿	磁铁矿、磁黄铁矿、黄铜矿、黄铁矿

成矿阶段相同的矿物组合称为共生组合；成矿原因不同、成矿阶段不同的矿物组合称为伴生组合。例如，在一块矿石上有黄铜矿、黄铁矿、石英、孔雀石、褐铁矿等矿物的组合，依照矿物成因及其相互关系，可以肯定其中的黄铜矿、黄铁矿、石英属于成因相同的热液型的矿物共生组合；而孔雀石和褐铁矿矿物则是另一类成因相同的风化型的矿物共生组合。这两个矿物共生组合之间的关系则为伴生关系。

研究矿物的共生组合，可以帮助我们鉴定相伴产出的矿物及划分成矿阶段，从而正确判断其生成原因。

（六）矿物包裹体

包裹体是矿物生长时所俘虏的一部分成矿溶液或硅酸盐熔融体，并作为成矿溶液或岩浆的样品保存下来。包裹体普遍存在于矿物中，一般都小于 0.01mm，肉眼很难察觉。据统计，在石英（水晶）中每立方厘米包裹体多于 100 万个。水晶和玛瑙中常有液态包裹体，称为水胆水晶和水胆玛瑙，收藏爱好者常以此为贵。水晶中常见发丝状包裹体，这是一种固态包裹体，发丝状物多为电气石、金红石之类的固体矿物。如果拥有一块含有红色辰砂的透明水晶，那是很令人赏心悦目的事。地质上对包裹体的研究已越来越重视。包裹体的研究在解决矿床成因、成矿物质来源、成矿演化过程、成矿规律、指导找矿方面都具有很重要的意义。

（七）矿物假象

矿物假象实际上是一种交代作用的现象。在交代作用进行中，原来生成的矿物毫无保存或仅有残核存在于新矿物之中，而新形成的矿物仍保持原来矿物晶体的形态（外形），这就是假象。武汉中华奇石馆有一件 $0.5m^2$ 大小的乳白色细晶石英观赏石，其外表全为立方体状的细粒石英，但其背面则为立方体状的浅绿色萤石残留，这便是萤石被后来的石英交代所致，立方体状的石英便是萤石的假象。亦有化石被黄铁矿交代而形成金光灿灿的标本，中国地质大学（武汉）博物馆便收藏有一块完全被黄铁矿交代的金光闪闪的"石燕"。国外不少收藏家专门以高价寻藏一些奇异的、好看的矿物假象观赏石。如俄罗斯费尔斯曼矿物博物馆收藏的一个被蓝铜矿、孔雀石交代的"老鼠"，此乃绝世之矿物假象。

三、世界重要矿物观赏石(图片)赏析

本书中所载为世界各国(包括中国)自 20 世纪 80 年代以来特别是美、德等国[①]所发表的重要矿物晶体图片,从 600 余幅中精选出 170 余幅供广大矿物晶体鉴藏者欣赏。所有矿物晶体图片按晶体化学分类排列,共分为如下五个大类。

第一大类:自然元素;
第二大类:硫化物及碲化物;
第三大类:氧化物和氢氧化物;
第四大类:卤化物;
第五大类:含氧盐。包括:①硅酸盐;②磷酸盐;③砷酸盐;④钒酸盐;⑤钨酸盐·铬酸盐;⑥钼酸盐;⑦硫酸盐;⑧碳酸盐。

见图版 5~图版 37。

(一)自然元素矿物

自然元素矿物是指以单质存在于自然界的矿物,约占地壳总重量的 0.1%,主要以固态矿物为主,有自然金、自然银、自然铜、金刚石和自然硫等。

1. 金刚石(Diamond)

化学成分为 C,常含有石墨等包裹体。等轴晶系,常呈八面体,亦可见菱形十二面体和立方体。无色透明,或带蓝、黄、褐等色。强金刚光泽,为地球上最硬的矿物,硬度 10。相对密度 3.47~3.56。紫外光线下发紫蓝、绿色萤光。透明无暇者,重量>0.5 克拉的为宝石中最宝贵的一种。金刚石是在高温条件下,由岩浆分异作用形成。图版 5 中的金刚石产自南非。

2. 自然硫(Sulfur)

化学成分为 S。斜方晶系,晶体少见,呈厚板状、锥状。呈黄色、褐黄色。具金刚光泽(断口为油脂光泽)。透明至半透明。硬度 1~2。性脆。相对密度 2.05~2.08。是制造硫酸的主要原料。自然硫为含 S 的蒸气直接升华或由 H_2S 氧化而成。图版 5 中的自然硫产自意大利。

3. 自然金(Gold)

化学成分为 Au,常含有 Ag、Cu 等杂质。等轴晶系,晶体少见。常呈不规则树枝状、粒状。颜色金黄,不透明。硬度 2.5~3。相对密度 15.6~18.3。具极佳的延展性和高度的传热和导电性。其化学性稳定,不氧化。呈"狗头金"或树枝状者极具鉴藏价值。原生金矿常产于与中酸性火成岩有关的热液石英脉和蚀变带中,亦产于由原生金矿风化形成的砂矿中。图版 6 中的自然金产自美国。

4. 自然银(Silver)

化学成分为 Ag,成分中常含 Au 和 Hg。质纯者少。等轴晶系,六八面体晶形,但很少见。常呈毛发状、丝状弯曲及树枝状。呈银白色、表面氧化后常具灰黑色被膜。金属光泽,不透明。

[①] Willard L. Roberts & Wendell E. W. 《Encyclopedia of Minerals》,1990;Olaf Medenbach, Harry W. 《The Magic of Mine rals》,1985;Hofmann Kapinski《Schone und Seltene Minerale》,1981。

硬度 2.5～3。相对密度 10.1～11.1。具延展性,良导电导热性。为贵金属,光学工业用量最大。主要产于中低温热液矿床中,常与其他含 Ag 矿物共生。图版 6 中的自然银产自玻利维亚和美国。

5. 自然铜(Copper)

化学成分为 Cu。等轴晶系,晶体少见,常呈树枝状集合体。颜色为铜红色。金属光泽。硬度 2.5～3。相对密度 8.5～8.9。具延展性,为良好导电导热体。它是各种地质作用中还原条件下的产物。自然铜很少具有独立开采的矿床价值。图版 6 中的自然铜产自美国。

(二)硫化物矿物

硫化物矿物为许多金属元素与硫(S)及其类似元素碲(Te)、硒(Se)等组成的矿物。其中以硫化物(简单硫化物、复硫化物、含硫盐)为最重要。其约有 200 余种矿物,占地球总量的 0.15%。其中铁的硫化物和 H_2S 占硫化物的大部分,其余元素 Zn、Pb、Cu、Hg、As、Sb、Bi、Co、Ni、Mo 等的硫化物只占地壳总重量的 0.001%,但许多金属都是从这类硫化物矿床中获得的。

1. 雄黄(Realgar)

化学成分为 AsS。单斜晶系,常为短柱状。呈桔红色。金刚光泽,断口呈油脂光泽。半透明至透明。硬度 1.5～2。相对密度 3.4～3.6。阳光下易褪色风化,不易保存。常与雌黄共生,为炼砷原料。图版 7 中的雄黄产自中国和美国。

2. 雌黄(Orpiment)

化学成分为 As_2S_3。单斜晶系,晶体呈柱状、板状。呈柠檬黄或金黄色。金刚光泽(断面为珍珠光泽)。硬度 1～2。相对密度 3.4～3.5。与雄黄、方解石共生,产于低温热液矿床中,为炼砷原料。图版 7 中的雌黄产自中国和美国。

3. 锑雌黄(Wakabayashilite)

化学成分为 $(As,Sb)_{11}S_{18}$。单斜晶系,柱状或纤维状。呈金黄色和柠檬黄色。丝绢光泽至松脂光泽。硬度 1.5。相对密度 3.96。与雄黄、雌黄共生。图版 7 中的锑雌黄产自美国。

4. 辰砂(Cinabar)

化学成分为 HgS。三方晶系,晶体呈厚板状或菱面体,常见矛头状穿插双晶。颜色为鲜红色,有时矿物表面呈铅灰色、锖色。金刚光泽。半透明。硬度 2～2.5。性脆。相对密度 8.09。不导电。为重要的汞矿石,产于低温热液矿床中,常与方解石、白云石共生。图版 8 中的辰砂产自中国。

5. 黄铁矿(Pyrite)

化学成分为 FeS_2。等轴晶系,常见晶形为六面体和五角十二面体。六面体相邻晶面上常见三组互相垂直的条纹。呈浅黄铜色。强金属光泽。不透明。硬度 6～6.5。相对密度 4.9～5.2。其可形成于各种地质条件,主要用于提取硫。图版 9 中的黄铁矿产自前南斯拉夫。

6. 方铅矿(Galena)

化学成分为 PbS。等轴晶系,常见为立方体。集合体为粒状、致密块状。呈铅灰色。金属光泽。硬度 2～3。相对密度 4.7～7.6。具弱导电性。产于热液矿床中,常与闪锌矿等矿物共生,主要为炼铅矿石。图版9中的方铅矿产自美国。

7. 淡红银矿(Proustite)

化学成分为 Ag_2AsS_3。三方晶系,复三方单锥晶类。集合体为致密块状或粒状。颜色为深红至朱红色。金刚光泽。半透明。性脆。硬度2～2.5。相对密度5.57～5.64。不导电。产于铅、锌、银热液矿脉中,为银矿石。图版9中的淡红银矿产自德国。

8. 深红银矿(Pyrargyrite)

化学成分为 Ag_3SbS_3。三方晶系,复三方单锥晶类。常为短柱状,集合体常呈粒状、块状。颜色为深红色。金刚光泽。半透明。性脆。硬度2～2.5。相对密度5.77～5.86。比淡红银矿常见。主要产于铅、锌、银热液矿床中,为重要的含银矿物。图版9中的深红银矿产自德国。

9. 闪锌矿(Sphalerite)

化学成分为 ZnS。等轴晶系,晶形为四面体,一般多为柱状集合体。颜色有浅黄、红色、绿色、棕褐色至黑色。金刚光泽至半金刚光泽。透明至半透明。硬度3～4.5。相对密度3.9～4.2。不导电。其中红色者含有 Sn、In、Ag、Mo;绿色者常含 Co 与 Fe,颜色与所含微量元素有关。产于中-低温热液和接触交代矿床中,常与 PbS 共生,是锌的主要矿石。图版10中的闪锌矿产自德国和美国。

10. 黄铜矿(Chalcopynite)

化学成分为 $CuFeS_2$。四方晶系,晶体少见,晶形呈四方四面体,常呈致密块状。颜色为铜黄色。金属光泽。硬度3～4。相对密度4.1～4.3。性脆。可形成于各种地质条件下。主要产于热液和接触交代矿床中,与 FeS_2、PbS、ZnS 等共生。黄铜矿风化后,可形成孔雀石、蓝铜矿等次生矿物。是重要的铜矿石。图版10中的黄铜矿产自德国。

11. 辉锑矿(Stibnite)

化学成分为 Sb_2S_3。斜方晶系,晶体呈针状、柱状。柱面上有极明显的纵纹,集合体常呈放射状。颜色为铅灰色。金属光泽。硬度2～2.5。性脆。相对密度4.5～4.6。主要产于低温热液矿床中,在氧化带易变成黄色、褐色锑华、锑赭石,为重要锑矿石。图版10中的辉锑矿产自中国。

12. 毒砂(Arsenopyrite)

化学成分为 $FeAsS$。单斜晶系,短柱状晶体,晶面上有纵纹,有时可见十字形穿插双晶。颜色为锡白色。金属光泽。硬度5.5～6。性脆。相对密度5.9～6.2。锤击有蒜臭味。产于高、中温热液矿床中,与黑钨矿、锡石、黄铜矿等共生,为炼砷之矿石。图版10中的毒砂产自圣·欧拉利亚。

13. 碲金银矿(Petzite)

化学成分为 Ag_3AuFe_2,为化学性近似 S 的化合物。等轴晶系,晶体通常呈细柱状及块状。颜色为钢灰至铁黑色。金属光泽。不透明。硬度2.5～3。相对密度8.7～9.4。产于含金银的石英脉中,与其他碲化物及黄铜矿、闪锌矿共生。图版10中的碲金银矿产自美国。

(三)氧化物和氢氧化物矿物

氧化物矿物包括金属和非金属及其氧和氢氧化合物。氧化物矿物近300种,占地壳总量的17％，其中石英分布最广，约占地壳总量的12.6％；铁的氧化物和氢氧化物约占3～4％，其次为Al、Mn、Ti、Cr的氧化物。可分为以下两类：

(1)氧化物。①简单氧化物：通常由一种或两种阳离子和氧结合；②复杂氧化物：通常由两种以上阳离子和氧结合。

(2)氢氧化物。包括含$(OH)^{1-}$和H^{1+}的化合物。

1. 刚玉(Corundum)

化学成分为Al_2O_3，三方晶系，常呈完好的桶状、短柱状晶体。在柱面、双锥面常见横纹。颜色常为蓝灰色，如含Cr者为红色；含Fe^{3+}和Mn时呈玫瑰色，透明或半透明者为红宝石(Ruby)；含Ti时为蓝色，含Fe^{2+}和Fe^{3+}时多呈近黑色靛蓝色，半透明或透明者为蓝宝石(Sapphire)。缅甸蓝宝石为Ti致色，比较鲜亮；中国山东蓝宝石为Fe致色，色偏暗。呈玻璃光泽。硬度9。相对密度3.95～4.10。其主要在高温富铝、贫硅的条件下形成。刚玉主要用作研磨材料和精密仪器轴承，彩色透明、杂质少者可为高档宝石。图版11中红刚玉产自缅甸，蓝刚玉产自斯里兰卡。

2. 金绿宝石(Chrysoberyl)

化学成分为$BeAl_2O_4$，含铬呈翠绿色者称翠绿宝石；具有平行纤维状猫眼闪光的晶体称为金绿猫眼。斜方晶系，斜方双锥晶类，常可见假六方的三连晶。呈黄、黄绿、宝石绿等色。玻璃光泽，半透明至透明。硬度8～8.5。相对密度3.631～3.835。性脆。紫外线下发弱深红色。产于花岗伟晶岩中，与绿柱石、电气石等共生。透明者为重要宝石。图版11中的金绿宝石产自巴西。

3. 尖晶石(Spinel)

化学成分为$MgAl_2O_4$，等轴晶系，常呈八面体小晶体。多为红色(Cr致色)、草绿色(Fe^{3+}致色)、棕黑色(Fe^{2+}和Fe^{3+}致色)。呈玻璃光泽。硬度9。相对密度3.5～3.7。产于接触交代型矿床中，与石榴石、透辉石共生。透明而色美者可作宝石。图版11中的尖晶石产自缅甸。

4. 锐钛矿(Anatase)

化学成分为TiO_2，四方晶系，复四方双锥晶类。一般呈锥状、板状和柱状。颜色变化大，呈褐、黄、浅绿蓝、浅紫等色。金刚光泽。硬度5.5～6.5。相对密度3.82～3.97。产于岩浆岩、伟晶岩和变质岩中，为提取钛的原料。图版11中的锐钛矿产自瑞士。

5. 铁铅砷石(Ludlockite)

化学成分为$(Fe,Pb)As_2O_6$，三斜晶系，鳞片状晶体，常具双晶。呈红色。金刚光泽。硬度1.5。相对密度4.40。发现于非洲纳米比亚锗矿石的空洞中，与含锌的菱铁矿一起产出。图版11中的铁铅砷石产自纳米比亚。

6. 赤铜矿(Cuprite)、毛赤铜矿(Chalcotrichite)

化学成分为Cu_2O，等轴晶系，主要单形为立方体、四角三八面体等。集合体常呈毛发状纤维(即毛赤铜矿)、针状；晶体多为粒状、块状等。颜色为红色至红黑色。呈金刚光泽至半金属光泽。性脆。硬度3.5～4。相对密度5.85～6.15。多产于铜矿床的氧化带，为铜的硫化物的次生矿物，与孔雀石、蓝铜矿及自然铜共生。因处于氧化带中，自身亦变为绿色的赤铜矿外貌。可作铜矿石。图版12中的赤铜矿产自纳米比亚。

7. 赤铁矿（Hematite）

化学成分为 Fe_2O_3，三方晶系，晶形为板状、菱面体状；常呈集合体产出，如致密块状、肾状、鲕状、豆状等。颜色为钢灰色、红色、铁黑色。半金属光泽。硬度 5.5～6。相对密度 5～5.3。性脆，无磁性。鲕状、肾状赤铁矿为浅海胶体溶液沉积而成。有的肾状赤铁矿表面具七彩表层锖色，为其表面有一层金属氧化膜所致。图版 12 中的赤铁矿产自英国和德国。

8. 磁铁矿（Magnetite）

化学成分为 Fe_3O_4，等轴晶系，晶体常呈八面体和菱形十二面体，晶面常有平行条纹；集合体通常呈致密粒状块体。呈铁黑色。半金属光泽。硬度 5.5～6。相对密度 4.9～5.2。具强磁性。产于接触交代型矽卡岩矿床中。图版 12 中的磁铁矿产自瑞士。

9. 石英（Quartz）、水晶（Rock crystal）、紫水晶（Amethyst）、玉髓（Chalcedony）

化学成分为 SiO_2，三方晶系，常见单形为六方柱状，晶面具横纹，双晶普遍发育。其显晶集合体有晶簇状、致密块状、粒状；隐晶质集合体有皮壳状、球状、肾状等。

无色透明者称水晶，脉石英多为乳白色，石英中常含有不同的致色离子，如含 Fe^{2+} 的柠檬黄色者称黄水晶；含 Mn 和 Fe^{3+} 呈紫者为紫水晶；含 Mn 和 Ti 的呈玫瑰色者称蔷薇水晶，还有烟晶、茶晶、墨晶等。呈玻璃光泽，断口为油脂光泽。相对密度 2.5～2.8。硬度 7。具压电性。半透明至透明。隐晶质的石英有玉髓，呈半透明，常为乳房状、钟乳状产出，有乳白色及其他颜色。石英是自然界分布最广的矿物，可形成于各种地质作用中。其用途广泛。

透明的或有色的水晶晶簇，尤其是形态（造型）好、晶形完整的，是矿物鉴藏家们追逐的对象。如果水晶内有水胆、发晶等奇特包含物的，更具观赏与收藏价值。图版 13 中的水晶簇产自美国，紫水晶产自加拿大，玉髓产自德国。

10. 蛋白石（Opal）

化学成分为 $SiO_2 \cdot nH_2O$，蛋白石亦称欧泊，为非晶质 SiO_2，即 SiO_2 的胶体矿物，常为钟乳状体、致密块状体、瘤状团块和结核等。因含有不同杂质，其颜色为白色至各种颜色。呈玻璃光泽。半透明者具蛋白光。具有黄、绿、红、棕等变彩的称贵蛋白石，是名贵的宝石矿物。硬度 5.5～5。相对密度 2。断口呈贝壳状。其为表生作用产物，而热液成因者与火山活动有关。图版 13 中的蛋白石产自美国。

（四）卤化物矿物

卤化物所属矿物为氟（F）、氯（Cl）、溴（Br）、碘（I）的化合物。卤化物矿物约有 100 余种，以 F 和 Cl 的化合物为主，Br、I 的化合物则少见。最主要的卤化物矿物是萤石（CaF_2）、石盐（NaCl）和钾盐（KCl），约占地壳总重量的 0.5%。

1. 萤石（氟石）（Fluorite）

化学成分为 CaF_2，等轴晶系，晶体呈立方体，少数为八面体及菱形十二面体。集合体常呈致密块状、晶粒状等，半透明，少见无色透明者。其颜色有黄、绿、紫、紫黑及浅蓝等色。玻璃光泽。硬度 4。性脆。相对密度 3.18。经加热或阴极射线、紫外线照射可发磷光与黄光。一般而言，含铒（Er）、镧（La）、铈（Ce）、钇（Y）较多的萤石具有强荧光性。有些暗紫色萤石不具荧光性。萤石是一种多成因的矿物，但大部分属热液型。萤石常作为冶金用的熔剂，以及玻璃、陶瓷工业等方面的原料。图版 14 中的萤石分别产自德国、西班牙和秘鲁。

2. 石盐(Halite)

化学成分为 NaCl,等轴晶系,晶体常为六面体,也有呈晶簇出现,晶体常常很大。集合体呈疏松状或致密粒状。颜色为无色透明或白色,但因含杂质而呈其他各色。玻璃光泽,风化后呈油脂光泽。硬度 2~2.5。性脆。相对密度 2.1~2.2。多溶于水,有咸味。产于气候干旱的内陆盆地盐湖中或滨海泻湖及海湾中。用途极广。图版 14 中的石盐产自德国。

(五)含氧盐矿物

含氧盐矿物包括各种氧酸根(如$[CO_3]^{2-}$、$[SO]^{2-}$、$[SiO_4]^{4-}$等)与金属元素所组成的盐类矿物。属于本类的矿物为最多,几乎占已知矿物的 2/3,尤其以硅酸盐矿物为最多,其次为碳酸盐、硫酸盐、磷酸盐等矿物。

大多数含氧盐矿物都是标准的离子化合物,其稳定性取决于阳离子与络阴离子的大小对比,硅酸盐矿物稳定性最大,其次为硼酸盐、砷酸盐、磷酸盐、硫酸盐、碳酸盐等矿物。

含氧盐矿物根据阴离子团(络阴离子)来分类,本书按所选含氧盐矿物的排列共分为八类:①硅酸盐矿物;②磷酸盐矿物、含 UO_2 的磷酸盐·钒酸盐矿物;③砷酸盐矿物;④钒酸盐矿物;⑤钨酸盐、铬酸盐矿物;⑥钼酸盐矿物;⑦硫酸盐矿物;⑧碳酸盐矿物。

1. 硅酸盐矿物

硅酸盐矿物在自然界中分布最为广泛,是最主要的造岩矿物,已发现的硅酸盐矿物约 800 余种,约占已知矿物的 1/3 及占地壳岩石圈总重量的 85%。硅酸盐矿物是三大类岩石(岩浆岩、沉积岩、变质岩)的主要造岩矿物,也是许多工业上所需要的多种金属、非金属的矿物资源。组成硅酸盐矿物成分中的最主要元素是 O、Si、Al、Fe、Ca、Mg、Na、K,其次是 Mn、Ti、B、Zr、Li、H、F 和其他元素。根据硅酸盐构造中的络阴离子的不同类型,硅酸盐矿物分为 4 个亚类:①岛状构造硅酸盐;②链状构造硅酸盐;③层状构造硅酸盐;④架状构造硅酸盐。本书未按亚类细分。

(1)电气石(Tourmaline):化学成分为 $Na(Li,Al)_3 Al_6 (OH)_4 (BO_3)_3 [Si_6 O_{18}]$,三方晶系,晶体为长柱状,最常见的单形是三方柱、六方柱和三方单锥等。柱面上常有纵纹。横断面呈球面三角形。集合体呈针状、放射状、纤维状等。颜色与其化学成分有关。黑电气石含 Fe;红电气石(玫瑰色)含 Mn、Li 和 Cs;深蓝色、深绿色和深褐色电气石含 Fe;富含 Mg 的电气石常呈黄色和黄褐色;含 Cr 电气石呈深绿色。有时一块电气石上两端或里外具不同的颜色。呈玻璃光泽。硬度 7~7.5。无解理。相对密度 2.9~3.25。其为一种高温气成矿物,主要产于伟晶岩、云英岩中。其色靓透明者可为宝石。图版 15 中的电气石分别产于意大利、美国和巴西。

(2)黄玉(Topaz):化学成分为 $Al_2 SiO_4 (F,OH)_2$,斜方晶系,晶体常呈柱状,晶面有纵纹。其颜色多为无色透明或淡黄、浅绿、浅蓝、浅红等色。玻璃光泽。硬度 8。相对密度 3.5~3.6。产于伟晶岩、云英岩等气成高温条件下,常与电气石等共生。色靓透明者亦可作宝石。图版 16 中的黄玉分别产于中国、巴基斯坦、美国和前苏联。

(3)绿柱石(Beryl):化学成分为 $Be_3 Al_2 [Si_6 O_{18}]$,六方晶系,晶体呈长柱状。质纯的绿柱石为无色透明,其余多为绿白色、浅蓝绿色、浅黄绿色、粉红色、深鲜绿色等,这与绿柱石内所含杂质有关。祖母绿(翠绿色)、深绿色与其含微量 $Cr_2 O_3$ 有关。祖母绿(无杂质、无裂纹透明翠绿色)为仅次于钻石的珍贵宝石;海蓝宝石(无杂质、无裂纹,透明的蓝色)亦常为人们乐于收藏的珍贵宝石,其蓝色为 Fe^{2+} 所致。粉红色绿柱石为其含 Cs 所致;而黄色绿柱石是因其含少量高价氧化铁(Fe_2O_3)及 Cl 所致。绿柱石呈玻璃光泽。硬度 7.5～8。性脆。相对密度 2.64～2.91。产于花岗伟晶岩、钠长石化花岗岩中,常与电气石、黄玉等共生,是国防工业上 Be(铍)的重要原料矿石。其颜色靓丽、无杂质、无裂纹、透明者十分稀见,可为贵重宝石。图版 17 中的海蓝宝石产自中国云南,铯绿柱石产自巴西,红绿柱石产于美国,祖母绿产于哥伦比亚,绿柱石分别产于阿富汗和美国。

(4)榍石(Sphene):化学成分为 $CaTi[SiO_4]O$,单斜晶系,晶形常呈扁平信封状,其横截面呈楔形。其颜色以黄色、褐色居多,也可呈绿色、玫瑰色等。近金刚光泽。硬度 5～6。相对密度 3.29～3.56。其其在伟晶岩中常能形成较大晶体,亦为岩浆岩的副矿物,量多可作钛(Ti)矿石。图版 18 中的榍石分别产于意大利和美国。

(5)硅孔雀石(Chrysocolla):化学成分为 $(Cu,Al)_2H_2[Si_2O_5](OH)\cdot nH_2O$,单斜晶系,常呈隐晶质或胶状集合体、钟乳状、皮壳状等。玻璃光泽。硬度 2～4。相对密度 2～2.4。加热失水。产于铜矿床氧化带,与孔雀石、蓝铜矿等共生。为工艺美术原料。图版 18 中的硅孔雀石产自美国。

(6)桃针钠石(针钠锰石)(Serandite):化学成分为 $Mn_2Na[Si_3O_8](OH)$,三斜晶系,常呈放射状集合体,晶体呈薄板状或柱状。颜色为玫瑰红色、粉红色。半透明。玻璃光泽至珍珠光泽。硬度 4.5～5。性脆。相对密度 3.32。粗大晶体发现于加拿大某地碳酸盐中,与方沸石、霓石等矿物共生,亦产于霞石正长岩中。图版 18 中的桃针钠石产于加拿大。

(7)铁锂云母-石英(Rauchquarz Zinnwaldit):化学成分为 $K\{Li_2Al[Al_2Si_4O_{10}]F_2\}$,单斜晶系,晶体为三八面体。常呈假六方板状,集合体呈鳞片状。颜色为黄褐色、灰褐色,也有暗绿、浅绿色。半透明至不透明。玻璃光泽至珍珠光泽。薄片具弹性。硬度 2～3。相对密度 2.9～3.2。为高温气成矿物,产于伟晶岩及云英岩中,在中国江西南部的钨锡矿床中产出较普遍,是提取金属锂(Li)的原料之一。图版 18 中的铁锂云母-石英产于瑞士。

(8)锂辉石(Spodumene):化学成分为 $LiAl[Si_2O_6]$,单斜晶系,晶体呈柱状,晶面具纵纹,集合体呈板柱状。颜色为灰白色、淡紫色、淡绿色。呈玻璃光泽至丝状光泽。硬度 6.5～7。相对密度 3.03～3.22。具热发光性,常显桔红色的萤光及磷光。其主要产于富 Li 的花岗伟晶岩中,与绿柱石、铌钽铁矿、锂云母、电气石共生,为提炼用于原子能工业金属锂(Li)的重要矿物原料。图版 19 中的锂辉石产自美国。

(9)蔷薇辉石(Rhodonite):化学成分为 $MnSiO_3$,三斜晶系,晶体多呈板状,三向等长,通常以致密块体出现。颜色为蔷薇红色。呈玻璃光泽。硬度 5～5.5。相对密度 3.4～3.75。为区域变质或低温热液矿物。可作为工艺雕刻用矿石。图版 19 中的蔷薇辉石产于澳大利亚。

(10)蓝晶石(Kyanite):化学成分为 Al_2SiO_5,三斜晶系,晶体常呈扁平长板状,集合体呈放射状。颜色为蓝色、青色和白色。玻璃光泽至珍珠光泽。硬度 4.5～7。性脆。相对密度 3.53～3.65。其为富铝(Al)岩石在中温高压下经区域变质作用形成。透明色美者可作宝石,其他可作研磨材料、精细仪表轴承等。图版 19 中的蓝晶石产于美国。

(11)红硅钙锰矿(Inesite):化学成分为 $Ca_2Mn_7[Si_{10}O_{28}](OH)_2\cdot 5H_2O$,三斜晶系,常呈凿子状,晶体呈柱状或板状,集合体呈针状、放射状及脉状。颜色为玫瑰色及橙色。透明。玻璃光泽,有时呈丝绢光泽。硬度 5.5。性脆。相对密度 3.033～3.041。溶于盐酸。野外发现常呈细晶集合体及细脉状,与菱锰矿、蜡锰矿共生,在中国黄石发现与鱼眼石一起产出。图版19中的红硅钙锰矿产于美国。

(12)鱼眼石(Apophyllite):化学成分为 $KCa_4[Si_4O_{10}]_2(F,OH) \cdot 8H_2O$,四方晶系。鱼眼石为一种较特殊而罕见的硅氧四面体层状结构,为复四方双锥晶类。晶体呈柱状、双锥状或板状,有时呈似立方体和八面体的聚形,其多为晶簇状、板状或粒状集合体。无色或白色,有时被"染成"玫瑰红、浅蓝、黄、绿等色。玻璃光泽至珍珠光泽。硬度 4.5~5。相对密度 2.3~2.4。产于热液矿脉之中。图版20中的鱼眼石产于印度及中国黄石。

羟鱼眼石(Hydroxyapophyllite):化学成分为 $KCa_4[H_2O]_8[Si_4O_{10}]_2(OH)$。产于中国黄石。

氟鱼眼石(Fluorapophyllite)同鱼眼石。产于印度。

(13)石榴石(Garnet):化学成分为 $A_3B_2[SiO_4]_3$,化学组成中 A 代表 Mn^{2+}、Mg^{2+}、Fe^{2+}、Ca^{2+} 等,B 代表 Al^{3+}、Fe^{3+}、Cr^{3+} 等。上述 A 与 B 中二价阳离子和三价阳离子可以在相当大的范围内发生类质同象组合,形成铁铝榴石系列 $(Mg,Fe,Mn)_3Al_2[SiO_4]_3$ 和钙铝榴石系列 $Ca_3(Al,Fe,Cr)_2[SiO_4]_3$。图版21中的锰铝榴石产于美国,镁铝榴石产于中国,钙铝榴石产于美国及加拿大。

石榴石为等轴晶系,常呈完好晶体,晶形多为菱形十二面体、四角三八面体、或二者之聚形。颜色变化很大。呈玻璃光泽或油脂光泽。硬度 6.5~7.5。相对密度 3.5~4.2。钙铝榴石系列主要产于矽卡岩、热液、碱性岩中;铁铝榴石系列主要产于岩浆岩和区域变质岩、伟晶岩、火山岩中。其主要用作研磨材料,透明靓色者可作宝石。见表 5-10。

表 5-10 铁铝榴石与钙铝榴石系列石榴石特征

系列	矿物	化学成分	颜色	相对密度	产状
铁铝榴石系列	镁铝榴石	$Mg_3Al_2[SiO_4]_3$	玫瑰红、深红、红黑、紫绿、橙黄	3.54~3.84	角砾云母、橄榄石
	铁铝榴石	$Fe_3Al_2[SiO_4]_3$	红、褐红、黑	4.25	——
	锰铝榴石	$Mn_3Al_2[SiO_4]_3$	深红、桔红、褐	4.18	花岗岩、伟晶岩、变质岩
钙铝榴石系列	钙铝榴石	$Ca_3Al_2[SiO_4]_3$	浅绿、黄褐、红	3.53	
	钙铁榴石	$Ca_3Fe_2[SiO_4]_3$	红、黄、褐、绿、黑	3.82~3.83	矽卡岩矿物
	钙铬榴石	$Ca_3Cr_2[SiO_4]_3$	鲜绿	3.52	——

(14)霓石-钠铁闪石-钾长石(Aegirine-Arfvedsonite-Potashfeldspar)
$NaFe[Si_2O_6]\text{-}Na_3(Mg,Fe)_4Fe[Si_8O_{22}](OH)_2\text{-}K[AlSi_3O_8]$

霓石:化学成分为 $NaFe[Si_2O_6]$,单斜晶系,斜方柱晶类,晶体常呈针状,晶面有纵纹;常见单形有斜方柱。颜色为暗绿色至黑绿色。玻璃光泽。硬度 6。相对密度 3.55~3.60。为碱性岩浆岩的主要造岩矿物。

钠铁闪石:化学成分为 $Na_3(Mg,Fe)_4Fe[Si_8O_{22}](OH)_2$,单斜晶系,斜方柱晶类,晶体常呈柱状、细柱状。呈蓝黑色。硬度 5.5~6。相对密度 3.44~3.46。产于碱性岩浆岩中,在碱性伟晶岩中可形成巨大晶体。

钾长石:化学成分为 $K[AlSi_3O_8]$,是透长石、正长石和微斜长石这三个同质多象变体的总称。单斜-三斜晶系。晶体常呈短柱状或板状。呈肉红色。玻璃光泽。硬度 6~6.5。相对密度 2.54～2.57。为碱性长石系列。其产于碱性岩浆岩中外,亦产于一些酸性岩浆岩中。图版中的霓石、钠铁闪石、钾长石晶体照片,显示了这三种矿物的共生组合,反映了共同生成于与碱性岩浆岩有关的同一个环境。图版 22 中的霓石、钠铁闪石、钾长石产于中国。

(15)硅铜铀矿(Cuprosklodowskite):化学成分为 $Cu(H_3O)_2[(UO_2)(SiO_4)]_2 \cdot 3H_2O$,单斜晶系,晶体呈细针状、放射状、薄膜状、薄层状等。颜色为浅绿色、浊绿色。透明至半透明。硬度 3.5～4。相对密度 3.8。通常在氧化带的近表面部位发育,与硅钙铀矿、翠砷铜铀矿等共生;与褐铁矿、孔雀石、文石伴生。图版 22 中的硅铜铀矿产自扎伊尔。

(16)天河石(Amazonite): $KAl[Si_3O_8]$ 为含铷(Rb)的钾微斜长石(Microline)。其蓝绿色的深浅程度与 Rb 含量多少有关。

三斜晶系,晶体常呈短柱状或厚板状,为平行双面晶类,常见卡斯巴双晶。颜色为蓝绿色。玻璃光泽。半透明至透明。硬度 6～6.5。相对密度 2.54～2.57。产于酸性、碱性岩浆岩和伟晶岩中。它的亮蓝绿色和卡斯巴双晶结构引起的闪光效果受到人们喜爱。它似硬玉,亦可用作工艺玉料。其中色艳、透明、质优者可作宝石,亦甚珍稀。图版 22 中的天河石为结晶形态好、颜色美的宝石级观赏石。我国新疆产的天河石主要产于花岗伟晶岩脉的长石石英结构带中,其晶体为短柱状、板状,粒径为 2～5cm 以上,呈淡蓝、天蓝、蓝绿等色,微透明至半透明,裂纹少,亦为宝石级天河石。图版 22 中的天河石产于美国。

(17)绿铜矿(透视石)(Dioptase):化学成分为 $Cu_6[Si_6O_{18}] \cdot 6H_2O$,三方晶系,菱面体晶类,晶体常呈短柱状或块状,常见单形有六方柱和菱面体。呈翠绿色至深浅蓝绿色。透明至半透明。玻璃光泽。硬度 5。性脆。相对密度 3.28～3.35。产于铜矿床氧化带,与孔雀石、方解石等矿物共生。图版 22 中的绿铜矿分别产自纳米比亚和刚果。

(18)绿帘石(Epidote):化学成分为 $Ca_2(Al,Fe)_3(SiO_4)_3(OH)$,单斜晶系,斜方柱晶类,晶体常呈柱状,常见单形为平行双面和斜方柱,亦见粒状、放射状、晶簇状集合体。呈黄色、绿褐色或近于黑色。玻璃光泽。透明。硬度 6。相对密度 3.38～3.49。绿帘石主要形成于中温热液和矽卡岩等中。图版 23 中的绿帘石产于巴基斯坦。

(19)黝帘石(Zoisite):化学成分为 $Ca_2Al_3(SiO_4)_3(OH)$,斜方晶系,斜方双锥晶类,晶体呈柱状,常见单形为平行双面和斜方柱,亦为柱状集合体。呈灰色、浅绿色。透明。玻璃光泽。硬度 6。相对密度 3.15～3.37。黝帘石主要为区域变质和热液蚀变的矿物。图版 23 中的黝帘石产于坦桑尼亚。

(20)斜黝帘石(Clinozoisite):化学成分为 $Ca_2Al_3(SiO_4)_3(OH)$,单斜晶系,斜方柱晶类,晶体常呈柱状,集合体常呈粒状。呈浅黄绿色。玻璃光泽。硬度 6.5。相对密度 3.21～3.84。绿帘石与斜黝帘石为一完全类质同象系列。通过红外吸收光谱可以区分黝帘石和斜黝帘石(绿帘石系列)。图版 23 中的斜黝帘石产于美国。

(21)斜绿泥石(Clinochlore):化学成分为 $(Mg,Fe)_5Al(Si_3Al)O_{10}(OH)_8$,单斜晶系,晶体呈六方板状,少数为桶状。呈浅黄、红等色。玻璃光泽至珍珠光泽。透明。硬度 2～2.5。相对密度 2.60～2.78。产于区域变质岩中,或为铁镁硅酸矿物的蚀变产物。图版 23 中的斜绿泥石产于土耳其。

(22)铬绿泥石(Kammererite):化学成分为 $Mg_5Cr[AlSi_3O_{10}](OH)_8$,三斜晶系,晶体呈六方片状。呈红色至紫红色。玻璃光泽。透明至半透明。叶片具挠性。硬度 2～2.5。相对密度 2.64。主要产于铬铁矿床中。图版 23 中的铬绿泥石产于土耳其。

(23)叶蜡石(Pyrophyllite):化学成分为 $Al_2[Si_4O_{10}](OH)_2$,单斜晶系,晶体少见,集合体为呈片状、鳞片状的致密块体,常呈浅黄色及浅褐色。玻璃光泽至珍珠光泽。硬度1.5。相对密度2.65~2.90。其为富铝岩石受热液作用的产物,主要由中酸性喷出岩、凝灰岩经热液作用变质而成。我国福建寿山、浙江青田等地的叶蜡石,为白垩纪流纹岩和流纹凝灰岩经热液变质后生成,该叶蜡石呈叶片状、致密块状,与高岭石、一水硬铝石、刚玉、红柱石等组合。色泽艳丽的寿山石、青田石是重要的雕刻原料。一般的叶蜡石可作为耐火材料、陶瓷原料等工业原料。图版23中的叶蜡石产于美国。

2. 磷酸盐矿物

(1)磷氯铅矿(Pyromorphite):化学成分为 $Pb_5[PO_4]_3Cl$,六方晶系,六方双锥晶类,晶体呈柱状,主要单形为六方柱、六方双锥,集合体呈晶簇状,经常为平行连生。颜色为不同深浅的绿色、黄绿色、黄色等。含少量 Cr_2O_3 呈鲜红或桔红色。呈树脂光泽至金刚光泽。性脆。硬度3.5~4。相对密度6.5~7.1。主要产于铅锌矿床氧化带,是地表水所含磷酸与地下铅矿物作用的产物。伴生矿物有铅矾、菱锌矿、异极矿、褐铁矿等。其数量多时可作铅矿石。图版24中的磷氯铅矿产于美国。

(2)绿磷铁矿(Dufrenite):化学成分为 $Fe_3F_6[(OH)_3·PO_4]_4$,单斜晶系,完好晶体少见,集合体呈束状、球状、葡萄状、皮壳状,其内部具放射纤维状构造。颜色为深绿色至黑色带绿色,由于铁的氧化程度不同,颜色从褐色带绿至带红色。半透明至不透明。玻璃光泽至丝绢光泽。性脆。硬度3.5~4.5。相对密度3.1~3.34。其为原生铁矿的次生矿物,与褐铁矿共生。图版24中的绿磷铁矿产于美国。

(3)磷铝石(Variscite):化学成分为 $Al[PO_4]·2H_2O$,斜方晶系,斜方双锥晶类,晶体少见,偶见斜方双锥(假八面体)晶形,多呈胶态出现,如皮壳状、肾状、豆状等。纯者为无色、白色,含杂质时呈绿色、浅红色、天蓝色、黄色等。玻璃光泽至油脂光泽。硬度:晶体5,胶态3.5~4。相对密度2.53~2.57。主要产于矿床氧化带,与赤铁矿、褐铁矿共生。图版24中的磷铝石产于德国。

(4)锂磷铝石(Amblygonite):化学成分为 $(Li,Na)AlPO_4(F,OH)$,三斜晶系,平行双面晶类,晶体较小,常见短柱状晶形及聚片双晶,多呈致密块状集合体。颜色为微带黄的灰白色。玻璃光泽。硬度5.5~6。相对密度2.92~3.15。含锂辉石伟晶岩中有锂磷铝石产出。它与锂辉石、微斜长石、锂蓝铁矿、锂云母、铯榴石、彩色电气石、叶钠长石等共生。主要产于伟晶岩的石英核心或长石石英块体带中。图版24中的锂磷铝石产于巴西。

(5)绿松石(Turquoise):化学成分为 $CuAl_6[PO_4]_4(OH)_8·5H_2O$,三斜晶系,平行双面晶类,晶体极为罕见,偶见有短柱状晶形。常呈隐晶质块体或皮壳状。颜色为鲜绿色、浅绿色、蓝绿色。蜡状光泽。硬度5~6。多呈集合体。其为含铜溶液与含磷岩石作用而形成,亦常见于铜矿床之近地表的氧化带中。图版24中的绿松石产于美国和中国。

(6)银星石(Wavellite):化学成分为 $Al_3[PO_4]_2(OH,F)_3·5H_2O$,斜方晶系,斜方双锥晶类,呈柱状晶形,晶体完好,柱长5~10mm。颜色为橙黄、黄绿、黄褐、粉红等色。玻璃光泽至树脂光泽。硬度3.5~4。相对密度2.36~2.39。其为次生矿物,产于地表条件下,由含磷的矿物氧化而成,亦可由磷矿物风化而成,与锌绿松石共生。图版25中的银星石产于美国。

(7)磷铝钠石(Brazilianite):化学成分为 $NaAl_3[PO_4]_2(OH)_4$,单斜晶系,斜方柱晶类,晶

形短柱状、矛状,集合体呈球状。颜色为浅黄色至黄绿色。玻璃光泽。透明。性脆。硬度 5.5~6。相对密度 2.98~3。产于伟晶岩晶洞中,为热液矿物,与白云母、钠长石、磷灰石、电气石伴生。图版 25 中的磷铝钠石产于巴西。

(8)磷叶石(Phosphophyllite):化学成分为 $Zn_2(Fe,Mn)[PO_4]_2 \cdot 4H_2O$,单斜晶系,晶形呈厚板状,柱状,也可呈单晶或晶簇。颜色为无色至淡青绿色、亮青绿色。透明。玻璃光泽。性脆。硬度 3.5~3.75。相对密度 3.13~3.145。产于硫化物中呈晶簇状;在花岗伟晶岩中为闪锌矿和铁、锰磷酸盐的次生矿物。图版 25 中的磷叶石产于玻利维亚。

(9)绿磷铅铜矿(Tsumebite):化学成分为 $Pb_2Cu[PO_4][SO_4](OH)$,单斜晶体,呈厚板状,双晶常见,往往成三连晶或多连晶。颜色为鲜绿色。透明。玻璃光泽。无解理。断口呈参差状。性脆。硬度 3.5。相对密度 6.0。其为一次生矿物,与菱锌矿、白铅矿、蓝铜矿共生。图版 25 中的绿磷铅铜矿产于法国。

(10)磷灰石(Apatite):化学成分为 $Ca_5[PO_4]_3(F,Cl,OH)$,六方晶系,六方双锥晶系,单晶体常见,呈六方短柱状或厚板状。常见单形有六方柱、六方双锥、平行双面等。沉积形成的矿物常呈粒状、致密块状或结核状。纯净的矿物颜色为无色、白色,但多呈浅黄、浅绿、黄绿、褐红、浅紫等色。沉积岩中形成的磷灰石往往颜色较深,呈深灰色至黑色。玻璃光泽至油脂光泽。硬度 5。相对密度 3.18~3.21。加热后常出现磷光。其在沉积岩及变质岩中均有产出,在碱性岩及基性岩岩体中的磷灰石可富集成有工业价值的矿床。图版 25 中的磷灰石产自葡萄牙。

(11)氟磷灰石(Fluorapatite):化学成分为 $Ca_5(PO_4)_3F$ 是磷灰石的亚种。成分、结构、物理性质及成因皆与磷灰石相同。图版 26 中的氟磷灰石产于美国。

(12)磷铝铁石(Childrenite):化学成分为 $(Fe,Mn)Al[PO_4](OH)_2 \cdot H_2O$,斜方晶系,斜方双锥晶类,呈粒状、双锥状、厚板状和短柱状。其主要单形为平行双面、斜方柱和斜方双锥。颜色为黄褐色、褐色。呈玻璃光泽。硬度 4.5~5。相对密度 3.1~3.25。产于花岗伟晶岩及热液脉中,与磷灰石等共生。图版 26 中的磷铝铁石产于巴西。

(13)斜磷铜矿(假孔雀石)(Pseudomalachite):化学成分为 $Cu_5[PO_4]_2(OH)_4$,单斜晶系,斜方柱类,呈柱状,亦呈微晶质、致密块状和胶体、肾状、葡萄状,其内部具同心层状或放射状构造。颜色为浅绿色至深绿色,集合体为浅蓝绿色至绿色。半透明。玻璃光泽。硬度 5~5.5。相对密度 4.35~4.36。为铜矿的次生矿物,与孔雀石、玉髓等伴生。图版 26 中的斜磷铜矿产于前苏联。

(14)蓝铁矿(Vivianite):化学成分为 $Fe_3[PO_4]_2 \cdot 8H_2O$,单斜晶系,斜方柱晶类,晶体呈柱状。其常见单形有斜方柱、平行双面。颜色为无色透明或带浅蓝、浅绿至深蓝色。玻璃光泽至珍珠光泽。硬度 1.5~2。性脆。相对密度 2.71~2.95。其为外生矿物,形成于还原环境中,亦产于含铜和含锡的热液矿脉中,与黄铁矿及磁黄铁矿共生。图版 26 中的蓝铁矿产自前南斯拉夫。

3. 含 UO_2 的磷酸盐·钒酸盐矿物

(1)铜铀云母(Tobernite):化学成分为 $Cu[UO_2 \cdot PO_4]_2 8-12H_2O$,四方晶系,复四方双锥晶类。晶体常呈板状或短柱状,横断面呈八边形或四边形。常见单形有平行双面、四方柱和四方双锥。颜色为翠绿色、黄绿色及姜黄色。玻璃光泽至珍珠光泽。性脆。硬度 2~2.5。相对密度 3.22~3.60。具放射性。紫外光下发黄绿色荧光。是原生铀矿床氧化带上的次生矿物。常与准铜铀云母、钙铀云母等共生。图版 27 中的铜铀云母产于扎伊尔。

(2)准铜铀云母(Metatorbernite)：化学成分为 $Cu(UO_2)_2[PO_4]_2 \cdot 8H_2O$，四方晶系，四方双锥晶类，常呈板状晶体，常见单形有平行双面、四方双锥、四方柱，集合体为鳞片状。颜色为翠绿或黄绿色、蓝绿色。玻璃光泽至珍珠光泽。硬度 2~2.5。性脆。相对密度 3.6~3.8。其产于铀矿床的氧化带中。图版 27 中的准铜铀云母产自美国。

(3)钙铀云母(Autunite)：化学成分为 $Ca(UO_2)_2(PO_4)_2 6-10H_2O$，四方晶系，四方双锥晶类，晶体常为板状、片状或鳞片状。常见单形有平行双面和四方柱等，集合体呈球状、粉末状及被膜状等。颜色为绿黄色、浅黄色。透明度较好。金刚光泽至珍珠光泽。硬度 2~2.5。性脆。相对密度 3.05~3.19。具放射性，在紫外线下发强黄绿色荧光。其产于铀矿床氧化带中。与准钙铀云母、铜铀云母等矿物共生。图版 27 中的钙铀云母产于德国。

(4)镁铀云母(Salleeite)：化学成分为 $Mg(UO_2)_2(PO_4)_2 8-10H_2O$，四方晶系，晶体呈片状、薄板状，集合体呈放射状、晶簇状。颜色为黄绿色、草绿色。半透明至透明。玻璃光泽至珍珠光泽。硬度 2~2.5。相对密度 3.2~3.27。紫外光下发强黄绿色荧光。其产于热液铀矿床的氧化带中，与钙铀云母等共生。图版 27 中的镁铀云母产于澳大利亚。

(5)准钙钒铀矿(Metatyuyamunite)：化学成分为 $Ca(UO_2)_2[VO_4]_2 \cdot 3H_2O$，斜方晶系，晶体呈放射状、片状、细鳞片状。颜色为橙黄色、黄绿色。半透明。金刚光泽至蜡状光泽。硬度 2。相对密度 3.81~3.93。其产于沉积铀矿床的氧化带中，与钒钙铀矿等矿物共生。图版 27 中的准钙钒铀矿产于扎伊尔。

4. 砷酸盐矿物

(1)砷铅矿(Mimetite)：化学成分为 $Pb_5[AsO_4]_3Cl$，六方晶系，晶体呈柱状，单形主要有六方柱、平行双面和六方双锥，常呈圆桶状、纺缍状，集合体呈球状、肾状等。颜色为橙黄、黄至浅黄褐色。树脂光泽。半透明，晶体常呈同心带状生长。硬度 3.5~4。相对密度 2.04~7.24。性脆。其产于铅矿床氧化带中，常与铅矾、白铅矿共生。图版 28 中的砷铅矿产自德国。

(2)水砷铝铜矿(Liroconite)：化学成分为 $Cu_2Al[(AsP)O_4](OH)_4 \cdot 4H_2O$，单斜晶系，晶体结构系四面体与八面体交替成链，为畸变的八面体所联结。晶体扁平，亦有呈粗粒状。颜色为天蓝至孔雀绿色。透明至半透明。玻璃光泽至树脂光泽。硬度 2~2.5。相对密度 2.926~3.01。性脆。在铜矿床氧化带中少见，与蓝铜矿、孔雀石等共生。图版 28 中的水砷铝铜矿产于英国。

(3)砷酸镁钙石(Talmessite)：化学成分为 $Ca_2Mg[AsO_4]_2 \cdot 2H_2O$，三斜晶系，晶体呈柱状及细小结晶晶簇集合体，亦呈结晶状的球形集合体。颜色为白色、玫瑰红色以及青绿色。硬度 5。相对密度 3.2~3.5。在氧化带产出，与文石和白云石共生。图版 28 中的砷酸镁钙石产于摩洛哥。

(4)基性砷锌矿(羟砷锌矿)(Legrandite)：化学成分为 $Zn_2[AsO_4](OH) \cdot H_2O$，单斜晶系，晶体呈长柱状。颜色为无色至蜡黄色。透明至半透明。玻璃光泽。硬度 4.5。相对密度 3.98~4.015。性脆。与水砷锌矿共生在致密的褐铁矿的空洞中。图版 28 中的基性砷锌矿产自墨西哥。

(5)毒石(Pharmacolite)：化学成分为 $CaH(H_2O)_2[AsO_4]$，单斜晶系，晶体呈针状，小而罕

见,通常为葡萄状、钟乳状、放射纤维状集合体。颜色为无色、白色、浅灰色。透明至半透明。呈玻璃光泽至珍珠光泽,纤维状呈丝绢光泽。硬度2.5。相对密度2.67~2.68。常与砷钙石、钴华和砷钴矿一起产出。图版28中的毒石产于德国。

(6)水砷锌矿(Adamite):化学成分为$Zn_2[AsO_4](OH)$,斜方晶系,晶体呈等轴状、板状、磨菇状、扇状、晶簇状及柱状等。其色彩丰富、明亮,有翠绿、明黄、玫瑰、亮蓝及浅紫色等。透明,玻璃光泽。在紫外线下呈黄绿色。性脆。硬度3.5。相对密度4.32~4.435。在硫化矿床氧化带产出。与褐铁矿、方解石、异极矿、菱锌矿、蓝铜矿、孔雀石共生。图版29中所载5种不同颜色、不同结晶形态的水砷锌矿,差异极大,美轮美奂,令人赏心悦目。足见矿物晶体之天生丽质。这5种水砷锌矿分别产自纳米比亚、希腊和墨西哥3个国家。

(7)水红砷锌石(Koettigite):化学成分为$Zn_3[AsO_4]\cdot 8H_2O$,单斜晶系,晶体呈柱状,集合体块状,或呈具纤维状构造的皮壳。颜色为暗绿色、浅褐色或浅红色。半透明,丝绢光泽。硬度2.5~3。相对密度3.32~3.33。为一种次生矿物。图版29中的水红砷锌石产于墨西哥。

(8)钴华(在石英上)(Erythrin-quarz):化学成分为$(CoNi)_3(H_2O)_8[AsO_4]_2$,单斜晶系,晶体少见,呈针状或厚板状,多呈土状集合体。颜色为紫红、桃红或深红色。透明至半透明。弱金刚光泽至珍珠光泽。硬度1.5~2.5。相对密度3.18。产于钴砷化物矿床氧化带中,由砷钴矿、辉砷钴矿氧化而成。图版30中的钴华产于德国。

(9)臭葱石(Scorodite):化学成分为$Fe[AsO_4]\cdot 2H_2O$,斜方晶系,斜方双锥晶类,晶体呈双锥状。常见单形为斜方双锥、斜方柱及平行双面,集合体呈粒状,偶呈小晶簇出现。颜色为绿白色、绿色、蓝绿色,少数呈白色,个别为红褐色。性脆。硬度3.5。相对密度3.3。产于富砷的硫化矿床氧化带中。图版30中的臭葱石产于墨西哥。

(10)镁毒石(Picropharmacolite):化学成分为$Ca_4MgH_2[AsO_4]_4\cdot 11H_2O$,三斜晶系,晶体呈针状,集合体为放射状构造的结核。颜色为无色、白色。弱珍珠光泽。透明至半透明。相对密度2.62。常生于白云石表层。图版30中的镁毒石产于德国。

(11)砷铁锌铅石(Tsumcorite):化学成分为$PbZnFe[AsO_4]_2\cdot H_2O$,单斜晶系,呈束状或球状的皮壳。颜色为黄褐色或红褐色。不透明。硬度4.5。相对密度5.2。产于硫化矿床氧化带中,与铅铁的砷化物和硫化物伴生。图版30中的砷铁锌铅石产于纳米比亚。

5. 钒酸盐矿物

钒铅矿(Vanadinite):化学成分为$Pb_5[VO_4]_3Cl$,六方晶系,六方双锥晶类。晶体呈六方柱状,亦呈针状或毛发状。其主要单形有六方柱、平行双面和六方双锥等,集合体呈晶簇状、球状。颜色为鲜红、橙红、浅褐红或鲜褐色,以及呈暗淡的浅黄至黄和浅褐黄色。透明至近于不透明。金刚光泽至树脂光泽。性脆。硬度2.5~3。相对密度6.66~7.10。其主要在铅矿床的氧化带中成次生矿物产出,晶体极为完美,色彩艳丽,与钼铅矿、铬铅矿、白铅矿、针铁矿等伴生,与含砷较高的钒铅矿变种砷钒铅矿共生。图版31中的钒铅矿分别产自摩洛哥、墨西哥和美国。

以上所述的磷酸盐、砷酸盐和钒酸盐矿物三类共有矿物300多种,约占已知矿物总数的18%,但其重量仅占地壳的0.7%。这类矿物是磷、稀有分散元素及放射性元素的重要来源。本类矿物类质同象现象广泛,致使化学成分极其复杂,变化甚大,因而矿物的物理性质亦变化多样。

6. 钨酸盐·铬酸盐矿物

这类矿物以钨酸盐分布较广。钨和氧的亲和力较强,形成钨酸根$[WO_4]^{2-}$,与Fe、Mn、Ca、Cu、Pb、Zn等二价金属阳离子结合,形成稳定的化合物,如黑钨矿、白钨矿等比较高温的矿物;钨酸盐矿物的相对密度较大(6~8),硬度中等(4~5)。铬酸盐矿物极少。

(1)钨锰铁矿(黑钨矿)(Wolframite):化学成分为$(Fe,Mn)WO_4$,单斜晶系,斜方柱晶类。晶体呈厚板状或短柱状,有时呈柱状、毛发状等。其主要单形为平行双面、斜方柱。完好晶体少见,晶面上常有纵纹,集合体多为板状。颜色为黑褐色至黑色(含锰多色淡,含铁多色深)。半金属光泽。硬度4.5~5.5。相对密度6.7~7.5。性脆。不透明。含铁多的具弱磁性。主要产于高温热液石英脉及其云英岩化围岩中,前者以充填方式形成,后者主要以交代方式形成。其与锡石、辉钼矿、毒砂、黄铁矿、电气石、黄玉、绿柱石等矿物共生,为重要的钨矿石。图版32中的钨锰铁矿产于中国。

(2)白钨矿(Scheelite):化学成分为$CaWO_4$,四方晶系,晶形常为四方双锥,集合体呈粒状、致密块状。颜色呈黄、褐黄至灰白等色。金刚光泽至树脂光泽。性脆。硬度4.5~5。相对密度5.8~6.2。透明至半透明。在紫外光照射下发浅蓝色至黄色的荧光。其主要产于接触交代型矿床的矽卡岩中,与石榴石、透辉石、辉钼矿、黄铜矿、黄铁矿、毒砂等矿物共生,为重要钨矿石。图版32中的白钨矿产于美国。

(3)斜钨铅矿(Raspite):化学成分为$PbWO_4$,单斜晶系,晶体常呈厚板状至薄板状,晶面有平行条纹。其主要单形有平行双面、斜方柱。颜色为亮黄至浅黄褐色、灰色。金刚光泽。硬度2.5~3。相对密度8.465~8.517。与钨铅矿共生于矿床氧化带中。图版32中的斜钨铅矿产于澳大利亚。

(4)铬铅矿(Crocoite):化学成分为$Pb[CrO_4]$,铬铅矿又称铬酸铅矿或红铅矿。单斜晶系,常呈柱状、板状或双锥状,集合体为粒状、晶簇状。其主要单形为斜方柱和平行双面。颜色为鲜艳的桔红色。金刚光泽。半透明。性脆。硬度2.5~3。相对密度6。铬铅矿为表生矿物,常产于超基性岩附近含铅矿床氧化带中的岩石裂隙中。图版32中的矿物均产自澳大利亚。

7. 钼酸盐矿物

钼酸盐矿物极少,主要产于金属矿床的氧化带中,但钼与硫具有显著的亲和性,在地壳中这一元素大部分构成辉钼矿(MoS_2),与金属硫化物共生。

钼铅矿(Wulfenite):化学成分为$Pb[MoO_4]$,钼铅矿又称彩钼铅矿、黄铅矿。四方晶系,呈板状、薄板状,少数呈钝双锥状,有时可见四方柱,其集合体呈粒状。颜色鲜艳多样,有黄色(蜡黄、稻草黄)、桔黄至桔红色,亦有灰、褐等色。呈金刚光泽至油脂光泽。透明至半透明。硬度2.5~3。相对密度6.5~7。多见于铅锌矿床氧化带中,有时呈晶簇状产于铁锰氢氧化物、硫酸盐矿物组成的裂隙、空洞中。共生矿物有钒铅矿、铬铅矿、白钨矿等。大量聚集时可作为钼铅矿石。图版33中的钼铅矿多姿多彩,分别产自美国、墨西哥和纳米比亚等国。

8. 硫酸盐矿物

硫酸盐矿物约有185种,但只占地壳重量的0.1%。硫酸盐矿物为非金属矿物原料来源之一,同时也是某些金属如钡、铝的重要来源。部分硫酸盐矿物是提取锶、铅、铀等元素的金属原料矿物。它主要是表生作用的产物,其次是热液后期的产物。

(1) 水硼钙矾(Sturmanite)：化学成分为 $Ca_6(Fe,Al,Mn)_2[SO_4]_2[B(OH)]_2(OH)_{12} \cdot 25H_2O$，三斜晶系，为自形的短柱状、长棱柱状和双锥状晶体。颜色为亮黄至黄绿色。透明至半透明。玻璃光泽。硬度 2.5。相对密度 1.847~1.855。发现于南非共和国与"黑岩矿"有关的赤铁矿和重晶石矿中（此矿物尚未在我国权威矿物书中被登录和描述——为编者拟定中文名称）。图版 34 中的矿物产于南非。

(2) 铅氟石膏(Creedite)：化学成分为 $Ca_3Al_2[SO_4](F,OH)_{10} \cdot 2H_2O$，单斜晶系，晶体呈短柱状至针状，常见单形有斜方柱、平行双面等，集合体呈放射状、粒状和瘤状团块。无色、紫色。透明。玻璃光泽。性脆。硬度 4。相对密度 2.713。在墨西哥发现其常与石膏和方铅矿一起产出。图版 34 中的铅氟石膏产于墨西哥。

(3) 绒铜矿(Cyanotrichite)：化学成分为 $Cu_4Al_2[(OH)_{12}SO_4] \cdot 2H_2O$，斜方晶系，针状及板状晶体。绒毛状、皮壳状、放射纤维状或球团状集合体。颜色为天蓝色。丝绢光泽。相对密度 2.74~2.95。为次生矿物，产于铜矿床氧化带及蚀变含铜砂岩中，与蓝铜矿、孔雀石、水胆矾、水砷锌矿等伴生。图版 34 中的绒铜矿产自罗马尼亚。

(4) 硫酸铅矿(铅矾)(Anglesite)：化学成分为 $PbSO_4$，斜方晶系，斜方双锥晶类。晶体常呈板状、短柱状或锥状。其常见单形有平行双面、斜方柱、斜方双锥等。集合体呈粒状、结核状、钟乳状、块状等，亦常呈同心带状包围在方铅矿表面。颜色为白色、浅黄、浅褐色及浅绿色等。透明至不透明。金刚光泽。硬度 2.5~3。性脆。相对密度 6.1~6.4。紫外光下显荧光。主要产于铅锌矿床氧化带，由方铅矿氧化而成，有时呈完美的单晶体产出。图版 34 中的硫酸铅矿产自摩洛哥。

(5) 石膏玫瑰(Gypsum Rose)：化学成分为 $Ca[SO_4]$，单斜晶系，斜方柱晶类，晶体常呈发育的板状、柱状，其常见单形有平行双面、斜方柱。石膏双晶常见一种双面的燕尾双晶和箭头双晶。集合体由扁豆状晶体形成似玫瑰花状，即石膏玫瑰。此外还呈纤维状（纤维石膏）、细晶粒状（雪花石膏）。颜色通常为血色及无色。无色透明晶体称为透石膏，含杂质时会呈浅黄、浅褐色等。透明至半透明。玻璃光泽至珍珠光泽，纤维状石膏集合体呈丝绢光泽。性脆。硬度 1.5~2。相对密度 2.3。分布广泛。其主要为化学沉积作用的产物，如湖北应城石膏。石膏玫瑰为干旱地区的产物，多产于干旱沙漠地带，由地下水中富含钙的硫酸盐水溶液经地下毛细管上升至地面结晶而成。图版 34 中的石膏玫瑰产于阿尔及利亚。

(6) 重晶石(Barite)：化学成分为 $Ba[SO_4]$，斜方晶系，晶体常为板状，亦呈柱状，集合体多为板状，少数呈致密块状，以及具同心带状构造的钟乳状和放射状构造的结核状。质纯的重晶石无色透明，但往往含有杂质而被染成淡红、浅褐等色。玻璃光泽至珍珠光泽。硬度 3~3.5。性脆。相对密度 4.3~4.7。主要为中低温热液作用的产物，在矿床中作为脉石矿物，与方铅矿、闪锌矿、黄铜矿、方解石、萤石、石英等共生。也有以重晶石脉产出。沉积作用中亦可形成少量的重晶石。图版 34 中的重晶石产自捷克斯洛伐克。重晶石主要为石油钻井、医药、化工及轻工业制造的原料。

9. 碳酸盐矿物

碳酸盐矿物广泛分布于地壳中，已知有约 100 种矿物，占地壳重量的 1.7%。其中分布最广的是钙和镁的碳酸盐，往往形成巨大的海相沉积层。它们主要是海洋中的化学沉积和生物化学沉积的产物，其次为热液、接触交代作用及同化作用形成。碳酸盐矿物普遍存在类质同象和同质多象的现象。

碳酸盐多为浅色,但由于色素离子Cu(铜)、Mn(锰)的存在,可呈鲜艳的彩色。一般含Cu(铜)碳酸盐呈绿色或蓝色;含稀土和Fe(铁)呈浅黄色;含U(铀)呈黄色;含Co(钴)呈玫瑰红色;随Mn(锰)含量增加,颜色由浅红变深。碳酸盐矿物含有Ba(钡)或Pb(铅),其比重会增大。碳酸盐具非金属光泽。硬度小于4.5。

所有的碳酸盐矿物在盐酸或硝酸中或多或少总要起泡,并释放出CO_2,这是鉴定碳酸盐矿物的方法之一。

(1)方解石(Calcite):化学成分为$Ca[CO_3]$,三方晶系,晶体多种多样,常见的有菱面体、复三方偏三角面体和六方柱三种。双晶常见。集合体有晶簇状、致密块状(石灰岩)、致密粒状(大理岩)、钟乳状(钟乳石)、多孔状(石灰华)、土状(白垩),以及鲕状、豆状、结核状、葡萄状等。颜色一般为白色,但常被染成灰、黄、红、褐等色,甚至棕黑色。玻璃光泽至珍珠光泽。硬度3。性脆。相对密度2.6~2.8。质纯,结晶良好,无色透明,双折射性显著的称为冰洲石。方解石是分布最广的矿物,能在各种地质作用中生成,可用于烧制石灰、制作水泥、炼钢熔剂和作为建材和高级雕刻艺术品石料以及轻工原料。而无裂隙、无包裹体、无双晶的冰洲石是重要的光学原料,为稀缺的矿种之一。

图版35中的3块方解石都是比较罕见又具典型意义的方解石晶体。其中,大红色的方解石晶体来自美国,这种燕尾双晶在方解石双晶中是较少见的。第二块为粉红色方解石与翠绿色的孔雀石在一起,起到色彩互补的效果,它产自扎伊尔。第三块为褐黄色佛手状的方解石,它是钟乳状方解石在封闭环境中结晶形成的,产自意大利。

(2)文石(Aragonite):化学成分为$Ca[CO_3]$,又称霰石,其化学成分与方解石相同,但晶体结构不同。文石属斜方晶系,斜方双锥晶类。晶体常为柱状、矛状。常见单形有斜方柱、平行双面、斜方双锥等,集合体常呈纤维状、柱状、晶簇状、皮壳状、钟乳状、珊瑚状、鲕状、豆状和球状等。多数软体动物的贝壳内壁珍珠质部分是由极细的片状文石沿贝壳面平行排列而成。颜色通常为白色、黄白色,有时呈浅绿色、褐色、灰色等。透明至半透明。玻璃光泽至油脂光泽。硬度3.5~4.5。相对密度2.0~3.0。文石通常在低温热液和外生作用条件下形成,是低温矿物之一。其常在热液矿床、温泉、间歇喷泉里晶出。文石经常在石灰岩洞穴里出现,而鲕状、豆状体文石多为海底沉积物。

图版35中的两块文石,其一为珊瑚状,在柱形顶端的白色晶花很像珊瑚的触手,产自希腊。另一件豌豆形霰石(文石)是标本切成薄片后在偏光显微镜正交偏光下的成像照片,彩色是偏光下高干涉色的结果,产自前捷克斯洛伐克。

(3)铁白云石(Ankerite):化学成分为$Ca(Fe,Mg,Mn)[CO_3]_2$,三方晶系,晶体常呈菱面体,亦呈粗或细的粒状、致密状。颜色为灰色至暗褐色。硬度3.5~4。相对密度3.2,其随含铁量减少而降低。产于热液矿脉中,常由热液交代白云质岩石形成。图版35中的铁白云石产自英国。

(4)菱锌矿(Smithsonite):化学成分为$Zn[CO_3]$,三方晶系,复三方偏三角面体晶类,呈菱面体、复三方偏三角面体和六方柱的聚形。但晶体少见,常为氧化带中的偏胶体矿物,多呈肾状、葡萄状、钟乳状、皮壳状和土状集合体。质纯者为白色,常被杂质染成浅灰、淡黄、浅绿、浅褐、肉红等各种色调。其含铁呈淡黄或褐色,含锰呈黑色,含铜呈绿色。玻璃光泽。透明至半透明。硬度4.5~5。相对密度4.0~4.5。产于铅锌矿床氧化带,主要由闪锌矿氧化分解所产生的易溶硫酸锌交代围岩(石灰岩)或方解石,在中性介质中形成。它在地表氧化带常与异极矿、白铅矿、褐铁矿等伴生。大量聚集可作锌矿石原料。图版36中的菱锌矿分别产自纳米比亚和美国。

（5）单斜绿铜锌矿（Rosasite）：化学成分为$(Cu,Zn)_2[CO_3](OH)_2$，单斜晶系，具纤维构造的葡萄状或钟乳状集合体，或由微晶构成的毯状集合体。颜色为蓝绿色、绿色和天蓝色。性脆。硬度4.5。相对密度4.0~4.2。其为锌铜铅矿床氧化带的次生矿物，与菱锌矿、异极矿伴生。图版35中的菱锌矿有十分鲜亮的葡萄状天蓝色毯状外形，十分惹人喜爱，产自美国。

（6）菱钴矿（Spherocobaltite）：化学成分为$Co[CO_3]$，三方晶系，复三方偏三角面体晶类。菱面体晶胞，六方晶胞。颜色为玫瑰红色或黑色。玻璃光泽。半透明。硬度3~4。相对密度4.1。主要产于非洲。图版36中的菱钴矿呈美艳的玫瑰色，产自摩洛哥。

（7）蓝铜矿（Azurite）：化学成分为$Cu_3[CO_3]_2(OH)_2$，蓝铜矿又称石青，单斜晶系，斜方柱晶类。晶体常呈短柱状、柱状或厚板状。主要单形为平行双面和斜方柱。集合体为致密块状、晶簇状、放射状、土状、皮壳状和薄膜状等。颜色为深蓝色，土状块体呈浅蓝色。晶体呈玻璃光泽，土状块体呈土状光泽。透明至半透明。性脆。硬度3.5~4。相对密度3.7~3.9。产于铜矿床氧化带及近矿围岩的裂隙中，是一种次生矿物，常与孔雀石共生或伴生，其形成一般稍晚于孔雀石。蓝铜矿因风化作用会变成孔雀石，以致孔雀石依蓝铜矿呈假象。蓝铜矿的分布没有孔雀石广泛，与孔雀石一样除大量用作铜矿石原料外，还可作为装饰品及艺术品，亦可作"石青"颜料。图版36中的蓝铜矿呈深蓝色球形，与我国通常所见的蓝铜矿晶簇状集合体不同，产自德国。

（8）菱锰矿（Rhodochrosite）：化学成分为$Mn[CO_3]$，三方晶系，复三方偏三角面体晶类。晶体呈菱面体状，少见晶面弯曲。主要单形有菱面体、六方柱、平行双面。其热液成因矿物多呈显晶质、粒状或柱状集合体；沉积成因矿物多呈隐晶质、块状、鲕状、肾状、土状集合体。晶体呈淡玫瑰红色或淡紫红色，随钙含量的增加，色变浅。玻璃光泽。性脆。硬度3.5~4.5。相对密度3.6~3.7。菱锰矿在热液、沉积及变质条件下均能形成，但以外生沉积为主。菱锰矿为一些硫化物矿脉、热液交代及接触变质矿床的常见矿物，它与硫化物、锰的氧化物和硅酸盐共生。大量外生沉积型菱锰矿为提取锰的重要原料。这种菱锰矿多为致密块状的海相沉积型铁锰矿床。

图版37中的菱锰矿分别产自南非、德国和秘鲁。它们色彩艳丽，晶形犹如美丽富贵的红牡丹、摇曳多姿的大丽花、秀色可餐的红樱桃和一盘鲜嫩水滴的红葡萄。它们虽同为一物，却各尽风姿，在这些美艳如花般的矿物晶体面前，真令人感慨大自然的神奇。

（9）硫碳酸铅矿（Leadhillite）：化学成分为$Pb_4[SO_4][CO_3]_2(OH)_2$，单斜晶系，斜方柱晶类。假六方晶形，薄板至厚板状，偶见柱状或等粒状。集合体呈块状和粒状。颜色为无色、白色、灰色、黄色、暗绿至暗褐色。透明至半透明。树脂光泽至金刚光泽。硬度2.5~3。相对密度6.55~6.57。紫外光下发黄色荧光。产于铅矿床氧化带，为次生矿物，与白铅矿、文石、黄铅矿、青铅矿、方铅矿和磷绿铅矿等伴生。图版37中的硫碳酸铅矿产自美国。

（10）绿铜锌矿（Aurichalcite）：化学成分为$(Zn,Cu)_5[CO_3]_2(OH)_6$，斜方晶系，晶体呈拉长的针状或细长的板条状。集合体呈晶簇状或皮壳状，少数呈粒状、柱状和薄片状，极少呈绒球状。颜色为带绿的蓝色、天蓝色及暗绿色。透明至半透明。丝绢光泽至珍珠光泽。性脆。硬度1~2。相对密度3.96~4.23。产于锌铜矿床氧化带中，为广泛分布的次生矿物。在伟晶岩中与菱锌矿、异极矿等伴生。图版37中的绿铜锌矿产自美国。

附：关于萤石"夜明珠"[①]

前面介绍了有关萤石观赏石的基本情况。由于萤石的外观乍看起来似乎与水晶相像，而硬度又比水晶低，故中国工艺美术界将宝石级绿色萤石称为"软水绿晶"，紫色者称为"软水紫晶"。纯净的萤石无色，含致色离子的常呈绿、蓝、绿蓝、黄、酒黄、紫、紫罗兰、蓝黑、褐、玫瑰红、深红等色。通常在阴极射线和紫外线照射下能发出紫色荧光或红色荧光。某些萤石具热光性，如用酒精灯加热，或被太阳光照射后会发磷光；还有一些萤石具有摩擦发光的特性。以上这些都是由于萤石具有在外来能量激发下发出可见光的性质。所谓"夜明珠"，就是一种光致（紫外线）发光的矿物。市场上，这种光致发光的"夜明珠"，几乎全为浅绿色、翠绿色和浅紫色萤石磨制而成。其磨成球状者称为"夜明珠"，而磨成玉璧（中有圆孔的饼状物）者则称为"夜光璧"。当然，自然界具有发光性的矿物除萤石以外，还有金刚石、白钨矿、磷灰石、芙蓉石和冰洲石等20余种，其中块度较大、颜色鲜艳、磨制加工容易、自然产出量较多的当首推萤石。据报载，2007年1月31日～2月2日，一件重2800克，号称世界最大的萤石"夜明珠"在深圳展出，2月3日在深圳开槌拍卖。据闻，这种"夜明宝石"为20世纪初发现，是与水晶晶簇伴生发育而成，受热或光辐照后可发光，将其置于开水中或加热至100℃，可发出明亮的光芒，并"持续发光72h以上"，具有"超常余辉"的特征。

一般的共识是，所谓"夜明珠"应有一个度量标准来规范，这个标准是：自然产出的萤石，在常温下经阳光、白炽电灯或其他电光源照射一段时间后，在黑暗处能发磷光并持续30min以上，借助该光源在1/3m的距离内能看清直径为5mm大小的物体者可称之为"夜明珠"（普通级）。但在1/3m范围内能看清1mm大小的物体者为优；能看清3mm大小的物体者为良级。确定磷光发光时间长短的方法是：能保持10h以上者为优；保持4～10h者为良；保持0.5～4h者为普通级。关于磷光的颜色，一般都认为比较鲜明的黄绿色为佳。这里强调了"夜明珠"在常温下光致发磷光亮度（磷光辉度）、发光时间的长短和磷光鲜明程度这三个衡量尺度。如果将萤石球加热（如火烧、沸水煮泡）后，在黑暗处可见较弱的辉光则不能称之为"夜明珠"。

在自然界，萤石（CaF_2）是一种极普通的非金属矿物，大量用作冶金、陶瓷业的助熔剂和原料。由于硬度低，不适于磨制成首饰供人佩戴。但其中极少的含稀土元素钇（Y）、镧（La）、铈（Ce）、钕（Nd）、铕（Eu）、钆（Gd）、镱（Yb）等的萤石，如钇萤石等是十分少见的，只有含稀土元素的萤石才可以在常温条件下产生光致发磷光现象，这是由于稀土元素在萤石晶体中为活化剂，它占据各种能级轨道，在用光（光量子、紫外线、γ射线、X射线）激发时，稀土元素中的自由电子由各能级向因电子数的缺失而具导电性的能带转移，并跟发光的稀土元素活化剂所在地的离子化中心复合，才能发出较长时间的磷光。据研究，我国发磷光的萤石均含有稀土元素钇（Y），其发光的强度和发光的延续时间与钇（Y）的含量成正相关，即钇含量越多，则发光强度就越大，发光延续的时间也就越长。又据国外研究，含镱（Yb）的萤石在低温下发黄绿色光，含铕（Eu）的萤石发青色光。

但是有些萤石，如浅绿色、翠绿色和紫色萤石放在沸水中加热，然后放置暗室5～10min后，可看见萤石发出浅绿色、乳白色辉光。这是萤石矿物具有在外加能量（热能）的激发下发射

[①] 林芳英. 萤石"夜明珠"的发光机理及其鉴定. 宝石和宝石学杂志，2005，(4)。

可见光的性能，它是矿物晶格吸收了外加能量，然后以较低能量形态（可见光）再发射出来形成的。这是由于晶格中被抑制的激发电子，在加热后突破能量屏障从较低的能级回到基态从而发射出波长较长的光波而产生的光。萤石晶体中的电子借助加热提供的能量返回到基态（被电子填满的能带）而发光的称为热发光。显然，这种热发光萤石与由萤石中发光的稀土元素产生的发光现象是截然不同的现象。前者必须借助外加热能；而后者则是在常温下，在可见光的激发下，依赖发光稀土元素的特性而实现的发光现象，具有这一特性的萤石被加工成球状发光萤石，才能称为"夜明珠"。而热发光萤石在常温下是根本不会发光的（图版14所载萤石"夜明珠"，为人工经辐照形成，为笔者从市场购藏）。

在市场上，近几年来由于发光萤石球的价格不断攀升，而珠宝质检部门通常无统一的检测标准，因此一些正规的、权威的珠宝质检单位拒绝出具规范的鉴定证书，致使各种"夜明珠"不时在市场上得以招摇，以致使人真假难辩。市场上除了极少数真正的萤石"夜明珠"外，多数为具热发光性的普通萤石球，此外还有一种是人为掺入荧光粉的覆膜萤石球。以上这些萤石球通常是不具有害放射性的，但值得注意的是要十分警惕利用某些放射性矿物的光致磷光现象来实现"夜明"的做法，这种方法早在夜光手表上已实现，但因用量极少，其放射性对人体的危害程度还是较小的。但如果应用在体积较大（表面积较大）的萤石球上，其对人体造成的危害程度是很大的，因此，必须引起足够的重视。

第六章　印章石

印章石是文房用石之一,此外还有砚石及镇纸石等。砚石本书有专章论述,不在此赘述。镇纸的质地颇多,有铜质、玉质、孔雀石质及大理石质等。本章专论印章石。

一、概述

印章名称有很多,从古至今的名称有:玺、宝、印、章、图章、图书、图记、钤印、记、戳子等,不下数十种。现今则以称印章最为普及。

我国应用玺印肇始时期有多种说法。最早的记述载于《竹书纪年》[①]:"昔黄帝得龙图,中有玺章。"又《周书》[②]记载:"汤克夏,取玺书置座右。唯其制不传。传者自秦始。"《学古篇》[③]云:"《周礼》虽有玺节及职金掌'辩其媺恶,揭而玺之'之说,注曰:'印,其实手执之卩(音节)也。'正面刻字如秦氏玺,而不可印,印字则反矣。古人以之表信,不问字也。"海宁沈心醇谓:"官印始于周,而私印始自汉。"姜绍书《韵石斋笔谈》说:"印章之制,始于秦而盛于汉。"甘旭之《印章集说》称:"上古诸侯大夫之印曰玺,三代人臣皆以金玉为印。"

秦始皇玺一

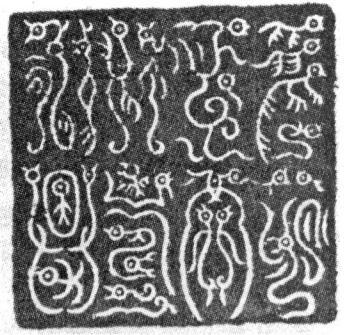
秦始皇玺二

图6-1　秦始皇玺印

以上所引古籍说明:我国古印之创始有上古(黄帝时期)说、三代(夏、商、西周)说、秦汉说。这些说法的根据便是《竹书纪年》、《周书》;至于秦代则留有秦始皇玺印为实据(如图6-1所

---

① 《竹书纪年》中国古代编年史书。因原写于竹简而得名。晋咸宁五年(公元279年)在汲郡战国时魏墓中发现。凡九十二篇,叙述夏、商、西周、春秋时晋国和战国时魏国史事,至魏襄王五十二年(公元前299年)为止。
② 《周书》是《尚书》的组成部分之一,相传是记载周代史事之书,共三十二篇。
③ 《学古篇》。元吾丘衍著。二卷。叙述篆、隶书体的演变及篆刻知识。

示)。但秦始皇印玺为正面刻字,不可以印,印则字反。说明那时的印只是一种手执的信物——节信,不以钤盖为据,只是一种凭证,代表身份的证物。留传至今的秦汉玺印也都是一种正字玺印,且秦汉及自以前朝代,无论佐(军人)、匠(手工业者)、士(知识分子)、里(农民),大小官吏无不有印。而古印都是随身携带之物,印皆有钮,佩之以绶,故称印绶。印有纽的型制一直流传至今。古人之印是用绶带随时佩带于身上的物件,其主要用途是宛如今日之身份证明。唐代大诗人白居易诗曰:"惠深范叔绨袍赠,荣过苏秦佩印归。"即是很好的说明。秦始皇制印称为玺,而官民所用之印皆严禁称玺,这也说明在秦始皇之前,官民用印是可以称玺的,这是秦以前印玺存在的反证。故《通典》①云:"三代之制,人臣皆以金玉为印,龙虎为钮,其文未考。"其他论印者尚有许多,但无不谓三代之时即有印之说。之所以这样说,必有其根据,绝不可能是臆说。但在我国浩繁的出土文物中,三代之墓葬并未发现玺印。故有历史学家推测,三代以前之玺印,必多为秦始皇所毁灭,且毁之殆尽矣。

秦始皇严禁官民印章称玺,而只准皇帝称玺,但秦以前印章均可称玺。秦始皇又是一个十分重玺之人,若官民以印称玺,不仅是违抗命令,而且是犯上不尊的大逆不道的行为,其罪可诛九族。秦法严酷是有史可鉴的,《史记·秦始皇本纪》记载:"有敢偶语《诗》、《书》者,弃市。"弃市是一种执行死刑的方式,即在闹市处死,暴尸街头。故家藏印上有玺者,必极力主动销毁。而秦始皇以前的印章大多皆有玺字,亦在务必设法销毁之列。况秦始皇在消灭六国、统一中国之后,实行书同文,"罢其不与秦文合者"。因文字不合国法,故秦以前的官民印章都是"不与秦文合者",这也是必须自行销毁的理由之一。再者,三代之时,官民均以金玉为印,但其中用金者为数极少,最多的、最普通的为玉印,这是取君子佩玉之意。而秦时定制,只许皇帝以玉为印,官民一概不许用之,秦令苛严,人人畏惧,谁也不敢以身试法。故有玉印者也必销毁,秦以前之三代之印,因质地之不合国法,至秦时亦必须销毁,绝不能存在。由此推想,秦时三代之印必完全绝迹,至今日更无从发现是理所当然的。秦时多以竹木作书,兼有用布帛者,因此有学者认为秦时为中国印玺用途之转变交替时期。玺印二种用途兼备,有用为信物者,亦有用以拓印之后再为信物者。

到了汉代,书写者使用布帛增多,印玺的功能除用作"手执之节"(凭证)外,又多了一种功能——钤盖。故而随汉室之兴,印玺功能则逐渐变成以钤盖为主,印文自然从秦朝的正文变成便于钤盖的反文。这样,现代意义上的印章,从汉代始一直传承至现代,"故言印者,必称汉"。

汉代使用印章亦有定制。如在印钮、印材质上,皇太子金印龟钮;诸侯王用金印驼钮;列侯、丞相、将军用金印龟钮;而级别低些的使用银印龟钮;更低的用铜印鼻钮。其中太子、将军的印称章,其余皆称印。

魏晋印章基本沿袭汉制。六朝始作朱白文印章之别。唐之印章因袭六朝而作朱文,印章已失去秦汉印文古朴、严谨的章法。宋承唐制,不宗古法,印章出现圆章,尤刻工最不为入流,及至元代,以吾邱衍、赵子昂等书界名家意在复古,故"正其款制,时尚朱文"。明代官印,文用九叠朱文,以"曲屈平满"为主,完全不类秦汉印制。

印材的使用古今不同,三代以玉为印;秦及魏晋六朝以来用金、铜造印;以后则代有增加,金银、象牙、玛瑙、水晶、磁(瓷)砂、珊瑚、琥珀、黄杨、竹根、角骨等皆有以之制印者。有元末会

---

① 《通典》,唐杜佑撰。二百卷。从大历元年(公元766年)开始,完成于德宗贞元十七年(公元801年),记载历代典章制度沿革,上起唐虞,下至唐肃宗、代宗时代。

稽人王冕以花乳石（据章鸿钊《石雅》"文石"条称，乃为大理石）为章，士人称便，从此以石为印章始风行于世，开一代风气之先。但据文献记述石质印章唐宋时个人即有造印者，但因石质印不耐久，故不传世。据《唐书》载：唐武德七年（公元624年），陕州获石玺一纽，文与传国玺同，不知作者为谁，这也许是史载最早的石质印了。明用银、铜、铁印。清关防钤记用木印，而文人雅士则多用石印，用寿山石刻印已很普及了。

从上述可知，古印重印文之优劣而不重石质；今印专注印石质地之精粗，不甚重文字之优劣。上好的印章质料，其上不著一字而价值贵重者甚多。其实这是两种概念，收藏古印者即作为古董收藏，除印玺之质地，造印之时代外，亦专注印文之章法，尤其是印文内容。如为古代帝王之玺印，其价值远远高于官民之印章，而古印印文镌刻出自名家之手，所谓"周秦文字，雄迈高古"，是很难得的，较之出自无名匠人之手其价值也相去甚远，这种收藏是在收藏历史和收藏文物。

当今收藏印石，则是一种投资行为，印石如同珠宝翠钻，不强调其历史，只重其珍稀程度。随着资源之枯竭，有一些印石质料如田黄石、鸡血石等价值陡涨，购置它如同投资期货，完全不同于收藏古代印章。

本章所论述的印章石，主要是从观赏石地质学和文化鉴赏的角度加以阐述。

二、印章石种类

印章石属于天然彩石的范围。它是指摩氏硬度在3以下、符合工艺美术要求的天然多矿物集合体和一部分单矿物集合体。彩石的特点是：①资源较丰富，分布较广；②硬度通常较低，适合雕刻成印章、砚台、笔筒、灯座、石人、石佛、石兽及其他日常用品等实用器具。工艺美术上要求彩石必须具有可雕性、艺术性、坚韧性及成材性。主要品种有：寿山石、青田石、昌化鸡血石及巴林石等。兹择要分述如下。

（一）寿山石 (Shoushan Stone, Agalmatolite)

1. 按寿山石主要矿物组合成分分类

寿山石因主产于福建省福州市晋安区寿山乡而得名。据记载，寿山石名始见于南宋淳熙（公元1174年）梁克家著《三山志》中。

我国对寿山石的认识和开发利用，具有悠久的历史。在福州市北郊一处新石器时代文化遗址里就发现有用寿山石制作的箭簇等石器。1954年在福州仓山福建师范学院工地的南朝古墓中出土了长6.4cm、高1.1cm，呈卧伏状的石猪，以后在南朝古墓中亦出土了类似的石猪，它所用的石料皆为寿山出产的"老岭石"。它们证明寿山石雕至今已有1500多年的历史。到了唐代在寿山乡的"广应禅院"以及附近的一些寺庙中，僧侣们用寿山石雕刻佛像、香炉以及念珠等宗教用品，也作为寺院赠品馈施香客，寿山石雕遂闻名于世。宋代是寿山石雕空前发展的时期，明末清初福州人高兆所著第一部寿山石专著《观石录》中记述："宋时故有坑"。这亦可从许多出土文物中得到证实。如1959年在福州西郊洪塘怀安观音亭宋墓中出土了寿山石人俑、兽俑40多件。1966年在福州东郊金鸡山发掘的南宋嘉定元年（公元1208年）墓中所出土的寿山石石俑达100余件，其中大的高35～36cm，而小的不足4cm。1972年，在福州西园村兴利山发现的宋绍兴二十七年（公元1157年）墓中出土了一批寿山石石雕，有人物、蛟龙等，其中一件坐式人物石雕右手抚膝,作沉思状。《明一统志》记载了"怀安县稷下里出寿山石,洁净如玉,柔而易攻"。明代寿山乡"广应寺"香火鼎盛,崇祯年间被火焚毁后,这座创建于唐代光启三年的古寺从此成为废墟,但寺内收藏的寿山石被发掘出来,这些都是"三百年前旧物",所发掘出的各种寿山石,并称之为"寺坪石"。其中以田黄石、都成坑石、牛角冻石、天蓝冻石等为多。明代徐兴公(熥)《游寿山寺》诗云:"宝界消沉不记春,禅灯无焰老僧贫;草侵故址抛残碏,雨洗空山拾断琅。"诗中道出了明寿山石资源的开采已是今不如昔了。据闻,明代寿山石资源开发虽不如宋代兴旺,但明代寿山石雕业(作坊)颇发达。如明嘉靖年间(公元1522—1566年)创设的"青芝田"图章店,生意兴隆,一度名闻海内外。清初,特别是康熙年间,寿山石开采业再度大兴。高兆《观石录》云:"好事家伐石于山者,凡三月矣。日数十夫穴山穿洞,摧岸为谷。迤路之间,列市置侩,耕夫牧儿咸有贸易……",在这里,高兆为我们描述了三百多年前福建寿山乡一带乡民滥采滥挖寿山石,以至"摧岸为谷",且沿路村民"列市置侩",就地进行寿山石买卖,可见盛况空前。为此,当时一些有识之士无不慨叹。朱彝尊①在康熙三十七年(公元1698年)写《寿山石歌》云:"菁华已竭采未歇,惜也大洞成空嵌。非无桃红艾叶绿,安得好手来镌劖?桂孙见之不忍释,裹以黄葛白蕉衫。伏波车中载薏苡,徒令昧者生饥谗。况今关吏猛于虎,江涨桥近须抽帆。已忍输钱为顽石,慎勿轻露条冰衔。"康熙之后,寿山石产量一度下降,至嘉庆(公元1796—1820年)初才逐渐恢复。郭柏苍的《闽产录异》即对此有述:"康熙时采取一空,至嘉庆初诸坑复产。"至道光(公元1821—1850年)初,寿山石的开采便更上一层楼,不仅新发现"都成坑"等新的品种,而且开掘的寿山石新坑洞多达100余处。寿山石的雕刻工艺也达到有史以来的新的高峰,不仅雕刻出大量精美的寿山石印章、人物等艺术品,还出现了一些创新的技法,诞生了一批雕刻大师,其影响远播后代。

寿山石矿赋存于寿山-峨嵋中生代火山构造盆地中,原生矿(山坑石)类型以火山热液型为主,其次为火山变质型。矿体呈脉状、似层状和透镜体状,分布范围大,面积约 $220 km^2$,储量多,先后发现寿山石品种有150多种。除主产于福州地区外,在福建东部沿海的宁德、莆田、晋江、龙溪等地的中生代火山岩岩层里均有产出。寿山石重要品种是以高岭石族矿物为主要成分的多矿物集合体,现已发现其组成矿物多达30余种。它是不同温度压力条件下火山岩次生石英岩化蚀变的产物。其矿物成分主要是高岭石、地开石和少量叶蜡石,并含微量珍珠陶石、绢云母和伊利石等。相对密度2.5~3.1。硬度3~2。根据寿山石的主要矿物成分,按其矿物共生组合,可将其划分为三大类型,即地开石型、叶蜡石-地开石型、叶蜡石型。

(1)地开石型:是寿山石中最主要的类型。大多产于寿山村的高山、都成坑、头坑等地段。在月尾、善伯洞、旗降、松柏岭等地段亦有产出。本类型以质纯的地开石矿物为主要成分。其质地细腻,结构紧密,具较好的透明度,为高档寿山石品种。

(2)叶蜡石-地开石型:此类型为寿山石中数量最多的矿物组合。以山坑石为代表,具有广泛分布的特点。

(3)叶蜡石型:此类型以峨嵋矿区所出为典型代表。其中的芙蓉石为高档的特色工艺美石,为中国三大印石之一。另外,还有价值连城的将军洞石。

---

① 朱彝尊(公元1629—1709年),清文学家,通经史,能诗词古文。康熙时举博学宏词科,曾参与纂修《明史》,编有《词综》、《明诗综》等。

2. 按寿山石的形成和分布规律分类

寿山石品种繁多,按它的产出部位、形成原因和分布规律,自清代以来,便分成了田坑石、水坑石和山坑石三大类型,共150余种。其中,以山坑石数量为最多,但质量较差;以田坑石数量为最少,但质量最好。

(1)田坑石(又称田石):零星产于寿山溪两旁稻田的古砂层中,外形殊异,靠翻挖田土机缘偶得,故得之不易,最为稀罕。其中田黄石乃寿山石中之王,誉为国宝,中外驰名。田黄石质地细腻,呈微透明或半透明者称田黄冻,为田黄石中珍品,其表皮嫩薄,肌里隐隐出现萝卜丝状细纹和格纹,常被称为萝卜纹和红筋格(纹)。这是田黄石鉴定的重要标志,再加上田黄石表面常裹着的黄色或灰黑色石皮,形成了田黄石鉴定的"三要素",即三者兼具者为真"田黄"。白色田坑石称"白田",其外裹黄色层者称"金裹银",如果田黄石外部包有白色层,而内部为纯黄色者,则称"银裹金"。

田黄石的矿物组成以地开石和高岭石为主,还含有少量叶蜡石、石英等矿物。这表明田黄石的矿物成分与寿山石基本相同。它是由产于寿山乡附近山上的原生寿山石(山坑石)矿经过长期的风化剥蚀、崩塌、自然跌落、流水冲刷而散布于山坡下,被搬运到寿山溪河滩及其附近沉积下来,形成为"冲积型寿山石砂矿藏"。其分布于寿山溪河滩、河岸水稻田及其底部的寿山石,由于受到含有多种化学成分的水体长期浸泡,其颜色往往表面深浓而向内趋淡,质地显得格外晶莹、温润,并形成为兼具有石皮、红筋格和萝卜纹的真正田黄石所独具的特征。民间所谓"无皮不成田"、"无格不成田"、"无纹不成田"即专指此。

人们经过长期的实践,将产不同质地田黄石的寿山溪依次划分为上坂、中坂、下坂和碓下坂。其中,上坂(亦称溪坂),指靠近坑头溪水发源地的水田,它所出产的田黄石色淡而透明,像坑头的"水晶冻"所称的"白田"——白色、萝卜纹明显,时有红筋格纹,主要产于上坂及中坂。"红田"呈红色,如果色如桔皮、透明,则称"桔皮红田",极为稀少,亦产于上坂与中坂。中坂紧接上坂,中有溪管屋,下有铁头岭,它所产的田黄石色浓质嫩,质地优良,为优质的标准田黄石,如按颜色细分,品种较多,其中质地上佳者有著名的"黄金黄"、"桔皮红"、"桔皮黄",而"桂花黄"、"枇杷黄"者次之。如质地通体透明,色如新鲜蛋黄者则称"田黄冻",价值最高,极为稀有(见图版38)。下坂位于坑头、贝叠两溪汇合处的下游,它所出产的田黄石色如桐油,油脂光泽强。碓下坂靠碓下,所产田黄石颜色深暗,质地粗硬,但靠此部位偶得绿田石即"艾叶绿",又名"月尾绿",半透明状,曾产名远播,亦为田黄中之珍品,十分少见。此外,还有一种"黑田",呈黑色,分为乌鸦皮、纯黑田、灰黑田等品种,除少数优质者外,一般价值不高。"黑田"于上、中、下坂中都有产出。

田黄石(Field-yellow stone)为寿山石中最优良品种之一。其开发时间距今约700年,始于明初,盛兴于清乾隆、嘉庆时期。

据闻,元朝末年朱元璋不但衣食无着,而且浑身生疮。一天,他流落到福州寿山乡,适遇大雨,又冷又饿,急忙跑进一间破旧茅草棚里,仔细一看,棚下是一个采石坑,雨下个不停,朱元璋找到一堆比较干燥的碎石堆,往上躺下,顿时进入梦乡……;当他醒来以后,身上的疮竟奇迹般地全部消去。他用手搔头,手上沾满了白色石粉,他感到其中必有奥秘,连忙将石粉装满一袋,收藏起来。此后,朱元璋东奔西闯,终于打跨了元朝江山,当上了大明开国皇帝,此时的朱元璋,虽享尽荣华富贵,仍念念不忘当年的"石粉治疮"之事。据传明洪武年间朱元璋曾派内监驻节寿山,专采这种制"粉"的石头以供奉朝廷。这种石头就是田黄石。从此朱元璋与田黄石结

第六章 印章石

下了不解之缘。明崇祯年间则用田黄石当玉镂雕装饰"鞞琫鞛带"（剑鞘和腰带）以及磨制作印章石用，于是，当时才有了"山空琢尽花纹石"（谢在杭诗）的慨叹。及至清代，清康熙戊申年（公元1668年），当地人携粮食进山觅石，得其珍品送至北京销售，收益颇丰。此后，官民竟相进山寻宝，"其上者，视同瑾瑜，把玩、馈遗；下者，亦以供雕镂念珠文玩诸物。其佳者……一经名辈品题，往往十倍其价……"。又据清高兆《观石录》记载："清康熙丁巳（公元1677年）后大开山。日役民一二百人。环山二十里邱陇畎亩敓，皆变异处。石大者凿鞍辔，小者为鞞琫。较之宋坑造器民劳百之……。"可见早在300多年前，寿山石的采掘已是如此。到清乾隆年间，相传在乾隆帝登基后之元日，他召集文武百官到天坛祭天，供桌上竟出现一块大田黄石，众官员对此无不愕然、惊异！原来，乾隆帝曾梦见天宫玉皇大帝赐给一块黄色的石头，上书"福寿田"三字。醒后，一时不得其解，遂将此梦告诉了身边侍从。这时一位福建籍的老太监连忙跪奏道："奴才家乡福州寿山产田黄石，莫非这就是'福寿田'三字之意？"乾隆听后，感到确有道理。继而思之，田黄石产于福州寿山，既"福"且"寿"，岂不是"福寿双全"？何不在元日祭天之时供奉一块，以祈天下太平，人寿年丰呢？这就是供桌上大田黄石的来由。从此以后，田黄石被誉为"石中之王"，有"石帝"之称，成为众石之首，并有"印石之冠"的美名，于是身价百倍，珍贵无比。更有甚者，有人竟将拥有一块田黄石比喻为胜画、胜诗、胜大自然之奇瑰："举凡太华之峰，钱塘之潮，匡庐之瀑布，泰岱之日出，雁荡之云谲，无不奔凑攒簇于几席间。则有寿山石可状而得之，不几胜画胜诗欤！"古人对田黄石的美誉已达致无以复加的极致之位。同时，对田黄石的品鉴，审美也有其独到的见解："璧，以无瑕见宝；珠，以有光为容；在石亦然。石品不同，有如人面。简要而言，在品与色。色以纯、净、灵为佳品；品以神、妙、逸为序。纯者不龙（杂乱），净者不垢，灵者不涩；神而能超，妙而能入，逸而能趣；浓淡高下之间，可伏而思。"而对"品"，清初人高兆所著《观石录》云："石之品，贵则荆山之璞，蓝田之种；洁则梁园之雪，雁荡之云；温柔则飞燕之肤，玉环之体，入手使人心荡。"

又据相关资料，田黄石的收藏之风从明代开始逐渐盛行。施鸿宝的《闽杂记》记载："明末有担谷入城者，以田黄石压一边空箧，为曹学佺①公所见而奇？赏之，遂见于时。"及至清代，"耿精忠取（田石）以献京师权贵，斫掘殆尽"。故而使田黄石身价陡增。清代便有了"一两田黄三两金"或"易金数倍"、"黄金易得，田黄难求"的说法。清康熙皇帝御用的，用寿山石中著名品种芙蓉石雕成的对章"戒之在得"和"七旬精健"近年突现市场，这两方闲章原是清宫旧藏，后"流落"民间，这两方印章拍卖价高达190多万元人民币。雍正皇帝使用和收藏的印章共200多方，其中160多方为寿山石类等石质印章，而作为政务钤记多用玉质印章。乾隆皇帝也有寿山石印玺100多方。乾隆皇帝用过的一套宝印（田黄三链章）就是用整块大田黄石刻成三个印章，然后其间由两条田黄石链条连接在一起，雕工极其精美，这是清朝末代皇帝溥仪于1951年从他的随身之物中挑选出的最具历史文物价值和艺术价值的宝物，后经动员方献于国家。陈亮伯《说印》记载了怡贤亲王所藏的田黄石瑰宝："尚古斋有怡邸田黄六方。其两方成对者，大如皇帝之玺，上镌'怡亲王宝'四字，狮钮，极恢奇，高四寸半，围径尺四寸半"。目前，除故宫博物院珍藏了历代的田黄石国宝外，福州雕刻工艺品总厂也收藏了现代开发的为数颇多的田黄石石料及其雕制成的田黄石艺术珍品，其中不乏"价值连城"的极品田黄石。20世纪80年代

---

① 曹学佺（公元1574—1617年）明文学家。福建人。万历进士，作四川右参政按察史。天启间官文西参议，以撰《野史纪略》得罪魏忠贤党，被劾削职，家居20余年。唐王闽中称帝，授礼部尚书。清兵入闽，在山中自缢死。著述甚多。

初寿山乡农民采掘到一块约 4 500g 重的大田黄石,形如"元宝",色似枇杷,"格、纹、色"皆俱佳,是迄今所见田黄石中最重的一块,当时售价 13.5 万元人民币,为北京著名文物商店"荣宝斋"购买和收藏。这在当时还没有 50 元和 100 元人民币大钞的情况下,这 10 余万元人民币现金,竟用了几个大旅行包才装走,因当地乡民一定要用现金支付,而当时村民建一座农舍仅需要数千元即可,此事一直被传为佳话。2000 年 10 月,中国工艺美术大师冯久和的寿山石雕"鸟语花香"以 61 万元人民币高价拍卖。2003 年 10 月,一件寿山石雕"四季如春"作品以 100 多万元人民币拍卖出,从此将寿山石文化产业推向新的高度(见图版 38)。

(2)水坑石:产于寿山村之东南坑头山麓的寿山石。在寿山乡东南约 1.5km 处有座山峰名为"坑头占",其山麓溪流的发源地有一条矿脉沿东西方向延伸,厚约 15~30cm,倾角 85°~90°,很陡。由于坑洞延伸至溪涧之中,故又称为"溪中洞"。因矿脉所在之处地下水丰富,矿脉常受其浸润,故所产矿石多呈透明状,光泽润亮,质地细腻,出产各种冠以"晶"、"冻"之名的寿山石珍品,如"黄水晶"、"白水晶"、"天蓝冻"、"鳝草冻"和"牛角冻"等。有"坑头洞"、"水晶洞"等著名矿洞。其中"白水晶"又名"鱼脑冻",质地坚韧,透明度高,光亮异常,已采掘殆尽,其传世品仅见于个人收藏,极难一见。

(3)山坑石:为原生矿石。产于寿山乡和月洋乡方圆约 10km² 的中生代火山岩岩层里。其中石质常因矿脉产地不同而发生变化。因为它们是在不同的温压条件下,母岩体——火山岩次生石英岩化热液蚀变的产物。由于地质条件不同,热液蚀变发育程度的差异,致使不同矿脉,甚至同一条矿脉开采出来的寿山石矿,其色泽、石质常有各种变化。因此,山坑石品种繁多,质地各异。但其中不乏高档山坑石型的代表品类,如产于月洋乡峨嵋矿区的著名品种芙蓉石。此外还有高山石、白水黄、都成坑、月尾石、豆叶青、牛蛋黄等品种。寿山石文化历史悠久,内容丰富,且历久弥新。从南宋梁克家的《三山志》首称寿山石,并对它进行了描述:"寿山石莹洁如玉,可为印……,花石坑隔寿山十数里,其石红者、绵者(浅黄色)、紫者,惟艾绿难得。"所谓"三山",清乾隆二年,郝玉麟所修《省通志》记载:"寿山与九峰山、芙蓉鼎峙,合称三山。"寿山石素有"细、洁、润、腻、温、凝"这"六德",是历代鉴赏家总结出来的品鉴标准。

南宋黄干题《寿山广德院》诗云:"石为文兮拓斧凿,寺因野烧转莹煌,世间荣辱何须论,日暮天寒山路长。"

清查慎行《寿山石歌》云:"自元历明三百载,巧匠到处搜碚砦;吾乡青田旧坑冻,价重苍璧兼黄琮。福州寿山晚始著,强藩力取如输攻。"

清朱彝尊诗寿山石云:"无诸城北青山崱,近郊一舍无枫杉;中间韫石美如玉,南渡以后长封缄。是谁巧掊蚯蚓窟,中田忽发蛟龙函,剖之斑璘具五色,他山之石皆卑凡。"

黄任《秋江集》诗云:"俪白妃青又比红,洞天生长小玲珑;怡情到老同燕玉,好色于君似国风。神骨每凝秋涧水,精华多射暮山红;爱他冰雪聪(听)明极,何止灵犀一点通。"

又寿山石民谣云(载张俊勋《寿山石考》):其一,"杜陵坑,砂成山;鲎水彩,千人贪"(言其色佳如水,去砂则澄沏亮丽)。其二,"连江黄、假田黄;售痴汉,乌能详"(言连江石,色似田黄,贵有眼力辨识)。

(二)青田石(Qingtian Stone)

青田石因产于浙江青田县而得名。青田石的名声,古代在寿山石之上。明代郎瑛编撰的《七修类稿》称:"今天下尽崇处州灯明石。"青田石中的明莹者又有灯光石之称,明代屠隆的《考槃余事》云:"青田石有莹洁如玉,照之灿若灯辉,谓之灯光石。今顿涌贵,价重如玉,盖取其质雅、易刻而笔意得尽也。"以上史料说明,青田石中的灯光石(灯光冻)在明代已成为珍品。

实际上,青田石的开发史至少始于宋代。相传,宋代青田县方山有一位农民上山砍柴,由于荆棘丛生,无意之中用刀砍下一块美丽如玉的石头,不禁喜出望外,而刀刃也无缺损,由此,发现了能用柴刀砍劈开的青田石矿,于是,人们开始用青田石雕制印章、笔筒、笔架、笔洗、香炉等,进而用来装饰房屋、庙宇、桥梁、牌坊以及雕刻成各种各样花鸟、人物、山子、动物、宝塔等造型的陈设品。至清代,青田石雕刻技艺日益精进,充分利用"巧色"工艺,造型上从浅刻、浮雕、圆雕、透雕发展到了多层镂雕。清代查慎行指出:"其法创自王山农,自元历明三百载……"。王山农即元末明初之王冕。《浙江通志》记载了青田、天台等县出产的青田石料的特征、用途等。如言青田县"阁公方山出图书石如玉(冻石)"、"县南有图书洞,洞穴深邃。入其中,冬温夏凉,出石如玉,柔而栗,宜刻印章,亦可作玩器,俗名青田冻"。清末,青田石雕工艺品年产量达一万余箱,远销东南亚、印度等地。20世纪初销售到欧洲、非洲及美洲等地,并在巴拿马国际博览会上获得二等奖,成为艺苑中的奇葩,享誉全球。

青田石,矿物成分以叶蜡石族矿物为主,化学成分为 $Al_2[Si_4O_{10}](OH)_2$,含少量石英、绢云母、高岭石、蒙脱石、一水硬铝石、刚玉、红柱石、矽线石、绿帘石、白钛石等。呈致密块状。显蜡状光泽、油脂光泽、玻璃光泽。微透明至半透明。硬度2~3。相对密度约2.7。具滑感。矿石类型有:单色青田石、杂色青田石、刚玉青田石和红柱石青田石4种。青田石的颜色取决于其中叶蜡中含氧化物的比例多少,因而天然色彩十分丰富,如含 Fe_2O_3 的青田石,其中含水的青田石呈黄色,无水的青田石呈红色,含 Fe_3O_4 的青田石呈蓝紫色。个别珍稀的鸡血红青田石是因凝灰岩中的 HgS 在火山热液作用下浸入叶蜡石中而形成,石材颜色有青白、浅绿、黄绿、淡绿、灰紫、灰白、红色、绛紫和灰黑色。其质优莹洁如玉者为"冻石",呈半透明状,硬度稍低,颜色有翠绿、黄绿、淡黄、紫蓝、深蓝等。按质地、色泽、纹理等工艺美术特征,可分为10类,100多个品种。其中尤以"封门青"、"灯光绿"和"五彩冻"最为珍贵。

(1)封门青:也称"凤凰青",质地细腻,透明度高,像竹叶般翠绿。

(2)灯光绿:亦称"灯光冻"、"灯光石"或"灯明石",质地似牛角,在灯光照射下呈完全透明状。它与田黄石、鸡血石共称为三大佳石。

(3)五彩冻:质地细腻,透明度高,常在一块石料上有数种美丽的颜色。

除此之外,还有"鱼脑冻"、"青田冻"、"紫檀冻"、"红花冻"、"松皮冻"、"松花冻"、"酱油冻",以及"桔黄石"、"竹叶青"、"菊花黄"、"封门蓝"等诸多佳品。郭沫若曾盛赞青田石之美:"青田有奇石,寿山足比肩;匪独青如玉,五彩竞相宜。"

青田石矿产于浙江中生代火山喷发带的南部,分布于山口镇近南北向的宽阔断裂带中。矿体呈似层状、透镜体状、脉状及其他不规则形状,矿化带长5km左右,沿北东-南西向延伸,并呈向南凸出的弧形分布。矿区地层为晚侏罗世诸暨组的流纹岩及球泡流纹岩、流纹质晶屑玻屑熔结凝灰岩等岩石。出露面积约 $0.4km^2$,形态不规则,与凝灰岩呈侵入接触关系,接触带上围岩遭受硅化、高岭土化、青田石化等蚀变作用。由硅化作用形成的次生石英岩是寻找青田石矿体的重要标志,尤其是似层状次生石英岩与青田石矿关系更为密切(见图版40)。

(三)昌化鸡血石(Changhua Chicken-Blood Stone)

昌化鸡血石又称昌化石,是印章石料中可与寿山石中的田黄石相媲美的珍贵石料,产于浙江省临安昌化。

昌化鸡血石资源的开发利用始于明朝初年。相传在古代,在今浙江省临安市昌化玉岩山飞来了一对凤凰,给当地方圆几十里带来了长久的风调雨顺、人寿年丰的气象。可是,一位年青的猎人误以为是一对野鸡,用手中的弓箭将凤凰射中,它们的鲜血一滴滴流出来,染红了山上的岩石……此后,乡民就竞相传说玉岩山上的红石头是野鸡的血染红的。从此就把当地产的这种鲜艳的红色美石称做"鸡血石"。

明代,鸡血石均被用作皇室、官府专用的馈赠珍品,上献鸡血石有功者被封为"玉石官",只有极少数的鸡血石流入民间成为私人收藏品。清乾隆四十九年(公元1784年),乾隆下江南,巡游至天目山,禅源寺主持曾献给乾隆皇帝一块8cm见方的鸡血石,后来,这块鸡血石被刻上"乾隆之宝"4字,并在其上注上了"昌化鸡血石"字样,此宝现存于北京故宫博物院之"珍宝馆"。清乾隆年间完稿的《浙江通志》记载:"昌化县产图书石,红点若朱砂,亦有青紫如玳瑁,良可爱玩,近则罕得矣。"这说明最晚在清乾隆年间就已认识到昌化出产含有辰砂矿物的图书(印章)石,即鸡血石无疑。鸡血石在清代受到上自皇帝下至官员及文人雅士的普遍垂青。解放前由于连年战乱,民不聊生,昌化鸡血石一直没有组织开采。1972年9月,中日建交时,日本国内阁总理大臣田中角荣访问中国,周恩来总理曾以一对鸡血石印章作为国礼馈赠田中角荣,从此,昌化鸡血石在日本名声大振,并很快播及港、台、东南亚,甚至欧、美等地,鸡血石的销售势头至今不减。

鸡血石的矿物成分主要是地开石、高岭石、珍珠陶石,这3种矿物的化学组成皆为$Al_4[Si_4O_{10}](OH)_8$,是同一化学组成的多型变体(可根据X射线分析数据区别这3种矿物)。另有少量的明矾石、叶蜡石、石英、绢云母、辰砂、辉锑矿、黄铁矿等。鸡血石呈蜡状光泽和油脂光泽。微透明至半透明。硬度2.5~3。性韧。相对密度2.7~3.0。实际上,鸡血石是汞矿体中的一种特殊汞矿石。对鸡血石质量的评定,一般以辰砂矿物的含量、透明度、纯净度、色泽艳丽程度、"鸡血"的形态和分布特征等为标准。其中"鸡血"——辰砂呈朱红色,显金刚光泽,最为艳丽,但它在鸡血石中的含量相差很大,多者达20%以上,少的还不足0.05%。地开石与辰砂之间一般互成镶嵌关系,地开石往往包含着辰砂。当然,辰砂含量多,"鸡血"呈全面红或四面红,颜色鲜嫩、纯净、透明,光泽亮度好,致密坚韧者,为鸡血石上品,其价格可超过田黄石。如图版39中之"大红袍"鸡血石,为此类鸡血石中之极品。不过,鸡血石的质量还与"地子"的质地有关。鸡血石根据其色彩、质地,可划分为冻地、软地、硬地和刚地四类。

(1)冻地鸡血石:是最名贵的品种,一直是市场追逐的对象。冻石是一类高铝低硅的黏土矿物,其中Al_2O_3含量大于35%,而SiO_2含量小于50%。冻石的颜色变化与Fe_2O_3等的含量有关。故冻石又可分为:①白冻鸡血石:即地子为白色,半透明至透明,其中根据光泽和透明度不同还可进一步分为羊脂冻鸡血石(为鸡血石中珍品)、乳白冻鸡血石和瓷白色鸡血石。②乌冻鸡血石:是一种透明度很高,略带青灰色的品种。③黄冻鸡血石:为半透明的蜡黄色至褐黄色品种,蜡黄色者为高档品。④灰冻鸡血石:微透明至半透明,颜色为灰、绿灰、蓝灰及黑灰等色,为中档品种。此外,还有红冻鸡血石、绿冻鸡血石、紫色鸡血石和彩冻鸡血石,这些都是较低档次的品级类别。一般而言,这些"冻"石,其成分均为地开石,矿石内地开石含量越高,鸡血石的质量就越好。

(2)软地鸡血石:是次于冻地鸡血石的品种。主要产于新坑,是昌化鸡血石中产出量最多的,其成分为高岭石、地开石和明矾石。透明度因其中含有明矾石而降低。昌化鸡血石中老坑与新坑的质量差别,主要为明矾石化强弱程度不同所致。

(3)硬地、刚地鸡血石:主要指受强烈次生石英岩化、明矾石化等的影响,俗称"硬货"、"刚板",为中低档品种。

昌化鸡血石矿体产于晚侏罗世火山盆地西北边缘、中生代构造层的底部。含矿岩层为晚侏罗世浅灰、灰白色流纹质蚀变晶屑玻屑凝灰岩。鸡血石矿体有三处,以玉岩山矿体为主,是鸡血石矿比较富集的地段。其可分两层,上部矿体呈似层状及透镜体状沿走向或沿倾向断续分布,单个矿体长为几厘米至数米,沿倾向厚度一般小于30cm。下部矿体一般距上部矿体5~7m,鸡血石呈脉状或不规则小团块状,这一类脉状矿体一般倾角较陡,规模不大。这两层矿常赋存于岩层蚀变作用最强烈的地段,往往也是次级构造发育地段,常出现构造裂隙交叉或裂隙沿走向伸张变宽的部位。这些部位常为鸡血石富集的"矿包"、"矿囊",为精品、珍稀品种大块料的产出部位。整个岩层蚀变带呈北东-南西向带状分布,长约13km,宽50~150m,其汞矿化地段长达2km,蚀变以次生石英岩化、高岭石化、地开石化及明矾石化为主,其次为硅化、绢云母化、黄铁矿化。此外在康石岭和一号水系附近也发现规模不大的鸡血石矿体,但分布不规则,远不及玉岩山矿。总之,以上这几处矿点由于长期开掘,其珍品已是十分难得,市场价格亦随之"水涨船高",一款高档印章售价达到20多万元人民币,而且是奇货难求。

(四)巴林鸡血石(Balin Chicken Blood Stone)

巴林鸡血石产于内蒙赤峰市巴林右旗,因产地而得名。它是巴林石的一个品种,此外还有巴林福黄石、巴林冻石、巴林彩石和巴林图案石等。其中,具有萝卜纹特征的巴林福黄石与福建田黄石类似,故有以巴林福田石充田黄石者。

巴林鸡血石的规模开发仅有30多年的历史。巴林石矿位于大兴安岭山脉中段的西侧,地名叫雅玛吐(蒙语意为"黄羊滩")。鸡血石矿体呈脉状,产于晚侏罗世流纹岩中,受断裂、裂隙控制。矿脉长度从几米至200余米,厚度从几厘米至2.5米。一般而言,矿脉规模越大,矿石质量越好,鸡血石是含有红色辰砂的巴林石,仅在巴林石矿脉中局部产出。巴林石主要矿物成分为高岭石,仅含微量叶蜡石、明矾石、磁铁矿、辰砂等矿物。硬度2~4。相对密度2.4~2.7。颜色多样,除红色外,还有橙、黄、绿、蓝、紫、白、灰、黑等色。呈蜡状光泽、丝绢光泽、珍珠光泽。微透明至半透明。含有红色辰砂的巴林石——鸡血石,颜色丰富,有朱砂红、大红袍、芙蓉石、红花、水草花、关帝红等20余个品种。按整体和质地颜色又可划分为:夕阳红、翡翠红、桃花红、彩霞红、白玉红等主要品种。含有红色辰砂的巴林石在矿脉的局部地段呈不规则的斑团、窝巢或条带状产出,尤以赋存于矿脉顶底板的两壁位置为多见。与此密切相关的是鸡血石的产出部位与辰砂及自然汞的产出部位一致。

巴林石雕刻的小器物在新石器时代晚期墓的考古发掘中便有发现,说明其被开发利用的历史是很悠久的,但对其正式开采始于民国初年。抗日战争时期,巴林石资源曾被日寇进行过掠夺性开采。解放前仅为小规模的、零星的开采。新中国成立后,1973年才正式建立地方国营巴林石矿。改革开放后,1985年成立巴林石集团有限责任公司。巴林石中的鸡血石品种是1973年12月28日才发现的,当时的赤峰工艺美术厂在巴林石料中发现了这一珍贵的品种,并引起注意。1978年,矿山正式开采出鸡血石。1981年,巴林石被轻工业部定为中国章石重要的原料之一,其产品远销日本、美国、英国、法国、加拿大和港、澳、台等十几个国家和地区,其产量、销量、创汇量等均超过了浙江昌化石。巴林石中仅次于鸡血石的巴林福黄石是1983年冬季发现的新品种，有巴林田黄石的美誉。2001年10月，我国将21枚巴林福黄石印章料精心刻成印章，作为国礼送给亚太经合组织（APEC）与会的各国领导人。从此，巴林福黄石声名远播，与优质鸡血石一样，成为国家级礼品石。

由于鸡血石资源日趋减少，市场需求与供给矛盾突显，加上鸡血石本身价格昂贵，极具收藏增值的潜力，因此，市场上出现作伪的人造、仿造鸡血石应运而生，故而对鸡血石真伪鉴别显得非常重要。一般而言，人造鸡血石是用人工合成材料，如岩石粉加有机粘合剂（如聚苯乙烯-丙烯晴）加红色有机染料或红色颜料（$Pb_3O_4 + PbO$）所做成。这种方法往往显不出真鸡血石的质感，如质量较轻，为此，往往在成型的章料中植入金属芯，这样石质的手感便有了，如植入的是铁芯，用吸铁石检验即可辨别。另一种方法是拼接贴面法，这种方法以前也是较常见的，即在一块普通石质的章料上粘贴上真的鸡血石薄层贴面，经过抛光打磨，接缝处便不易露出破绽。但章料的雕刻面常常隐蔽不好，石质与四面粘贴的真鸡血石薄层有明显区别，须认真鉴别方可识别。总之，"道高一尺，魔高一丈"，市场上鸡血石的作伪手法远不止上述两种，欲购鸡血石印章、雕品，到专门的、有信誉的店铺较可靠。

（五）广绿石（Guanglu Stone）

章鸿钊先生在《石雅》寿山石条目中记述："质与寿山石相似，又同为图书之用者，犹有……广绿诸石，此皆名以地传也……。广绿石一种，殆尽由叶蜡石结合而成，其色纯绿，以产于粤，故名广绿。"广绿石产于广东省广宁县，又称广宁石。在明末清初即为著名的印章石料。过去一直认为其岩石成分与寿山石相同，直到20世纪80年代初，研究结果表明：广绿石是由绢云母石英岩（石英绢云母岩）和水白云母岩（镁水白云母岩）组成，属蚀变岩类。

广绿石呈浅绿、灰绿色，少数呈浅紫红色，化学成分为含钾、镁的铝硅酸盐类。致密块状。蜡状光泽。相对密度2.75。硬度2.5～3。广绿石矿体呈脉状，长度一般为15～59m，最长达130m，厚0.2～2m，是由成矿热液沿花岗闪长斑岩或花岗斑岩内部或边部裂隙发生强烈的绢云母化和水云母化作用形成的，一般而言蚀变带即是广绿石矿带。至20世纪末，广绿石的产量已萎缩，绿色优质品种已经很少。广绿石作为一种绿色印章石料，曾广为国内外收藏鉴赏家所钟爱，曾远销欧、美、日和东南亚等国，以及港、澳、台地区。

（六）紫袍玉带石（Purple Banded Stone）

紫袍玉带石是20世纪80年代初在进行地质调查时发现的。贵州省的地质工作者和观赏石鉴赏者将其作为观赏石和工艺雕刻用石率先开发并利用的新石种。起初，观赏石鉴赏者是被这种岩石特别的颜色——浅绿色中夹紫色条层所吸引。其后，一些经过人工斜切层理的岩石，显现出紫色和浅绿色相间的、如山形起伏的纹饰，像天空中的彩虹般绚烂，从而受到人们的喜爱（见图版40）。再后来，独具慧眼的石雕工艺师利用这种石料美丽的纹饰和韧性，雕刻出了文房用具，如印章、笔架、砚台、笔筒等。近年又进一步利用巧色雕技法，雕出了花鸟、动物及楼台亭榭等陈设摆件和佩戴用的花鸟、虫鱼、龙凤、吉祥等图案的挂件。于是，这种硬度不是很高，又十分适刀的彩色石料，逐渐被当作一种新的"玉"雕材料进行开发，并逐渐为人们接受，登上了"大雅之堂"。

（1）紫袍玉带石的地质背景。紫袍玉带石产于贵州省铜仁地区梵净山自然保护区内，全区总面积$567km^2$。该区元古界地层分布广泛，发育良好，可分为两个单元层系：上部为板溪群

(Pt_2b),下部为梵净山群(Pt_1f),上下两层呈明显不整合接触。梵净山群已出露的地层总厚度为8 146～10 129m,主要为一套典型的海相喷溢型"蛇绿岩套"地层。板溪群总厚度为2 460～7 500m,为一套轻度变质的绿色、灰绿色和紫灰色绢云母片岩、板岩、千枚岩和砂质板岩系——层理清晰的千页叠层细碎屑岩。其产状平顺,节理发育,因而形成像书卷一般巨厚的叠层板状的悬崖绝壁、气势巍峨,人称"万卷书"的奇特景观(见图版40)。紫袍玉带石即产于板溪群底部甲路组(Pt_2j)中,最大厚度为1 240m。产出地点在梵净山金顶、凤凰山、牛头山及万卷书等处岩层之中。梵净山自然保护区于1978年7月8日建立,隶属于贵州省铜仁地区行署管辖。因此,管理区内的含紫袍玉带石的地层岩性是禁止采掘的。20世纪90年代初,由于管理松懈,才有局部地段被采掘、运出,流入市场。

(2)紫袍玉带石的岩石和矿物学特征。岩石为浅绿色、黄绿色与暗紫红色薄层呈互层状产出的泥质板岩。具隐晶-微晶结构。蜡状光泽至土状光泽。硬度3～3.5。相对密度2.79～2.82。浅绿色岩石部分具弱蓝白色荧光反映。

中国地质大学(武汉)珠宝学院周艳等(2006)曾对紫袍玉带石的矿物组成进行过偏光显微镜、X射线粉晶衍射、激光拉曼光谱和红外光谱分析等系统观察及测试研究。认为:①紫袍玉带石的主要矿物成分为伊利石,含有少量的长石、石英、赤铁矿、菱铁矿和金红石。②紫袍玉带石为轻度变质的"泥质沉积岩",由于岩层及层理构造以及各层中赤铁矿含量的分布差异,导致岩层颜色层次明显的不同。③紫袍玉带石质地均匀、细腻、韧性好,抛光后很润泽,硬度较低,加上产量丰富,原料价格不高,是一种色彩丰富的石雕用料。但由于其产于贵州省自然保护区内,成规模地开采恐难以实现。

除以上比较著名的印章石料外,我国还有一些地方亦产有印章石,但需要进一步地开发。如产于江苏省溧阳的属叶蜡石质的溧阳石;产于广西壮族自治区东兴的呈块状叶蜡石的东兴石;产于陕西省略阳的五花石,其矿物成分主要为高岭石;产于贵州省平塘的高岭石质的大塘石;产于吉林省长白以高岭石为主,次含地开石、叶蜡石、明矾石等矿物的长白石,此石中的上品"灯光冻",可与寿山石和青田石媲美,亦有"长白玉"之称。还有产于青海省都兰县叶蜡石质的都兰石;产于河南省商城"比寿山石透明"的四方石;产于黑龙江省东宁县以叶蜡石为主要矿物的东宁石;产于山西省五台大石岭五台群以叶蜡石为主要成分的五台石;产于辽宁省林西而得名的林西石;等等。

总之以上所述印章石料,在矿物学上都是由一些以含铝(Al)、镁(Mg)等元素为主的含水硅酸盐矿物,以及高岭石族(有地开石、珍珠陶石)、伊利石族(水白云母)、叶蜡石和明矾石等矿物组成。它们的共同特点是由于含有致色金属离子如铁、锰、汞等,形成了色彩谱系丰富的各种彩石;还有一点是其硬度普遍较低,都在摩氏硬度4以下,特别适合手工雕刻。故一经推出,会立即受到爱好者欢迎。

第七章 化石观赏石

一、前言

　　化石,尤其是古脊椎动物的遗骨,作为一种炫耀财富和提升富豪们些许文化品位的高级收藏品,自20世纪80年代以来,已从博物馆走向西方超级富豪们豪华的客厅或典雅卧室中。美国一位汽车大王的超级堂皇的客厅里,就引人注目地陈列着一具从野外发掘后修复装架的恐龙骨架。日本一位富得流油的著名银行家则每晚都与一具完整的已绝灭的猛犸象的骨架同眠一室。又一位日本富商于20世纪90年代初从美国蒙大拿(Montana)博物馆购得一具价值400万美元的肉食类恐龙骨架。阔佬们十分明白,对这些几万年到上亿年前曾生活在地球上而今已不复存在的古生物的遗骨的收藏,不仅是为了给居室带来一种宝贵的文化和自然历史的气氛,而且他们充分认识到,这些史前生物的遗骨是比任何艺术品都更能保值的超级"古董"。

　　当前,世界古脊椎动物遗骨的交易市场主要集中在欧美和日本等西方发达国家,从恐龙、猛犸象到类人猿的骸骨都在交易之列。仅在美国一地,登记在册的专门收购古生物化石的公司就有约20家之多,而在全世界,古生物化石的"职业经销商"则数以千计。美国加州圣塔巴巴拉城的一家古生物贸易公司在世界各地的雇员有百余人之多,已成功地从北美、南美、欧洲、非洲等地收购到大量优质的古脊椎动物的骸骨,并从中牟取到巨额利润。一些公司已逐步发展成为"国际化企业"。据业内人士估计,截至21世纪初,古生物化石的价格将成倍地上升,这是因为发现、发掘古脊椎动物化石的工作会越来越困难所致。

　　中国自20世纪80年代实行改革开放、使"一部分人先富起来"的政策以来,盛世收藏热从各个门类已发展到收藏古生物领域。而开此风气之先的则是一些对古生物有所接触、了解的从业人员。如从事地质、矿山工作的技术人员、教师、工人等。那时所收藏的品种以一些小型的、罕见的、珍稀的脊椎动物化石如鱼类、鳍龙类以及一些保存完好的昆虫、花叶等为主;同时,也收藏一些软体动物的化石和节肢动物化石。体型较大而花纹美丽、地质年代久远又保存完好的化石,如产于奥陶系地层中的角石、产于寒武系和奥陶系地层中的三叶虫等是人们追逐收藏的主要化石种类。这些化石的特点是形态奇特、年代久远、较易保存以及价格尚在能接受的范围之内。随着收藏的深入,珍稀化石越来越难得到,所以,收藏化石从经济的角度上看有增值的潜力。

　　无疑,当今古生物化石的收藏,因为其经济价值的因素诱惑,使人们产生贪欲,从而疯狂的去追寻、攫取、盗掘,采用非法的、无所不用其极的手段获取,但是,更应该正视古生物化石的科学价值。中国科学院在呈送国务院《关于保护古脊椎动物化石问题的请示报告》(1960年12月31日)中指出:"古脊椎动物化石是地质工作者鉴定和对比地层、了解地球历史的主要根据,是生物学家、古生物学家和人类学家研究动物和人类起源、发展历史及其规律的珍贵资料。同时,也是群众学习并认识自然和人类历史及其发展规律、建立唯物主义宇宙观的实物资料。"1993年12月,中国科学院101位院士联名上书国务院,呼吁制定化石保护法规,严厉打击化石走私贸易,保护人类的科学文化遗产。强调指出:"古生物化石,特别是古脊椎动物和古人类化石及其他珍稀化石,是世界上重要的科学和文化遗产。""许多人滥采滥掘,不仅造成了生物和人类进化上具有重要意义的科学标本流失,而且破坏了埋藏现场,造成了一些重要的地质研究资料的丧失。"以上报告和信函中都强调了化石保护的重要性和化石的科学价值。

我中华大地幅员辽阔,西有号称世界屋脊的青藏高原,河川纵横、峡谷幽深;东有广袤的平原。从地质历史看,中华的山川地貌发育至今已有20亿年以上的地质历史,从太古代到第四纪,各地质时代孕育了大量的古代生物,其生物化石和生物活动遗迹化石也广布于各个时代的地层之中,这是大自然留给我华夏子孙的一笔宝贵的科学文化遗产。

二、化石观赏石面面观

1. 化石(Fossil)

是指经自然作用保存在各地质历史时期沉积岩层中的生物遗体、遗迹和遗物的总称。从遗体及遗迹和遗物化石中可以了解到古代存在过哪些生物以及这些生物当时的生活环境及其生态状况。一般以最新的地质时代——全新世(距今约1万年)作为古、今生物的分界。1万年以前的生物属于古生物学(地质学)研究的范畴,1万年以后的历史时期(即新石器时代)属于社会科学、考古及历史学的研究范围。化石往往保留了原来生物的形状、大小、结构与纹饰。这是收藏化石观赏石的重要内容。

2. 化石观赏石

是指具有一定的观赏或收藏价值的古生物化石。化石是古生物死亡以后,经过石化作用变成的。并非所有古生物死亡后都能变成化石,其形成化石的几率只有十分之一。除了在极少的特殊情况下生物的软体部分可能得到保存成为化石外,其余的大部分生物遗体由于许多原因,如被风化腐烂、被动物吃掉等而使其遗体消失。由此可见,自然界中能保存并成为具有观赏价值的化石是极其难得的;即使存在,由于其深埋于地层深处而不易被人们所发现,所以化石显得格外珍贵。

3. 化石观赏石形成条件

简言之,古代生物形成化石的条件必须是生物体在死亡后本身的硬体(如脊椎动物的牙齿、骨骼和头角,无脊椎动物的贝壳、甲壳以及植物的茎干、叶子和种子等),生物体能被迅速掩埋于泥、沙之中,与空气隔绝,使氧化中止,压力逐渐增加,加上地热的影响,生物遗体与覆盖其上的沉积物渐渐固结起来,致使生物遗体在这样的环境中,使其软组织(皮毛、内脏等)发生分解作用而消失。再经过一段或长或短的地史时期,留下的硬体部分的有机质与周边含有钙、硅或其他矿物的水溶液发生交替置换作用,致使生物硬体发生矿化——"石化作用"。久而久之,生物硬体中的物质变为钙质、硅质等,它们的比重比原先的硬体物质大为增加,最后与周边岩石无异,此时化石就形成了,并被保存在岩层之中,等待着被人们发现,以待重见天日。

一般而言,生活在水域中的生物容易变成化石,如我国贵州关岭著名的三叠纪海洋化石宝库,其中保存了世界罕见的海生爬行动物鱼龙、海龙和幻龙以及大量极其精美完整的其他动物化石。另外我国还有享誉世界、蕴藏有无数稀有、完整、精美的中生代鸟类化石、爬行动物化石和鱼、虾及植物化石的辽西"热河生物群"。这两处都是世界级的化石宝库。

4. 化石观赏石类型

化石观赏石按化石形成的不同特点和保存情况划分为不同的类型。可分为生物遗体本身的原体化石、实体化石、生物遗体在其周围岩石中留下的印模化石和生物活动时留下的生物遗迹化石等。

(1)原体化石观赏石。这类化石观赏石它是古代生物体被完整地保存下来的实体,它保存了动物皮毛和内脏器官这些在通常情况无法保存的部分。适于个人收藏的化石观赏石便是包含有小昆虫(如蚊子、苍蝇、蜜蜂、蚜虫)等小动物原体的琥珀。琥珀化石的埋藏时代为亿万年前的古生代到几千万年前的早第三纪。琥珀是由远古时期一些富含树脂的树木如松树、柏树、水杉、桃树等,因各种原因使树枝折断或树皮剥露受伤后,树脂就不断地从伤破口处外溢,并发出阵阵清香,引来许多昆虫飞落到树脂上吮食。昆虫一旦落在树脂上便再也无法挣脱,此时树干伤口处外溢的树脂又源源不断的流下,顷刻间将被困其中的昆虫全身都包裹起来,使之与外界隔绝,空气、水分不能入内,风化、腐蚀作用对它毫无影响。后来由于地壳运动,森林被掩埋于地下,最后形成煤炭,树脂变成琥珀,并被包在煤层之中。琥珀之中的昆虫也都变成了原体化石。这种包含完整小动物的琥珀是一种宝石级的化石观赏石。无须琢磨即可珍藏把玩,甚为珍稀。

还有一类原体化石体积庞大,而且还没有经过石化作用,不但其生物形态栩栩如生,而且其组织器官也基本上没有改变。其中最具代表性的就是生存于距今20万年至1万年前的猛犸象和披毛犀。人们发现,在严寒的西伯利亚地区,其"生物遗体化石"(又称为亚化石)最丰富,据统计,约有25 000头之多,其中皮肉未腐烂、形态完整的原体"化石"有25具。几十年前,国际地质大会在莫斯科召开时,东道主曾用猛犸象的肉款待客人,一时传为美谈。然而这类虽死若生的原体亚化石由于其体积庞大,在常温下难以保存,不适于个人收藏。

(2)实体化石观赏石。实体化石是指古生物遗体埋藏在地层之中并经过化学过程的石化作用所形成的化石。这是化石观赏石中最常见的一种类型,多见于古生代和中生代的一些岩层中。其生物硬体经过化学物质的置换作用,硬体的化石成分最多的是$CaCO_3$(石灰石)、$CaMg(CO_3)_2$(白云石)和SiO_2(石英),少数为FeS_2(黄铁矿)等。此类型实体化石中有大量的水生环境形成的化石,如具有硬体的无脊椎动物化石,海绵动物、腔肠动物中的珊瑚,腕足动物中的石燕类,软体动物中的角石类,棘皮动物中的海百合类,苔藓动物中的苔藓虫类,节肢动物中的三叶虫类等。许多水生和陆生脊椎动物化石也属此类,如鱼类化石、鱼龙类、海龙类、鳍龙类(贵州龙)化石等。许多陆生的两栖类(如青蛙化石)、爬行类(如恐龙骨骼化石)及哺乳类动物化石等皆属实体化石。

此外,实体化石中还有一类化石是非石化作用形成的化石,而是由炭化作用所形成的化石。所谓炭化,是指生物体被埋藏后,其不稳定的成分逸去,仅留下炭质保存下来而成为化石。如植物的茎叶或富含几丁质(角质)($C_{15}H_{26}N_2O_{10}$)的鱼鳞、笔石扁薄状骨骼等。它们死亡后,埋在地层深处,受地热、地压作用,除炭质以外的其他许多成分如O_2、H_2和N_2等易挥发的物质分解后逸出,留下的C质就在层面上形成一层黑色或棕褐色的的薄膜,在这层薄膜上,印上了树叶的轮廓和叶脉、鱼鳞的外形及同心状生长纹、笔石的扁薄状骨骼等。这种炭化作用亦属于化学作用,其形成的化石仅见其平面形象(膜状)。

(3)印模化石观赏石。古代生物体被埋藏以后,生物遗体的表面形态、纹饰特征在围岩底层或围岩中留下痕迹。它分为内模——为生物遗体内部形态在围岩上留下的痕迹;外模——为生物遗体的外部形态印在围岩上的痕迹。如软体动物中的贝壳等,被泥沙掩埋后,它两壳瓣间的空腔(原为软体占据)也充填了泥沙,这样在每一壳瓣的内外两面在泥沙上都留下了壳内外两面的印迹。在壳瓣外围的泥沙表面上,留下壳子外面的印痕叫外模;壳内充填物的表面上留下壳子内面的印迹叫内模;而两壳瓣间充填物叫内核,内核表面的印迹为两壳瓣里面的印迹(如图7-1所示)。

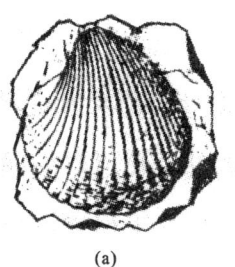 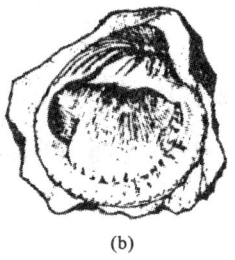 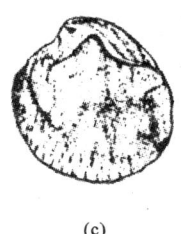

(a)　　　　　　(b)　　　　　　(c)

图7-1　瓣鳃类贝壳印模化石
(a)外模;(b)内模;(c)内核

(4)遗迹化石观赏石。遗迹化石是指古代动物在沉积物表面或内部留下来的活动痕迹。它不是生物体本身的任何部分。特别是在海相、河湖相地层中比较常见。此类化石观赏石中最常见也最重要的是古生物行动时留下的足迹,它可明显地表现出动物当时的生活情景,并可根据其足印大小、深浅、排列等,进而推知动物的体重、大小、步幅、食性等。无脊椎动物活动时的爬迹,钻蚀活动在底层泥沙中留下的钻孔、潜穴,也包括一些藻类生物吸附沉积物而形成的叠层石等。这些无脊椎动物活动时留下的痕迹,自元古代以后的各地质时代的地层中均有发现。

世界上发现最多的足迹化石是恐龙足迹化石。目前发现的最多的恐龙足迹是由一个美国科考队在乌兹别克斯坦和土库曼斯坦边境上找到的。共有5条足迹,它分别延伸184m、195m、226m、262m和311m,每个足迹的长度约为0.6m,每一个足迹的间距约为0.9m,且这些足迹与20多条肉食类恐龙的牙齿伴生,时代属晚侏罗世。我国亦在许多地方发现恐龙足迹化石,如陕西省神木侏罗纪地层中首次发现三趾型的禽龙足迹化石。此外在山西省大同、四川省自贡和广元、山东省莱阳、辽宁省朝阳等地也发现了不少恐龙足迹化石。

(5)遗物化石观赏石。这类化石虽不是生物体本身部分,但在某种意义上却比生物体自身的化石更为重要。它包括某些爬行动物的蛋化石、鱼卵化石,动物的排泄物(粪便)化石,旧石器时代的石器、骨器、崖画、原始雕刻等。

5. 化石观赏石辨伪

大凡具有一定经济价值的收藏品都存在真品和赝品的辨伪问题,化石观赏石类也不例外,亦存在真伪的鉴别问题。不过,大自然无奇不有,假化石也可分为天然的"假化石"和人工作伪的"化石"两类。

(1)天然的"假化石":是指表面上看来很像生物体的某个部位形成的像"化石"的纹饰,或者似与生物体有密切关联的某种化石,但经仔细鉴别,除了其形象外貌有点像生物体的模样以外,其内部的结构、构造、成分与任何生物毫无关系。最常见的天然"假化石"有以下几种。

①模树石:又名松林石、松风石、婆娑石等。它是由含有铁锰质的水溶液沿着岩层或节理的裂隙向里渗透时,铁锰质在缝壁上沉淀下来,后经氧化作用,呈现出黑褐色的类似松树枝叶的图纹。故不是真化石(见第四章,岩石观赏石类风化作用形成的图纹石:模树石),见图版41。

②菊花石:有人误以为菊花石是菊花所形成的化石。从产出环境看,菊花石多产于深灰色、黑灰色的石灰岩中。组成菊花石花瓣的为白色、灰白色的方解石或天青石。它与菊花之间毫无关系,而真的菊花化石是极其罕见的,更不可能产在石灰岩中(见第三章:岩石观赏石类沉积作用形成的图纹石:菊花石)。

③蛋形结核:在石灰岩洞穴之中,有时可以捡到似蛋形、圆形或椭圆形的结核,与鸟、蛇、龟蛋相像,常被误认为"蛋"化石。但经切片在显微镜下观察,发现其为同心圆状的方解石结晶,而"蛋壳"表面,更无真蛋壳必须具备的蛋壳气孔构造。这种蛋形结核是由于过饱和的碳酸钙溶液在凝固(结晶)过程中,一圈一圈地包裹起来沉淀结晶而成,这是典型的沉积结核,形似"蛋"形而已。

正当作者在撰写本节内容时,有人拿来两枚如鸭卵大小、形状类似的蛋形石,要求帮忙鉴定是否为蛋化石。这两枚蛋形石除极似鸭卵外,还有一层浅褐灰色的外壳,外壳局部破露之处,露出壳下的物质,经鉴定为瓦灰色、致密状的玉髓。从蛋形石的外壳上残余的围岩成分看,其应为火山岩成分。故此,推测这两枚蛋形石为在低温环境里形成于喷出岩的空洞之中的硅质结核,不是蛋化石,见图版41。

(2)人工作伪的"化石":是指采用人工作伪手段,如拼接、仿雕、移植、仿绘和铸模等方法制造出来的"化石"。其欺骗手法由来已久,其目的不外乎图名、牟利。这种现象不仅中国有,国外也有。兹呈几例以供欣鉴。

图7-2 皮尔唐人
伪造的皮尔唐人头部复原标本和复原画像

轰动20世纪30年代世界人类学研究中弄虚作假的"道森曙人"事件,亦即科学史上著名的"皮尔唐人事件"。1912年12月19日,在英国伦敦地质学会上,一位律师和地学爱好者道森和著名的古生物学家伍德沃德(M. S. Woodward)联合宣布,在皮尔唐(Piltdown)一个砾石坑里发现了最原始的人类头骨和下颌骨,命名为"道森曙人",认为它是人类最早的祖先。这个消息一经公布,不仅在全英国,而且在全世界引起了轰动。其发现者道森也就此出了名。在道森正为此得意忘形的时候,却有些人对他的发现产生了怀疑,并提出了质问。反对最甚者是一位青年医生瓦脱斯顿(M. Waterston),他凭对解剖学的理解,认为这是一个人类头骨配着一个很像猿的下颌骨的"曙人"。动物学家米勒(G. Miller)进一步指出其下颌骨是黑猩猩的,并用重铬酸钾试剂进行染色处理,表面看起来很像化石。此事到1949年,英国有3位科学工作者对道森的材料作了重新研究,通过化学分析测得"曙人"的头骨年龄为5 000年,而下颌骨是一个年龄约10岁的黑猩猩的颌骨,于是,于1953年发表了他们的研究报告,使得这个骗局大白于天下,但科学界已被欺骗愚弄了将近半个世纪。这个大骗局的始作俑者道森及其合作者原想藉以扬名,到后来却落得个身败名裂。这就是20世纪科学史上著名的最大的化石造假案。

另一件化石作假案发生在1999年,此案发生在中国,这便是著名的"辽宁古盗鸟"事件。事情的经过是这样的,1999年11月世界最著名、最权威的杂志,美国《国家地理》杂志在第11期刊出了几幅制作精美、色彩艳丽的"带毛恐龙"的照片和复原图。文章用的是"霸王龙有羽毛?"这样一个引人关注的标题。文中记述了这只似鸟似龙、长着始祖鸟一样的头和翅膀,有着典型小型兽脚类恐龙——驰龙一样的棒状尾巴。文章声称他们找到了连结鸟和恐龙进化过程中缺失的环节。结论是鸟类由小型兽脚类恐龙进化来的假说得到了证明。

文章一经发表,立即引起了人们的兴奋和喝彩,引起了世界范围的轰动,各国媒体纷纷予以报道。然而,正当世界古生物学家还在为这一轰动"发现"而兴奋不已的时候,中国学者徐星博士的介入更引发一场世界性的震惊!1999年12月徐星在研究另外一件采自辽宁的兽脚类恐龙标本的时候,发现了足够的证据,表明"辽宁古盗鸟"是一种人为拼凑起来的动物,随即将这一研究结果通知了美国国家地理学会。这一消息的披露,使包含《国家地理杂志》主编在内的所有人目瞪口呆。美国国家地理学会于2000年1月,本着有错必纠的原则对外宣布了这一不幸消息,迅即在西方国家引起了轩然大波,包括《今日美国》、《自然》和《科学》等权威刊物和媒体纷纷予以大量报道。《国家地理杂志》承受了前所未有的压力。由于这一事件的严重性,美国国家地理学会希望能够彻底澄清有关疑问,特邀徐星于2004年4月携带有关证据前去华盛顿美国国家地理学会总部,接受一个由美国和加拿大的五位著名学者组成的委员会的最终确认。4月4日,在美国国家博物馆由苏斯博士领导的委员会一致认为,中国学者的结论是正确的,"辽宁古盗鸟"确为一种拼凑动物。随后,美国国家地理学会于2000年4月12日对外正式宣布了这一消息。在《科学》刊登的一篇报道中这样写到:"在徐星提供了可靠证据之后,这一问题才得到最终解决。"徐星在接受《自然》杂志和西方其他一些媒体采访时表示,这是一场科学悲剧,当商业利益卷入其中的时候,科学就会失去它的纯洁性。

幸运的是,这一错误由于中国学者的介入得到了及时的纠正,避免了一场更大的科学悲剧的发生,在相关人员的努力下,"辽宁古盗鸟"化石在还原它本来面目之后,已经回归它的祖国,它将成为一段科学史上的见证,永远昭世于后来的研究者。

"辽宁古盗鸟"事件虽然已划上了一个句号,但假化石对古生物学界的影响,对科学研究带来的危害是众所周知的。如不及时发现其谬误,将会造成错误的结论,导致伪科学的产生,也会使科学本身的严谨性、神圣性遭受玷污,后果十分严重,影响极其恶劣。从事科学研究必须实事求是,绝对不允许弄虚作假,科学工作者有责任、有义务捍卫科学的尊严。

上述的化石作伪事件是对世界古生物学界造成严重后果、影响极其恶劣的事例。而在市场上化石观赏石的作假手段主要有以下几种。

①人工仿雕"化石"当真化石出售。最常见的有贵州龙化石、三叶虫(湘西虫)、鸮头贝等。

其中三叶虫常以群体化石的方式以假乱真,而鸮头贝单个的常为机械仿雕的,贵州龙化石则多为手工雕刻,但一般见过真贵州龙化石的,比较容易识别,其突起的骨骼部分与周围的岩石成分是相同的,见不到石化骨骼的痕迹。而真贵州龙化石的四肢骨为棒状骨条,拨动骨条则会发现在岩石中有印模痕迹。这类仿制品常在市场上见到。

②在岩石上用颜料仿真化石绘制成的"化石"。这类现象作者曾在山东某化石产地遇到。其多为树叶、花萼、昆虫类的炭膜化石。画好后常用清漆涂抹加以掩盖,有的甚至还装在带玻璃面的盒子里兜售。

③拼贴和拼接化石。将几件皆不完整的化石通过拼贴的办法组成一件完整的化石。使用拼贴的方法变成完整化石,多见于辽西产的潜龙(水生蜥)化石。还有一种拼接方法是将不同种的化石拼接在一起,如将狼鳍鱼与矢部龙拼接在一起;贵州龙与贵州龙(双龙)拼接在一起等。这是通过拼接两种单体化石而实现的,它要求这两个单体化石的围岩岩性和岩石的颜色基本上达到一致。作者曾见过在一面石板上($>1m^2$)出现近10条潜龙的"艺术"品。

④移植镶嵌化石。此法常用在群体恐龙蛋中,即将单个恐龙蛋依购买者的需要,人为地移植镶嵌在另一组恐龙蛋中,以满足购买者的意愿。这种人为创造的成窝恐龙蛋,在蛋与蛋之间常有粘胶和填渣,不仔细观察还是较难发现的。但这种移植镶嵌的成窝恐龙蛋在蛋与围岩以及蛋与蛋之间的结合处常常呈现不紧密、不自然的现象。

⑤人工铸模化石。应用岩粉加粘胶、石膏和加色水泥等方法以真化石为模翻铸而成的仿真化石。这种方法仿真度较高,但化石的骨质纹样及质感是仿不出来的,只要细心观察,仍可发现其破绽。

6. 化石观赏石的评价标准

化石观赏石的评价标准,亦即是对它的审美标准,我认为不同背景的人会有不同的标准。这个背景是指观赏者的经济与文化背景。如前言中所述,富豪之家、豪庭广厦之所有者,对化石的据有,除真、稀的要求外,为了与所居环境的相融,其对化石的体量(大小、重量)也是有要求的。化石的体量其实与收藏者财富指标的心理状态也是平衡的。对普通的收藏者而言,对化石观赏石的审美要求可用三个字来概括:"真、稀、美"。

(1)真:化石是古代生物保存于地史时期地层中的遗物、遗迹,它是自然的遗存。因此"真"是它的第一要义。所谓"使真伪毋相乱"(《汉书·宣帝纪》)。离开这个"真"便无任何意义。这里的"真",即指该化石观赏石完全的、彻里彻外是自然形成的,无任何人造的部分。离开"真",则无任何意义。

(2)稀:物以稀为贵,有些化石,尤其是无脊椎动物化石,如螺、蚌壳类,俯拾即是,唾手可得,人有我有,不足为"稀"。而人无我有,这才是"稀",如海生爬行动物,三叠纪的鳍龙类中的肿肋龙,其唯一代表就是闻名中外的贵州龙,这种小型的脊椎动物化石,在中国仅在贵州出现了如此众多保存完整、形态精美的个体。贵州龙个体小,价格适宜,体积不大,很适于个人爱好者收藏,深为海内外化石收藏者青睐。

(3)美:爱美之心人皆有之,化石鉴赏和收藏除"真"、"稀"这两个必要条件之外,还有一个通常标准便是"美"。其实,对化石而言,"美"包含诸多内容,如化石普遍都有纹饰(花纹)、形态、色彩、质地等内容。而这些都有美的内涵。如菊石化石的缝合线"美"是千姿百态的(见图版43)。

①纹饰(花纹):是不同古生物骨骼、古植物茎、叶、花形成化石后所具有的纹饰。这在无脊

椎动物和植物化石中常见,较典型。不同种的三叶虫、角石,其纵向切面所反映的纹饰是不同的,如震旦角石其纵向切面是叠层状漏斗形隔壁和管体,阿门角石的纵向隔壁呈弯曲状。而不同种的腕足动物化石,如石燕和珊瑚化石,也都具有不同的花纹(如图7-3所示),作为"美"的内容之一,化石保存形体完整,大小骨骼完全分明也是"美"的重要因素。

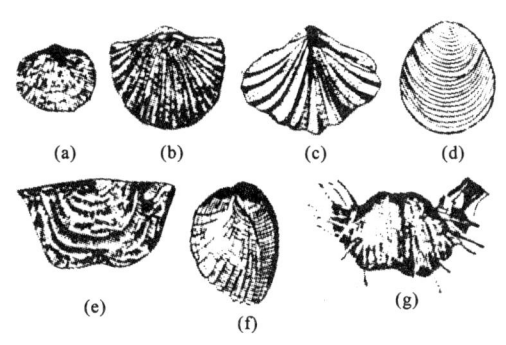

图7-3 腕足类的壳饰
(a)~(c)—放射状纹饰;(d)~(e)—同心状纹饰;f—网格状纹饰;g—刺壳纹饰

②形态:是古生物形成化石在地层中保存所具有的硬体(骨骼、外壳)构造和极少数皮肤或羽毛印痕的形态。除脊椎动物中大型的陆地动物的骨骼常作装架陈展外,其余的脊椎动物、无脊椎动物都是以埋藏状态(即从地层中发掘出的形态)作为展陈、观赏的对象。因此完整的骨骼、外壳自然比不完整的要美。再如有些鱼化石周围有水草和虾化石,有的鱼化石其脊椎成弯曲状埋藏,这比侧躺扁平埋藏的状态要好看得多。前者如鱼在水草之中与虾嬉戏共舞,而后者却如鱼沉水底。

③色彩:化石的颜色除化石本身的色彩外,还需考虑化石本身与围岩的颜色对比及反差程度。埋藏于地层中的古生物体,由于其形成化石的地质环境的不同(如浅海环境、滨海环境、陆相河、湖环境等),造成化石的颜色与围岩的颜色不同。就围岩而言,海相(浅海)沉积以化学沉积为主,多形成石灰岩(碳酸盐);滨海相沉积则多为碎屑岩(泥砂质岩石);陆相沉积多为氧化环境下的碎屑沉积(以砂粒为主,夹少量泥质且颗粒较粗),围岩以褐红色为主,这是因为岩层长期暴露在干旱的氧化环境中,使砂粒中的二价铁(Fe^{2+})氧化成三价铁(Fe^{3+})所致。保存在这种围岩中的恐龙蛋常为青灰色,与围岩形成明显的对比,其视觉效果比恐龙蛋与围岩的颜色相同效果要好。还有褐黄色的王冠虫(三叶虫)与深灰色泥质页岩的围岩呈鲜明的色彩反差,不仅醒目,而且美观。

④质地:是指化石本身的质地,其石化程度高者,手感较重,质地较好。这取决于化石在形成过程中被何种矿物成分所替代,如陆龟化石,市面上多为白色钙化而形成的化石,而作者曾收藏过一件硅化的陆龟化石,其背壳、腹壳皆为浅灰色质地坚硬的硅质(化)壳。而一件硅化的陆龟化石比白色钙化的陆龟化石价格上要高出4~8倍。化石的质地是在石化过程中形成的。除了上述的钙化、硅化外,还有铁化、碳化。而植物化石的叶、花、昆虫化石,笔石化石多为升镏作用(其中O_2、H_2、N_2逸出)残留的炭质膜状物。

此外化石的质地还与其形成的地质时期长短和化石产出地层遭受风化作用的程度有关。通常而言,老地层中的化石比新地层中的化石质地要好,如我国贵州三叠纪海相地层中的鳞齿鱼比新生代老第三纪陆相地层中的骨唇鱼(湖北、湖南产)的质地相对较好。就风化程度影响化石而言,风化程度愈低的含化石层保存的化石较风化较甚者质地要好。

三、化石观赏石文化

化石是地球上大自然赋予的自然文化遗产。它是地球的自然资源之一,当然具有自然属性,又因为化石是地球历史的发展的见证,它是地球"印在"地层中的历史记录。它记载了地球上生命的形成、生物的发展,直到人类的诞生这一地球自46亿年前形成以来生命发生、发展的全部过程。人类诞生以后,也逐渐认识了自己所居住的星球,并由浅入深地基本上读懂了地球和人类自己的成长历史。这一认知过程便是人类以化石为载体的人文意识活动。它包含了人类对化石的科学认识和艺术思维。故化石——古代生物体石化了的生命见证,是人们对它进行科学思维和艺术想象的无限空间。因此化石又具有鲜明的文化特征,即人文属性。

阐发和弘扬化石文化主要基于这一点,即关于生命的起源和演化的观点,其贯穿于化石文化的全部历史。这一事实真象的发掘,几乎是从人类社会发展的初期即原始社会时期,便朦胧地感觉到这些古代动物的遗骨绝非寻常之物。到奴隶社会更将尚不能对其进行科学解释的化石奉为神灵,往往参与着一些巫术、占卜等活动,主要表现在上古神话的原始宗教活动中,原始时代的人们从朦胧中将他们发现和采集的化石当成"神灵"来崇拜。进入封建社会后,中国和欧洲对化石文化在认识上存在着很大的差异。这时的欧洲宗教势力占统治地位,化石文化为宗教所利用、统治和垄断,对化石的解释绝不能违背"上帝创造万物"的教义。而在中国却没有出现这种神权高于一切的宗教权威意识。正因为如此,中国对化石性质的科学解释,其水平远远高于当时的欧洲,领先其400多年。中国在这个阶段创立了辉煌的化石科学文化,但这种对化石的科学认识,由于封建的生产关系的束缚,并未得到系统、科学地归纳,从而落后于经过"文艺复兴"运动后的欧洲。这时的欧洲,"文艺复兴"运动从观念形态上向封建的、神学蒙昧主义的思想领域进行了挑战,冲破了欧洲中世纪的黑暗。化石科学文化作为这一时期的重要内容在文化发展史上占有了重要地位,其核心内容是渐趋成熟的生物进化论逐渐战胜一直由教会势力所把持的神创论。其代表人物有意大利著名科学家、画家达·芬奇(Leonard Da Vinci,公元1452—1519年),他提出了有关"化石乃生物之遗骸"的科学解释。此时的达芬奇在意大利北部主持设计和挖掘工作,他多次从挖掘的岩层中发现贝壳化石,经过反复的观察,他认为:当这些贝壳还在海岸附近的海底上生活的时候,河里冲下的泥沙将它们掩埋了,并且渗入它们内部,使贝壳变成化石。他还认为,这些化石是现在还生活在海洋中的那些动物的祖先。年青的达·芬奇断然否定了《圣经》上说的这些贝壳化石是"世界大洪水"的产物。达·芬奇的见解为欧洲"文艺复兴"时代(15~16世纪)的科学复兴打开了通向真理的大门。到17世纪,英国著名科学家胡克(R. Hooke,公元1635—1703年)提出了关于化石来源的重要议题来反对"海生化石是诺亚洪水造成的"臆说,并在18世纪提出了化石的系统分类,奠定了化石文化向前发展的基础。进入19世纪初,进化论的先驱者拉马克(J. B. Lamarck,公元1744—1829年)在他的《动物学的哲学》中提出:"所有的生物都不是上帝创造的,而是进化来的。"其后英国地质学家赖尔(Charles Lyell,公元1797—1875年)的《地质学原理》问世了,提出了地质渐变论,完善了生物进化理论,把地质古生物学的发展引导到正确的科学轨道上来。19世纪古生物学上最重大的成就是查理斯·达尔文(C. R. Darwin,公元1809—1882年)的进化论的发表。他在他的《物种起源》(1859年)一书中提出了以自然选择为核心的进化论,他用大量的从其环球考查中得到的实际资料论证了"遗传性变异是新物种产生的唯一方法"。第一次对整个生物界的发生、发展作出了规律性的科学的解释。达尔文的进化论一经发表,立即引起英国保守势力和宗教势力的疯狂反击。经过1860年6月的"牛津大论战"的激烈交锋,进化论终于战胜神创论,并迅速传遍全世界。古生物学最终成为一门独立的学科,它标志着化石科学文化从此走向兴盛,从19世纪末期开始,作为一门独立学科的古生物学得到了空前的发展,并与其他学科相互融合,使其研究领域迅速扩展,尤其是与地质学、生物学的结合研究,促使这几门学科的共同发展。恩格斯在总结19世纪自然科学成就时指出,达尔文的进化论是19世纪前半叶科学三大发现之一(其他两项是:能量守恒定律、细胞学说)。达尔文生活的时代已过去100多年了,随着科学的进步,证明了达尔文的理论不仅是正确的,并已为广大群众所接受。

当欧、美各国进入资本主义发展时期,我国仍处于长期的封建社会里,自1840年以后沦为半殖民地、半封建社会,科学事业就停滞不前。但是,中国的化石观赏石文化由来已久。考古资料证明,中国自原始社会迄今至少经历了170万年的发展历史,是世界上最早使用火,发明弓箭、制陶、农牧业、天文和医药等最早的国家。"科学的发生和发展一开始就是由生产决定的"(恩格斯《自然辩证法》)。到了春秋战国时期,随着奴隶制向封建制的转化,科学技术出现了奴隶社会所不能比拟的发展。特别是战国时期,生产力得到空前的发展,构成后世中国古代科学技术体系的许多科学技术知识及各种学说,都在这时形成了初始的状态与特征。

由于生产的发展,交通、贸易随之发达,殷商的势力范围已达到长江以南的广大地区,人们视野更加广阔,地理知识愈加增多,积累了大量耳闻目睹的地理资料,《山海经》、《禹贡》、《管子·地员》及《范子计然》等著作,正是顺应这一需要而诞生的地学著作。

据考证,《山海经》大约诞生于我国春秋时期中叶至战国时代(即公元前5—前3世纪)之间。其内容记载了我国古代的山川、动物、植物和民族分布情况。其中"五藏山经·五卷"记载了岩石矿物89种及其产地309处,同时还依据矿物、岩石的一些性状分别给出了名称,其中文石、白垩、碧玉、磁石等名称沿用至今。值得提及的是,西方人一直认为古希腊学者鸠弗拉斯托斯(Theophrastus,公元前374—前287年)所著的《石谱》(《A Treatise on Stone》)是世界上最古老的地质矿物文献,其《石谱》仅记载了16种矿物和岩石。当古希腊人的《石谱》问世的时候,我国的《山海经》已经传世200来年了,它才是世界上最古老的地质矿物学文献。

此外,我国古代先民对古生物化石的认识,在《山海经》中亦有记述,它也是最早记载化石的我国古代文献。《山海经·中山经》记载:"又东二十里,曰金星之山,多天婴(又名九婴),其状如龙骨,可以已痤。"这段话说明"龙骨"是从天婴演化而来,"龙骨"早在2 000多年前就被我们的祖先用作中药了,它是我国对脊椎动物的骨骼化石和牙齿化石的俗称,这也是"龙骨"称谓一词的由来。"金星之山"据郝懿行在《山海经笺疏》中所注,"《本草别录》云:'龙骨生晋地川谷、及大山岩水岩土穴中死龙处'"。又成书于春秋末期的《范子计然》下卷说:"龙骨出河东。""河东"即山西。"龙骨"作为中药,可以治水肿、粉刺等。

《山海经·海外西经》指出:"龙鱼陵居在其北,状如狸①,一曰鰕。即有神圣乘此以行九野。一曰鳖鱼在夭野北,其为鱼也如鲤。"这里所指的是外形似鲤鱼的鱼类化石;当时有"鰕"、"鳖鱼"等名称,但都是指鱼类化石。这是我国最早的关于鱼化石的记载。这比希腊人鸠弗拉

---

① 狸:郝懿行按:"狸字当为鲤字之讹。"

斯托斯在《石谱》一书中记载"鱼化石是鱼卵散布于石,然后硬化成化石"这一说法要早200年。

对于象化石,我们祖先很早就对它有所认识,在《韩非子》一书中就有记载:"人稀见生象也;而得死象之骨,案其图以想其生也。"此后,几乎历代都有涉及"龙骨"等各类化石的记载。

以上所举,只是我中华典籍中最早对化石的记述和认识。据章鸿钊先生统计,从《汉书》到《大清一统志》这20部史书中共记载有:"石鱼产地计20余处,石燕产地约40处,龙骨产地计20处,其余蛎壳、蛤蚌壳、蜂石、多福虫、石蟹、石莲子等亦复多所引载。"但是,著者们对化石成因的解释,往往是见仁见智的,不能也不必用现代古生物学和地质学的科学认知去苛求古人。以下再呈我国古籍中最早记载的一些化石供读者欣鉴。

除前述在《山海经》中简约提到的鱼化石外,比较详细记述鱼化石产地、性状的古代著作有《后汉书·郡国志·南郡》,其中庐侯国注云:"荆州记云:是杉县马头山,又县南15里有涑水,东流注沔。水中有物如马,甲如鲜鲤,射不可入。七八月中好在迹上自曝,膝头似虎掌爪,汲本鲮作鲛。王先谦谓:水经沔水注作鲛。"这是记述在水底岩石上发现的鱼化石。

我国古籍中还有更精彩的关于鱼化石的记载。东晋末年,沈怀远在《南越志》(全书一卷十三则)第三则中记载:"衡阳湘乡县有石鱼山,下多玄石,石色墨而理若云母,发(拨)开一重辄有鱼形,鳞鳍首尾,宛若刻画,长数寸,鱼形备足,烧之,作鱼膏腥,因以名之。"沈怀远在这里描述的是一种形体较小的鱼化石。他将鱼化石产地、外形、化学性质以及产鱼化石的岩石的颜色、页理,甚至提到古代先民已掌握的鉴别鱼类化石的化学方法,即用火烧石鱼,若散发鱼腥味的,即为鱼化石。这种鉴别方法,不但在中国,而且在世界上也是最早的。湘乡县石鱼山至今盛产鱼化石,经鉴定为下第三系始新统鲤科的骨唇鱼($Osteochilus\ Linliensis\ Tang$)等。在湘乡盆地下第三系泥、页岩中盛产这类鱼化石。此后,到了北魏时期,郦道元在《水经注》卷三十八中将产于湘乡县的鱼化石叙述得更加详尽可靠了,在此不予备述。

石燕——腕足类动物化石早在东晋孝武帝宁康三年(公元375年)前后,罗含在《湘中记》中就记载了湖南零陵地区出土的外形像燕子的石燕化石。他记述:"石燕在零雲县,雷风则群飞翩翩然。其土人来采有乾者,今合药或用。"又曰:"石燕在泉陵县,雷雨则群飞然,其土人稀有见者。"说明石燕在湖南的产地不止一处。北魏郦道元的《水经注》对石燕有进一步的叙述:"湘水又东北,得芼口水出永昌县北罗山东南流,迳石燕山东,其山有石,绀而状燕,因以名山。其石或大或小,若母子焉。及其风雷相薄,则石燕群飞。颉颃如真燕矣!罗君章(即罗含)云:'今燕不必复飞也。'"在这里最后引罗含的话"今燕不必复飞也",指出已经变成化石的石燕自然是不会再飞的。

石燕是已绝种的海生无脊椎动物,为腕足动物门、有铰纲、石燕贝目($Spiriferida$)。生存于早奥陶世至晚侏罗世;晚古生代较多,以泥盆纪最盛(生存年代约为5亿年前至1.36亿年前)。常见的有:①弓石燕贝($Cyrtospirifer$):古籍中记载的产于湖南零陵地区的"燕子石"多为弓石燕贝。其主要产于上泥盆统泥灰岩及泥岩中。此种也是治疗妇女难产、淋疾等疾病的常用中药(如图7-4所示)。②巅石燕贝($Acrospirifer$)和阔石燕贝($Euryspirifer$),这两者外形十分接近。其主要区别是阔石燕贝壳体横长要大,主端尖突,状若飞燕;中隆、中槽较宽,侧区壳褶多(如图7-5所示)。主产于广西、广南和象州中泥盆世地层中。

另外,腕足动物中还有一种个体最大的(体径常大于10cm)、属穿孔贝目的海生底栖生物鸮头贝($Stringocephalus$),壳近卵形,腹喙高耸,近等的双凸。主产于桂中及滇东一带中泥盆统泥灰岩、灰岩及白云岩中,多个连生而完整的标本最具观赏收藏价值。武汉中华奇石馆收

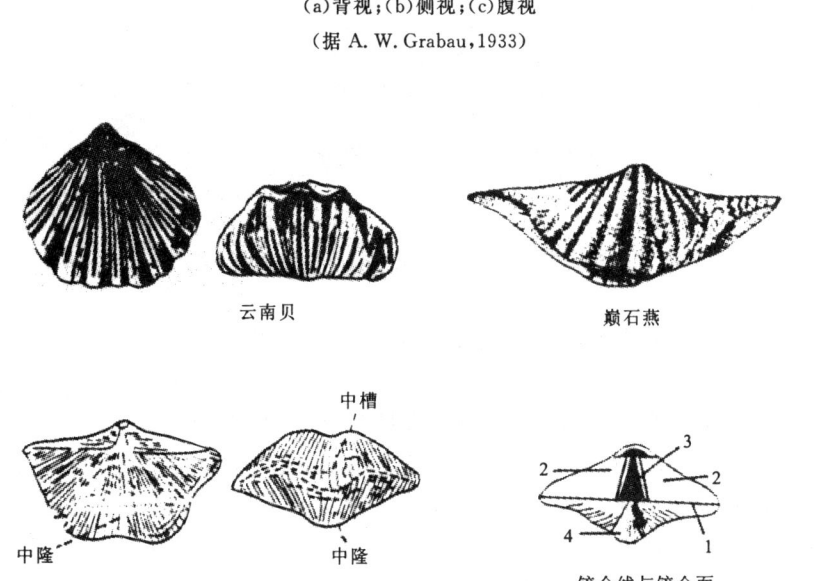

图 7-4 弓石燕贝
(a)背视;(b)侧视;(c)腹视
(据 A. W. Grabau,1933)

云南贝　　　　巅石燕

示壳的中隆和中槽　　　铰合线与铰合面
1—铰合线;2—铰合面;3—三角孔;4—中隆

图 7-5　巅石燕贝

藏展出的一板鸮头贝群体化石高 4m 余,宽约 0.8~1.2m,整板有紧密排列的鸮头贝共数百个,是目前所见体积(面积)最大、鸮头贝在一整板上数量最多的化石。鸮头贝还是中泥盆世地层的标准化石(如图 7-6 所示)。

最早记载三叶虫化石的是我国东晋初年的郭璞(公元 276—324 年)。他在《尔雅·释鸟篇》一书第十七注中曰:"蝙蝠另名蟙䘃,齐人用蝙蝠石作蟙䘃砚。"三叶虫属一类已经完全绝灭的古生代节肢动物(门)三叶虫纲。其整个虫体外壳横向可分成头部、胸部和尾部,纵向(即胸部)又明显地分成一个轴部和左右两个肋部等三部分,故而得名。蝙蝠三叶虫(Drepanura)属褶颊三叶虫目,其本名为镰尾虫,由于尾部第一对肋节伸出成长刺,两长刺间成锯齿状,形似蝙蝠,因此,自古名为蝙蝠石,一直沿用至今,以致本名少为人知。如图 7-7 所示为晚寒武世早期地层的标准化石。西方直到 1698 年才有名为鲁德的人开始认识三叶虫化石。三叶虫化石以产于我国山东泰安、沂山、莱芜等地最为著名。蝙蝠石为鲁砚用石至少始于东晋,据清人王渔洋《池北偶谈》记载,明崇祯年间,有人春游泰山时投宿大汶口,在大汶河中拾得一块尺余长的"蝙蝠石"。背负一小蝠,一蠹(注:即为三叶虫胸部之轴部)。"腹下蝠近百,飞者伏者,肉羽如生,蠹右天然有小凹,可以受水,下方正受墨"。得之者如获至宝,巧作成砚,循其形,谐其音且美其名曰"多蝠（福）砚"。同时镌刻铭文于其上云："泰山所钟，汶水所浴，坚韧似铁，温莹如玉，化而为鼠耳，生生百族。不假雕饰，天然古绿，用以作砚，龙尾继躅，文字之详，自求多福。"此后蝙蝠石砚声名日盛，清中期以后，当时的《西清砚谱》曾将它置于"端砚"之前，使之名列前茅。

 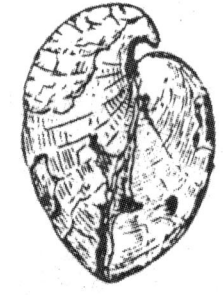 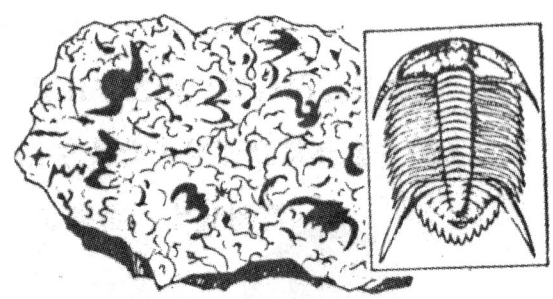

图 7-6　鸮头贝　　　　　　图 7-7　蝙蝠石

在此介绍一些有关三叶虫的常识，三叶虫在古生代初的寒武纪（距今 5.4 亿年）盛极一时，寒武纪被称为"三叶虫时代"。往后三叶虫逐渐衰微，过去认为三叶虫在古生代末期的二叠纪便彻底灭绝了，但 20 世纪 70 年代（1977 年）又在四川木里县桐翁山区下三叠统（距今 2.5 亿年）偶然发现，后定名为"假菲利浦斯三叶虫"化石。它说明三叶虫的灭绝是一个渐进过程，不是一下子同时在所有地区全部灭绝。这完全符合达尔文的观点。达尔文在论及生物绝灭问题时说："物种和物种类群的消失是逐渐地，一个接一个地发生，起初是在一个地方，以后在另外的地方，到最后才在整个地球上消失。"

震旦角石（*Sinoceras*），这是一种类似"竹笋"或"宝塔"外形的、生于 4 亿多年前古生代中奥陶世海洋中的软体动物化石，属头足纲鹦鹉螺超目，是我国特有的中奥陶世地层的标准化石。湖北省宜昌地区盛产这类化石，是化石收藏爱好者收藏的主要化石品种。在我国为数众多的化石中之所以要介绍震旦角石，是因为它在我国悠久的化石文化中占有特殊地位，它是作为化石观赏石迄今保存时间最长的实物，并且其年代可考，传承有序，十分难得，十分珍贵。

1967 年冬，在江西省武宁县旧县城石家祠堂的乱石堆中，发现一块规则的青灰色长方形石块，长 19cm，宽 11.4cm，厚 2.5cm；其正面是由充填白色方解石的一层层梯板组成的"宝塔"形纹饰。其左侧面刻有北宋诗人、书法家黄庭坚（公元 1045—1150 年）的一首诗："南崖新妇石，霹雳压笋出；勺水润其根，成竹知何日？"黄庭坚是北宋分宁（今江西省修水县）人，系江西诗派的创始人，著有《山谷文集》。诗中提到的南崖在修水县城东，为修水历代名胜。据县志记载，黄庭坚曾多次游历此山，并撰有诗文。江西省武宁、修水等地亦广泛分布奥陶系地层，这种震旦角石也发现不少。黄庭坚当年得此化石并非偶然，经考证，题诗应在北宋神宗元丰三年（公元 1080 年），黄庭坚时年 35 岁，由此推断此化石观赏石标本迄今已达 900 多年。这件珍贵的震旦角石观赏石标本在 900 多年前就能在其纵横两个方向磨出切面，且正好磨到关键的体管部位，富有立体感，几乎完全符合现代研究这类化石科学的切磨要求，才能使后人勿需进一步加工就能准确地鉴定出该化石的属种，如图 7-8 所示。

鹦鹉螺类动物从生存于 4 亿多年前的古海洋发展到现代几乎全部灭绝了。就目前所知，仅剩下一个属四个种,且极为罕见,是典型的"活化石"。鹦鹉螺是现代乌贼、鱿鱼等浅海常见动物的远祖,它们都用鳃呼吸,有一对大眼睛和许多触手或触须,并且都是靠喷水而向后迅速运动。由于古老的鹦鹉螺类有一个大而笨重的钙质外壳,大大限制了它们的活动能力,因而在生物竞争的演化进程中逐渐被淘汰,完全符合"优胜劣汰"的生物进化规律。现代海洋中常见的乌贼、鱿鱼,其外骨骼完全退化,行动变得十分自由灵活,赢得了竞争优势,从而发展成为现今海洋中的常见动物。

琥珀化石(Amber)。"兰陵美酒郁金香,玉碗盛来琥珀光;但使主人能醉客,不知何处是他乡"。唐代诗仙李白的一首《客中作》,用精美名物,华藻辞章,道出了如琥珀般奇光异彩和郁金香般沁人心脾的兰陵美酒,可见我们的先人早就认识了美丽而珍贵的琥珀。较早记载琥珀化石的古籍有《汉书·西域传》,称琥珀为"虎珀"。东汉王充(公元27—约97年)《论衡》中有"顿牟掇介"之说。此"顿牟"即指琥珀。"顿牟掇介"指琥珀经过摩擦后会生电,并能把纸屑吸引起来。较晚的还有西晋张华①的《博物志》。据《博物志》卷四记载:"神仙传云:松柏脂入地千年化为茯苓,茯苓化为琥珀,琥珀一名江珠。今泰山出茯苓而无琥珀;益州永昌出琥珀而无茯苓。"南北朝时期,郭氏所撰之《玄中记》(全书一卷)也说:"松脂沦入地,千岁为茯苓,枫脂沦入地中,千岁为琥珀。"东晋王嘉(?—390年)《拾遗记》载有"汉武宝(元)鼎元年(前116年),西方贡珍怪,有琥珀燕,置之静室,自于室内鸣翔。"这可能是由于某种原因导致琥珀带电的现象。《隋书·波斯传》记载"波斯出琥珀"。

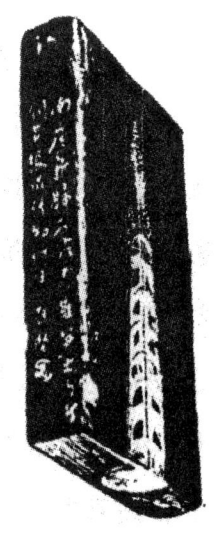

图7-8 "竹笋"图——中华震旦角石

到唐代,人们对琥珀的认识更进一步了。著名诗人事韦应物(公元737—约787年)在《韦江州集·卷八》中写了一首著名的《咏琥珀》的诗——"科学诗"云:"曾为老茯神,本是寒松液;蚊蚋落其中,千年犹可觌。"韦应物生动而科学地描述了琥珀的来历,对保存在琥珀中的古老蚊蚋等昆虫化石的形成过程,所述几乎完全合乎现代古生物学关于含昆虫琥珀化石的形成理论。充分表现了公元8世纪时唐代士人渊博的学识以及对大自然观察的细致,在古代众多的诗人诗作中,实为难得一见的科学诗佳作。这在1 000多年前,对琥珀化石的成因能有如此见解,表现了我国古代先民的卓越智慧,实在难能可贵。

无论是西晋张华,还是唐代的韦应物在论及琥珀时都同时提到茯苓。这两种东西如宋朝医士陈承(公元1090年)在《别说》中云:"两物皆自松而出,而所禀各异,茯苓出于阴者也,琥珀生于阳而成于阴。"据现代观察发现,陈承的看法是科学的。茯苓($Poriacoccos$)是一种真菌生物,它多生于马尾松、黄山松和赤松根部,为真菌类的结聚体,既可入药,亦可食用。琥珀是由碳、氢、氧组成的有机物(化学成分为$C_{20}H_{32}O_2$)的非晶质体,是中药常用的安神药之一,同时也是世界上名贵的有机质宝石饰品。古代传说它是老虎死后的精魄入地所变成的,故而取名琥珀。古代民间多用琥珀做成坠儿挂在幼童胸前,以辟邪驱魔,祈求平安。从中药药性而言,茯苓和琥珀两者的药性和功能相近,如味甘平、无毒,主安五脏,定魂魄,消瘀血,通五淋等,而

---

① 张华(公元232—300年)为西晋大臣,文学家。其所撰《博物志》凡十卷。原本散佚,后人采其遗文裒合成书。

且燃烧时都有类似的松香味。不过琥珀的真正价值远非是中药药性和珍贵的有机宝石,而是它在科学上的意义。

琥珀之中包藏的纤毫毕现的远古生物,如昆虫、植物、甚至小鸟、青蛙等(见图版41),才是深深吸引科学家们注意的焦点。人们透过琥珀中的小动物或植物,看到了远古世界的吉光片羽。它可能包含有3亿年前的石炭纪至1亿年前白垩纪有关生命的宝贵信息。1983年,美国加利福尼亚大学生物学家G. Pona对一块产自波罗的海的琥珀发生了浓厚兴趣。这块琥珀内部,包裹着一只4 000万年前的小虫化石。为此,G. Pona将这块琥珀小心地剖开,发现琥珀包裹的小虫竟然没有腐烂,它的柔软组织仍然保存得非常完好。他从这只小虫的腹部切下一薄片,放在电子显微镜下仔细观察,其结果使G. Pona大为兴奋,尽管这块琥珀距今已有4 000万年的历史,但小虫的细胞和亚细胞结构的复杂组织都丝毫无损地保存了下来。为了验证这块历史悠久的琥珀,G. Pona请波兰华沙学院的一位化学考古学家C. Back测试,经过电子计算机分析红外光照射琥珀所产生的光谱线,证实确为4 000万年前的琥珀,并对G. Pona的惊人发现极感兴趣,计划从这个古老小虫的组织中,获取遗传因子DNA,再放到活的细菌中去复制出这样的DNA,然后拼接到现在同类小虫的DNA中去,那么就有可能培育出具有古老小虫特性的小虫来。又据外讯,20世纪90年代中期,两个美国科学家小组利用聚合酶链反应(PCR)技术已经从多米尼加琥珀中分别独立地提取和排列出了已知最古老的3 000万年前的动物DNA,这是渐新世时期蚂蚁化石的DNA。

琥珀是树脂形成的化石,除了松树树脂外,水杉、红杉、杨梅和桃树的树脂都能形成琥珀化石。它由碳、氢、氧等组成($C_{10}H_{16}O$),其中:C为79%,H为10.5%,O为10.5%,有的还含有少量H_2S(硫化氢)。一般为非晶质体。呈树脂光泽,有的具珍珠光泽。透明至半透明。折射率1.539~1.545。硬度2~2.5。相对密度1.1~1.16。质轻。摩擦会产生静电。可溶解于酒精中。在250℃~300℃时亦可熔融。

琥珀质量的优劣一般是依其颜色来评定,红色者血珀为最佳,色黄而明莹者金珀次之,鹅黄者为腊珀(蜜腊)较次,但其含虫明晰者列为上品。一般质佳者多为有机宝石级饰品,质量最差的才充作药用。其他还有:相对密度较大的石珀;纹如松针、红白相间的花珀;颜色浅黄、表皮粗糙的水珀;色如松香、红黄兼显的明珀;还有芳香沁人的香珀,亦为珍稀种类。《南史》记载有"潘贵妃琥珀钏一双,值百七十万",足见当时琥珀价值之昂贵。

世界琥珀产量最多的地区,首推俄国波罗的海沿岸第三纪始新世地层中。据统计,仅从1855年至1914年间,每年产量约45万吨,总产量可能超过1 000万吨,其中找到了12万件带动植物化石的琥珀,曾保存在俄国科尼戈斯堡大学地质学会博物馆,但经过第二次世界大战,这批令人叹为观止的藏品大多已遗失。尽管世界各大博物馆都有不少的琥珀,但加起来也比不上那份遗失的收藏品。著名的英国伦敦自然历史博物馆也只有25 000件琥珀化石。历史上最值得一提的是,普鲁士国王弗理德里克一世当年曾用琥珀装饰了一座价值连城的房子作为送给俄国彼得大帝的礼物,这便是俄国历史上最负盛名的琥珀宫。国外著名的琥珀产地还有南美的多米尼加共和国,其储量可观,质量亦好。罗马尼亚也曾是世界上琥珀的主要出产国之一,并将琥珀定为"国石"。

琥珀既然如此珍贵稀有,其中必有赝品,琥珀造假,自古有之,于是也就有了鉴别其真伪的试验。晋朝陶宏景(公元452—536年)就知道用手心擦热琥珀并能使之拾芥者为真琥珀的方法;宋朝的雷敩则用布擦琥珀拾芥,以鉴别琥珀之真伪。这种以摩擦琥珀产生静电的原理应用于实践,这在"电"的历史上比外国早 1 000 多年。波义耳(生于 1627 年)写的《电的起源》一书中说到的琥珀吸棉球是二者之间相互作用(即静电作用)的结果就更晚了。

中国也是世界上著名的琥珀产出国之一,以辽宁省抚顺、云南省苍山、河南省西峡等处最为著名。其中以西峡的产量最大,其主要集中在一个断续长约 100km、宽约 4.5km 的狭长地带,其中重阳乡两年间曾挖掘出约 2 000kg;最大的一窝琥珀曾挖出 3 874kg,当时售价 248 600 元。至于云南琥珀,古籍中记载颇多,在明朝谢肇制所著《五杂俎》一书中写道:"尹望山谈到他任云南制尹时,见到琥珀中有蜂蚁杂虫。琥珀大如西瓜,小如龙眼荔枝,不下千余,当时无不以为奇。"甚至还有记载称,某人的小顽童砸碎琥珀取出其中的蜘蛛把玩呢!但在我国琥珀产地中,产量稳定、质量上佳者仍应首推辽宁省抚顺。

地球上最古老的生物化石为产于非洲南部阿扎尼亚昂威尔瓦赫特(Onverwacht)群中的球形、椭球形化石,直径只有 $2\sim6um(10^{-6}m)$,距今约 37~34 亿年,被称为"伊索拉姆原始细菌",被认为是世界上已知最古老的"似生物形态",它是地球生命的始祖。地球上最早出现的陆地植物为裸蕨类的库逊蕨(Cooksonia),时代为 4 亿年前的晚志留世,产于格陵兰。最古老的乔木类植物发现于我国湖南省澧县,长 2m,称为"巴尔兰德",时代为距今 3.6 亿年前的泥盆纪。不过,在地球发展初期阶段最原始的单细胞生物中,很难区分出哪个是动物或植物,但随着生物演化,一部分生物发展了运动摄取食物的能力,一部分发展了应用无机物自我创造食物的能力,这便是最早的动植物分野。

据《中国科学技术史》的作者,英国学者李约瑟的研究,最早提出松树能成为化石的是公元 3 世纪西晋(初)时代的张华。我国有关松树化石的记载很多。《新唐书》第 217 卷中"回鹘列传"就记载了落在康干河的松树,"三年辄化为石。色苍致,然节理犹在,世谓康干石者"。当然松树形成化石仅三年是远远不够的,但这说明我国先民早在唐代就已经知道有植物化石了。这些松柏科化石在唐末(10 世纪)也曾引起唐代诗人的注意。著名诗人陆龟蒙(?—881 年)在其《二遗诗序》中的一首诗里曾提到浙江东阳永康县之松化石,诗曰:"东阳多名山,金华为最大;其间绕古松,往往化为石。"这是 10 世纪时我国古人对松柏科植物化石——硅化木的形象而生动的描诵。较陆龟蒙稍早一些的杜光庭(公元 850—933 年)在他的《录异记》中,也有类似的有关金华硅化木的记载。而欧洲人认识硅化木其时间最早为 18 世纪。

到了宋代,北宋"百科全书"式的科学家沈括(公元 1031—1095 年)在其名著《梦溪笔谈》中也记述了植物化石,他在该书第 21 卷《异事篇》中描述:"近岁延州永宁关大河岸崩,入地数十尺,土下得竹笋一林凡数百茎,根干相连,悉化为石。……延郡素无竹,此人在数十尺土下,不知其何代物。无乃旷古以前,地卑气湿而宜竹耶?婺州金华,山有松石……皆有成石者,然其地本有之物,不足深怪;此深地中所无,又非本土所有之物,特可异耳。"延州是指现在延安地区延安市及附近延长、延川等县。北宋神宗元丰三年(公元 1080 年)沈括到延州出任鄜延路经略安抚史,主管西北边防事务。他在延川入河口,即延州永宁关(今延川县延水关)附近的河岸崩塌处深达数十尺的地层中,见到根干相连的数百茎"竹笋",判断已"悉化为石"。沈括所见到"悉化为石"的植物,据现在对该地进行地质调查,它应为中国古代蕨类植物中的新芦木和拟带蕨等,属于三叠纪(距今 2.5 亿~2.03 亿年)的古植物。其中新芦木(*Neo calamites Halle*)类似竹类,如茎分节清楚、中空;叶轮生于节上,长度大于节间,叶尖指向上前端。芦木(图 7-9)外形似现代水边的芦苇。芦木属于蕨类植物门楔叶纲木贼目(Equisetales)。其中有些属种的化石根茎保存极似我们熟悉的现代竹茎,如似木贼(*Equisetites Sternberg*),如图 7-10 所示。

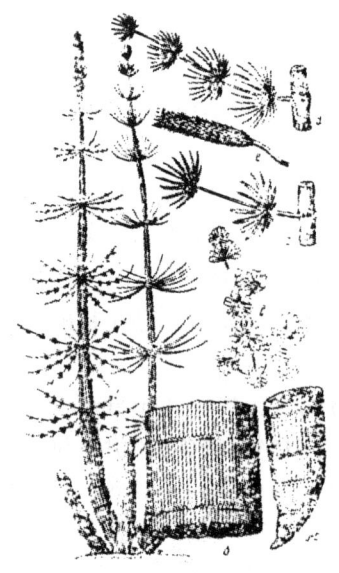

图 7-9 石炭纪和二叠纪常见的芦木

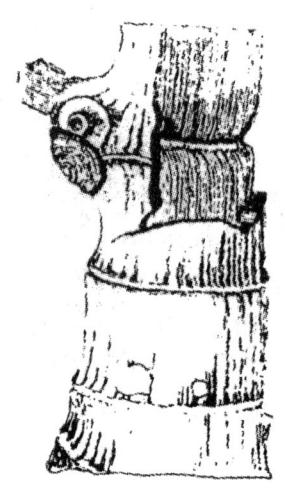

图 7-10 似木贼
德国伍登堡,三叠系。注意上部的分枝、
关节盘和部分茎外表脱落后露出的髓模
(引自 M. Hirinel,1927)

沈括在记述"竹化石"出土的事实时,作为一位资深的北宋科学家,立即作出了分析:他想到北宋时期延州一带气候干燥,向来没有"竹子"生长,而我国竹子主要生长在秦岭以南,于是沈括推想,也许在远古时代,当地的气候是温暖湿润的,适于"竹子"生长。这种根据化石(物候)而推断古代气候和古地理变迁的方法,西方直到 19 世纪 40 年代才使用。尽管在近 1 000 年前沈括还不能具有现代古生物学(古植物学)的分类知识,但他在利用化石而用"以古证今"的方法上,无疑对世界科学作出了杰出的贡献。

类似以上的记载,在沈括的《梦溪笔谈》中还有记述。如他在该书第 21 卷、第 18 则中写道:"治平中(北宋英宗年间,公元 1064—1067 年),泽州(今山西晋城地区)人家穿(掘)井土中,见一物,蜿蜒如龙蛇状,畏之,不敢触,久之,见其不动,试扑之,乃石也。村民无知,遂碎之,……求得一段鳞甲,皆如生物,盖蛇蜃所化,如石蟹之类。"沈括在此所描述的"蛇蜃化石",用今日之古生物学知识鉴别,极有可能是鳞木化石,并非动物化石。因蛇类化石迄今所发现的,仅见骨骼化石,尚未发现蛇皮化石,因蛇皮是极难保存而成为化石的。考虑晋城地区的地质背景,其石炭纪、二叠纪煤系地层在该地十分发育,其中所含高大的鳞木茎干化石是比较常见和普遍的。鳞木茎干上的针叶脱落以后,会呈现出菱形、纺缍形的叶座且作螺旋状排列,其外形甚同蛇皮状。沈括在这里从时间上、空间上首次评述了世界上发现鳞木化石的经过,不能不说是古生物学文献上的重要记录。如图 7-11 所示为鳞木属蕨类植物门、石松纲、鳞木目,是重要的成煤植物。鳞木($Lepidodendron\ Sternberg$)为高大乔木,茎干直立,可高达 40m,上部二岐分枝,枝上密生螺旋状排列的针形叶,针叶脱落后会残留下类似蛇皮鳞状的大疤痕。鳞木目已知约有 100 余种,广泛分布于北半球各处。其地质时代为石炭纪、二叠纪。

鳞木目中还有一种封印木($Sigillaria\ Brongniart$),其表皮因表层脱落程度不同,亦常有类似蛇

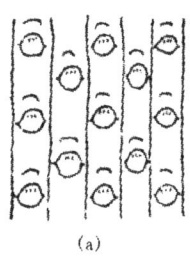 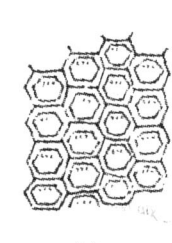 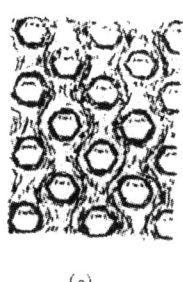 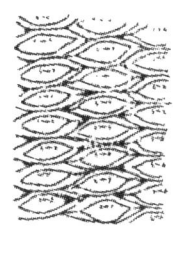

图 7-11 封印木叶座排列示意图
(a)—纵脊型；(b)—蜂窝型；(c)—光皮型；(d)—格子型
(引自《中国古生代植物》，1974)

皮鳞状疤痕(见图版 45)。封印木亦为石炭至二叠纪重要的造煤植物，广泛分布于北半球各处。

最早记述植物印模化石的是明代伟大的地理学家徐霞客(公元 1587—1641 年)所著的《徐霞客游记》。他在游记中的《滇游日记》中提到云南永昌府(今施甸、保山、永平一带)石灰岩洞穴中的植物印模化石的成因："茎间有悬干札(虬)枝为水所淋漓者，其外皆结肤为石。盖石膏日久凝胎而成。即片叶丝柯，皆随形逐影，如雪之凝，如冰之裹。大小形象，中边不欹。……余于右腋洞外，得一垂柯，其大拱把，其长丈余，其中树干已腐；而石肤之结于外者厚可五分，中空如巨竹之筒而无节，击之声甚清越。"这一段记述很清楚，不是真正的树干化石本身，而是它的"外模"。它是由于树枝在过饱和碳酸钙溶液的包裹下，使树枝外貌模印在凝结成石的"枝条"之上，而真正的树枝木质部分则已经被腐蚀掉，仅剩下外边碳酸钙结肤的壳子。其作者在此条理分明地解释了这种植物"外模"化石的成因。这一观察，使人知道洞穴中的滴水有凝结成石的性质。现在许多地方产的作盆景观赏，其上留有植物茎叶外模的"上水石"，成因与此相似。

清朝嘉庆(公元 1796—1820 年)年间，曾任左都御史的姚元之在《竹叶亭杂记》卷八中更进一步指出，不仅树木可以化为石，而草叶也能化为石。他说："今不惟木能变石，草亦有之，草结即上水石也。孙少兰给练案头蓄一石，如画家合解索披麻皴而文细过之，高可尺许，皆数千百草根结成者，名曰草结。言惟风陵中有之，不可多得。案此石三门等处亦有售者。出自黄河中，草根绝细，水沫之形俱在，盖亦如水精(注：应解释为碳酸钙水溶液)之结而成石也，名曰上水石。文秀可玩，其质亦轻，但性脆耳。惟出风陵之语殊未确。"文中所述为产于三门峡及风陵渡一带黄河中的"上水石"或曰"草结石"，其成因据章鸿钊先生所著《石雅》一书中解释，成因有二：其一为"藻类化石"之说。"近时赫勒氏(Dr. Th. G. Halle)谓此乃一种车轴藻(*Chara* sp.)(此藻茎上有节，叶绕节而生，有 5～12 片，状如车轴，故名)所结成，则非草根为之者矣。考车轴藻细胞膜中本自有石灰质，或亦成石之一因欤"，

图 7-12 车轴藻化石
产在我国山西平安县娘子关之含水石
(章鸿钊，《石雅》，1918)

如图 7-12 所示。其二为"泉水"说："予昔于京西碧云寺见一种石,甚似含水(石),惟气骨稍粗为异。僧云：束树枝草茎置诸涧泉之下,水溜日夕浸润之,久而凝石,遂得此。则固当别为一种。"这一种成因实质上为钙华(灰华)成因,是由于含有碳酸钙的地下水过饱和溶液当流出地面时,温度与压力骤降,因而所含钙质迅速沉淀在泉水口附近,如附近有草茎,树枝等亦会附之凝结而成石。作者曾在著名风景名胜区九寨沟、黄龙等地游览,这种钙华附枝之景观并不罕见。

菌藻类化石——叠层石(Stromatolites),这是观赏石界经常作为收藏对象的石种,如广西产的"云纹石",安徽灵璧的"灰皖螺"、"红皖螺",湖北神农架产的"神农叠层石"[为元古界下神农架群($Ptsn_1$)黑水河组(P_{th})深灰—浅灰色块状细晶质、具旋涡状构造叠层石,为古片藻属(Laminarites)]。叠层石现在认为是具有叠状层的藻类沉积结构物。根据现代叠层石形成原因的研究表明,叠层石的形成一方面要有具黏液质的藻类,主要为蓝藻；另一方面要有沉积颗粒。藻层黏结沉积颗粒成层后,又继续产生藻层及其黏结的沉积颗粒层,构成由富藻层与富沉积物层交替所组成的层纹状结构。因此,叠层石不仅包括藻本身,还包括其生命活动痕迹所形成的综合物。

叠层石的基本单元是基本层,由许多基本层构成叠层体。基本层的形态变异较大,大致可分为层状、球状、穹状、锥状、拱状、脊状、柱状和箱状等(如图 7-13 所示)。这些基本层的形态决定了叠层石观赏石的纹饰形态和叠层石观赏石外部的造型。

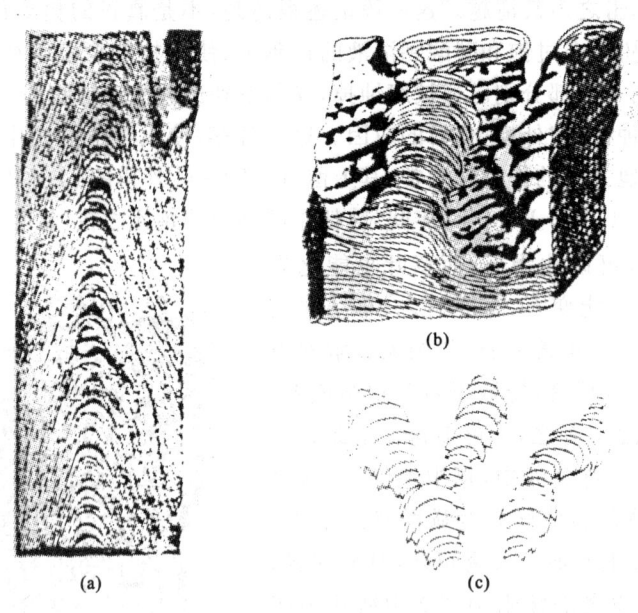

图 7-13 叠层石
(a)—锥叠层石；(b)—喀什叠层石；(c)—贝加尔叠层石纵断面特征示意

叠层石广泛分布于前寒武纪(5.4 亿年以前),奥陶纪(5.1 亿年前)开始衰退,现代叠层石较少。世界上最古老的叠层石为发现于非洲南部的布拉瓦约白云岩(Bulawayo Dolomite)中,距今约 28 亿年。

整个植物界根据其结构的简繁和完善程度等特征,分为低等植物和高等植物两大类,见表 7-1。

表7-1 植物分类表

分类			
高等植物 (有根、茎、叶的分化)	种子繁殖	被子植物(种子包于子房中)	
		裸子植物门	松柏纲　本内苏铁纲 苏铁纲　银杏纲 苛达树纲　种子蕨纲
	孢子繁殖	蕨类植物门	真蕨纲　石松纲 节蕨纲　裸蕨纲
		苔藓植物门	
低等植物 (无根、茎、叶的分化)		地衣类的植物	
		藻类植物　菌类植物	

四、我国举世闻名的化石产区概述

我神州大地幅员辽阔,国土面积960万 km^2,历经漫长的地质历史时期,从古至今生物繁育演化丰富多彩,使各地质时代的化石蕴藏量品种多样、数量极为丰富,是世界古生物学界研究生物发展、演化不可或缺的化石资源大国。其各门类的化石和各地质时代的主要化石产地,早已成为国际古生物学界关注的焦点。以下介绍几处典型的化石产区。

1. 云南澄江动物群

"地球上最早的古生物圣地"——早寒武世(5.3亿年前)地球生物大爆炸时的见证,见图版46。

澄江动物群产地位于云南省澄江帽天山。最初为中国科学院南京地质古生物研究所青年古生物工作者侯先光发现。1996年8月,我国举办第30届国际地质大会,与会全世界地质学家6 000多人,世界地质古生物专家对我国科学工作者的这一新发现和研究成果给予了高度评价和认可,认为这是"地球上最早的古生物圣地"。澄江动物群之所以受到国际古生物学界的高度重视,这是因为:

第一,在澄江动物群中发现了早期脊索动物的祖先,把脊椎动物在地球上出现的时间向前推进了1 500万年。其代表是云南虫,因为其体内保存了"脊索"这一标志性特征。

第二,澄江动物群中除了若干非常奇特的化石(如微网虫等)外,其中90%的化石都为极难保存为化石的软体,如十分难觅一见的腔肠动物中的水母化石,保存的化石中纤毫毕现,极其难得。

第三,澄江动物群中,新发现的化石属种很多,从藻类到脊索动物,它包括10多个门类中的86种动物化石,令人大开眼界。国际古生物学界把这一发现称为生物(生命)大爆炸时期,在几百万年时间内,动物界门一级的各类生物都在此突然出现,都发生在距今5.3亿年前的早寒武世时期。这一现象与达尔文理论相悖,达尔文认为,生物的演化是渐变的、缓慢的;而澄江动物群的特征正与达尔文的理论相反,不言而喻,澄江动物群的发现是对达尔文理论的一种挑战。正因为这一发现有如此重大的意义,因此,才成为国际上20世纪古生物学世界级的重大发现之一。

2. 贵州三叠纪海洋生物化石群

中三叠世(2.05亿年前)晚期印支运动以后,中国大陆许多地方褶皱上升,海水从东向西退去,现在的云贵高原、四川西部、西藏、新疆南缘、青海南部和桂西大片地区甚至向鄂西也伸进了一个海湾,成为古地中海(又称特提斯海)的东延部分。

贵州关岭、兴义一带属于扬子浅海海盆西南缘的外陆棚地带,这一地区随着早-中三叠世海水侵入的扩大,使陆间裂解所形成的"南盘江裂陷盆地"造成的海槽进一步扩大,使之通过西南角的海水通道与古地中海东部也与西太平洋相通。这一"海槽"便成为举世震惊的中-上三叠世古海洋的化石宝库。这在全球还是首次被发现。

产于贵州省兴义这一化石宝库的有脊椎动物。其中,属鳍龙类的有中三叠世的肿肋龙在中国的唯一代表——胡氏贵州龙。属幻龙类的有兴义鸥龙和杨氏幻龙以及上三叠世的有楯齿龙类的新铺中国豆齿龙和多板砾甲龟龙。海龙类有上三叠世的黄果树安顺龙和孙氏新铺龙。鱼龙类有上三叠世的周氏黔鱼龙和亚洲杯椎鱼龙。长颈龙类有产于贵州盘县的中三叠世东方恐头龙。它是目前确立的长颈龙在中国的唯一代表。

此外,同属上扬子海盆的三叠纪海生爬行类还有产于下三叠世的湖北鳄类,即南漳湖北鳄和孙氏南漳龙,它们为地方性小型海生爬行动物。

以上所列海生爬行动物名称皆以中国科学院古脊椎动物与古人类研究所的定名为主。

产于贵州关岭、兴义和贞丰的三叠纪无脊椎动物化石亦十分丰富。主要有上三叠世的棘皮动物门的许氏创孔海百合(如图7-14所示);软体动物门的有头足纲的菊石类:阿翁粗菊石和多瘤粗菊石;双壳纲的海燕蛤、鱼鳞蛤和斜锉蛤,它们常和菊石共生。腕足动物门

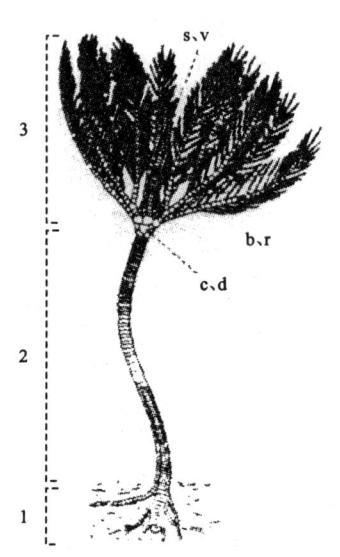

图 7-14 海百合形态构造图
Dctemocrinus decadactylus
(Bather)复原图
b,r—腕;c,d—尊杯;s,v—肛锥;
1—根;2—茎;3—冠。志留系
(据 Bather)

的有康尼克贝群落;拉巴贝群落和舌形贝群落。植物化石主要为蕨类植物门的砂地似木贼和沙兰蓖羽羊齿。而贞丰地区早三叠世和中三叠世都盛产菊石和双壳类;中三叠世还产腹足类;上三叠世除产双壳类外,还有腕足类及植物化石。这些海相双壳类与菊石在各地层中的属种都不一样,成为生物地层学的重要资料。贵州中西(南)部三叠纪大量海相脊椎动物和无脊椎动物化石,无论种类与数量都异常丰富,各类化石的生态条件也反映得比较清楚,为研究三叠纪我国南部地区的古地理与古生态特点提供了理想的场所(见图版44)。

3. 辽西"热河生物群"——晚中生代动物的天堂

"热河生物群"发现于20世纪早期。当时"热河省"的范围是现今河北省北部、辽宁省西部这一地域。因为在该地区首先发现并研究的化石,是在1901年正式定名、至今还在沿用的"戴氏狼鳍鱼"(*Lycopteradavidi*)。以后又发现了东方叶肢介和三尾类蜉蝣,故将这一地层以含有这三种化石的层位定为"热河生物群"(Jehol Biota),这一定名是1928年正

式确立的。"热河生物群"是中生代东亚地区一个独特的生物群,是中生代晚期以鸟类、哺乳类和被子植物为代表的早期类型的生物群。其生物组合十分丰富,囊括了中生代向新生代过渡众多门类的陆相生物化石,包括鱼类、两栖类、爬行类、鸟类、哺乳类和古植物、孢粉等以及无脊椎动物的双壳、腹足、虾类、叶肢介、介形虫、昆虫和蜘蛛等,其中,早期鸟类、带毛恐龙(中华龙鸟)、原始哺乳动物(张和兽)、早期被子植物等构成了20世纪古生物学研究的重大发现。"热河生物群"的研究涉及现代生物界不少重要生物门类的起源和早期演化,为探索陆相生态系统的演变过程和规律提供了可贵的实证。我国地质古生物学方面的专家一致认为,辽西地区是世界上罕见的中生代化石宝库,对中生代地层时代的划分和对比具有重要意义,如图 7-15 所示。

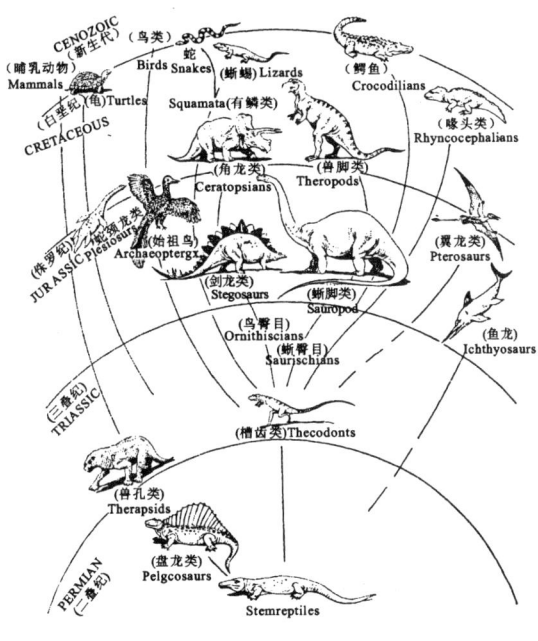

图 7-15 中生代爬行动物概貌
(据 Willianm Lee Stokes 等)

"热河生物群"由于遭突发性火山喷发而死亡,并被火山喷发物所覆盖,故原始生态系统及自然生态信息保存得相当完整,对群落古生态、古气候、埋藏事件地层学等有关学科的研究无疑是十分有益的。"热河生物群"的集群死亡,类似于公元 79 年意大利维苏威火山的强烈喷发,毁灭了有几百年历史的庞贝城(Pompii)。因而有的学者把"热河生物群"化石富集的辽西地区喻称为"中生代的庞贝城"。因为它记录着距今 1 亿多年的"热河生物群"的兴衰历史。这是一次极其重要且具深刻历史意义的地质事件(见图版 42)。

4. 山旺——"万卷书"中的化石宝库

山旺是位于山东省临朐县城东 23km 处的一个小山村。其四周丘陵环绕,山色秀美,风景宜人,山旺为我国新近纪(新第三纪)中新世地层的典型地点之一,以山旺组硅藻页岩——"万卷书"地层而著称于世。由于这里盛产各种精美、完好的古生物化石而名闻遐迩,有"化石宝库"的盛誉。地层中保存了大量的动植物化石,已经发现的化石有10几个门类400余种。

植物化石有苔藓、蕨类、裸子植物及被子植物等;尤以被子植物的叶子为多,花、种子和果实也保存完美,叶脉清晰。

动物化石中的无脊椎动物化石以介形类和昆虫等十分丰富。就昆虫而言,有蜂、蛾、蜻蜓、蟑螂、蚂蚁等,翅脉清晰,色彩斑斓。昆虫化石埋藏于硅藻土页岩内,形象逼真,采获容易,数量颇多。如蜻蜓翅膀上的脉理、狼蛛脚上的毛也看得清晰。脊椎动物种类繁多,有鱼类、两栖类、爬行类、鸟类和哺乳类等。其中,鱼类中有鳅鱼、雅罗鱼;两栖类中有玄武蛙、蝾螈;爬行类中有蛇、鳖、龟和鳄鱼;鸟类中有山东鸟、秀丽杨氏鸟、中华河鸭等;哺乳动物中有细近无角犀、解家河古獏、杨氏半熊、东方祖熊、半岛原河猪、柯氏柄杯鹿、三角原古鹿、山河狸、意外山旺蝙蝠、亚洲梅氏飞松鼠等。化石完整清晰,埋藏态形象生动、引人入胜,可谓"万卷画册"。这部"万卷书画"像一部自然史,可以使你通过"时间隧道"回到1 800万年前地质史上称为中新世的地质时代,它将使你身临其境,与万千动物和茂密的原始森林为伴,流连忘返。作为中新世地层的代表,在动植物化石门类的多样性方面,山旺化石的蕴藏质地、数量可以说是举世无双的。

鉴于山旺化石的特色,我国已于1980年将山旺列为全国重点自然保护区,成立了山旺古生物博物馆,已收藏各类动、植物化石标本万余件。

5. 甘肃临夏晚新生代哺乳动物群——失落的古脊椎动物的伊甸园

甘肃省临夏盆地的哺乳动物化石的主要产区在临夏回族自治州的和政县。这里处于青藏高原和黄土高原的交汇地带。透过现代地质学的方法,发现早在2 300万年前的新近纪(新第三纪)中新世时代,当时的临夏盆地是一处湖泊星罗棋布,河流蜿蜒纵横,一派草木繁茂的亚热带景观。在这片伊甸园般广袤而丰腴的草原上有众多的动物。食草动物有铲齿象、不同种类的犀牛(大唇犀、板齿犀、无角犀、额鼻角犀和巨犀等)、马(三趾马、真马)、羚羊、和政羊(麝牛)、丽牛、萨摩麟(四角长颈鹿)、两角长颈鹿、祖鹿、后鹿、库斑猪、弓颌猪(中国特有)、利齿猪、弱獠猪等。肉食动物有剑齿虎、后猫、鬣狗、巨鬣狗(为和政地区最具特色的古食肉动物,它的体重达210kg,比现在的非洲狮还重60~70kg)(见图版41),还有成千上万只乌龟在陆地和湖水中游泳嬉戏。可是,天有不测风云,刹时间突降倾盆大雨,至使洪水泛滥,平静的草原瞬间变成泽国。许多动物都在垂死挣扎、哀嚎!水面飘浮着无数动物的尸体,惶惶惨景,目不忍睹。正处在惊恐万状的时刻,一场罕见的大地震也接着发生了,致使山崩地裂,乾坤倒转,日月无光,历经洪水劫难的动物再也无力回天,被滚滚的砂土碎石掩埋于地下。在历经了中新世的数次浩劫之后,一个史前动物的天堂——动物的伊甸园失落了!这场灾变为后生的人类留下了宝贵的史前动物的大量化石。

通过对临夏盆地埋藏这些古哺乳动物和陆龟化石的地层和它们的埋藏状态的研究,对深入了解该地新近纪的古地理、古气候、古生态环境以及古动物群的演化变迁,提供了重要依据,从而,使我们得以从宏观上恢复千万年以前的临夏土地上各类动物在史前上演的万千悲喜剧,如图7-16所示。

我国其他著名的化石产地还有天津蓟县中、晚元古代叠层石及微体古植物化石群;三峡地区早古生代化石群;广西泥盆纪海相化石群和贵州凯里地区早寒武世化石群等。这些都是举世闻名的化石宝库。

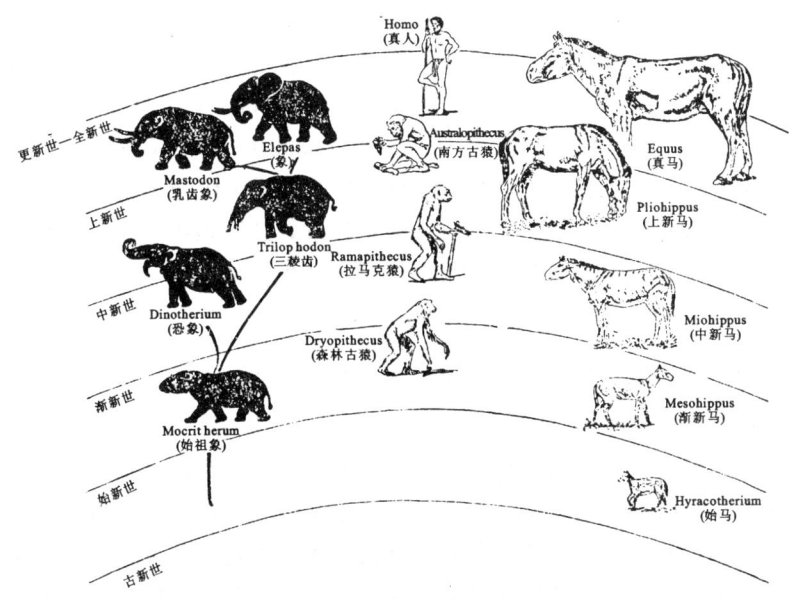

图 7-16 新生代马、象及人类的演化
（据周明钲，E·H·柯柏等，W. L. Stokes 等综合编绘）

五、化石收藏的科学启示

生物在生存期间都是有节律的。从低等的菌藻类到最高等的人类都是如此。如众所周知的树木的年轮，它反映了树木以年为单位的节律。又如"鸡叫三遍天亮，牵牛花破晓开放，青蛙冬眠春晓，大雁南来北往"等。这些与昼夜交替和四季变更有关的生态现象都是生物节律的反映。很明显，动植物为了在经常变化的恶劣的环境中生存下来，就必须具备某种知觉，能预先感觉到环境将要发生的变化。科学家们认为，动植物的生理机能和生活习性好像受着某种内在时计的控制。生物这种测量时间的本领，通常称作"生物钟"，并认为，生物钟是一种复杂的生理过程，是生物体内化学变化和物理变化的结果。这些调节生物体内部功能的节律——"内源"节律，来源于生物体内部的作用。内源节律的周期是预先由基因确定下来的，是遗传性的。这种内源节律是动植物历经千百万年进化而来的，并且不会受人为控制的某些因素的影响而发生改变。当然，部分科学家认为生物体的节律亦可受外力的调节，这种外力是来自宇宙环境的某种外部信号的反应。

在化石收藏方面，从 20 世纪 30 年代开始，许多古生物学家发现，许多化石壳体也具有节律的现象，即"年轮"生长级。我国古生物学家马廷英教授通过对古生代和现代珊瑚骨骼的切片观察研究，发现珊瑚的横纹和鳞纹有周期性的疏密变化，即有节律的变化。1963年，韦尔斯首先在古生代和现代珊瑚体中发现有节律的日生长纹（如图 7-17 所示）。生长级的厚度一般为 0.05mm 左右，并认为这种生长级是受日夜光线不同的

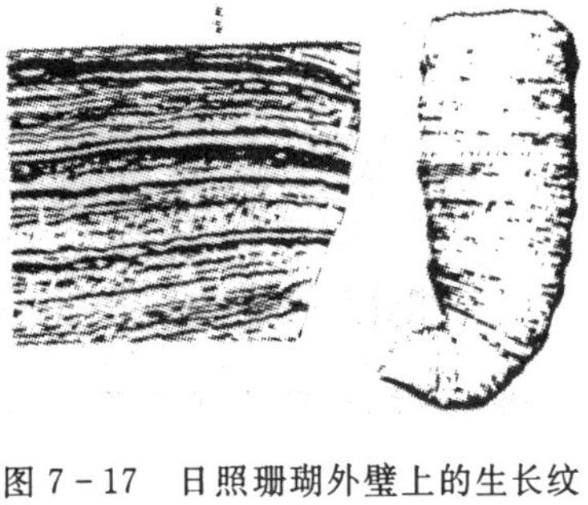

图 7-17 日照珊瑚外壁上的生长纹
（左图为局部放大）

强度控制的。据他研究，现代硬珊瑚每年日生长级具有365条，由此得到启发，发现中泥盆世的日照珊瑚和其他珊瑚约有400条生长纹，推断那个时代每年将近有400天，比现在多出35天。1970年，他又公布了新的研究数据：晚奥陶世约为412条，中志留世约为400条，中泥盆世平均为398条（385～405之间），早石炭世为398条，晚石炭世分别为380条和390条。他由此得出结论：地质年代早者生长纹条数多，地质年代晚者生长纹条数少。这些数字与天文学的计算也大体一致。根据珊瑚化石的生长纹，还可以推算出该珊瑚生存时期的每天的小时数。如我们发现一块中泥盆世的珊瑚化石，其生长纹数为400，那么中泥盆世每天的小时数为

$$365 \times 24 = 400x, \quad x = \frac{365 \times 24}{400} = 21.9 \text{ (h)}$$

即中泥盆世每天只有21小时54分钟。

综合现有的天文学与古生物学的资料，可推知各地质时代的时间，见表7-2。

珊瑚为腔肠动物门中的一个纲，全为海生。珊瑚硬体的骨骼形成化石后，常保存于灰岩及泥灰岩中。它可分为单体和复体两类，常见的形状单体者为角锥状及拖鞋状，复体者为多角状及丛状。这两类珊瑚是化石收藏爱好者常收藏的品种，尽管其价格较低，但通过以上介绍，我们知道了收藏珊瑚化石不仅只是收藏了化石本身的形态美和纹饰美，而且还收藏了古代生物的"计时器"，收藏了科学。

表7-2 各地质时代的时间

地质时代	天文学推算的成果		古生物学方面研究的成果			
	天数/年	小时数/天	天数/月	月数/年	天数/月	小时数/天
第四纪	365	24.00			29.13～29.17	24.00
始新纪		23.70			29.92±0.10	23.70
白垩纪		23.50			29.96±0.17	23.50
侏罗纪			377			
三叠纪		22.70	381		29.28	22.70
二叠纪			385			
石炭纪	390～393	21.80	390		30.20	21.80
泥盆纪	399	21.60	399	13	30.60	21.60
志留纪	402		400～402			
奥陶纪	402～412		402～412			
寒武纪		20.80	412～424		31.56	20.80
地球形成初期		推测为4.00				

六、地质年代表

18世纪60年代，西方开始了工业革命，各主要工业部门大量使用机器，促进了生产力的提高，同时，采矿业的发展也促进了地质科学的进步。18世纪后半期，由于生产需要，地质资料逐渐累积丰富，人们开始对地层进行了划分的尝试。1725年，德国地质学家魏尔纳（1750—1817年）提出了最初的方案。尽管现在看起来十分幼稚，但毕竟是开了个头。以后历经百年，以英、德、法等国地质学家为主，1878年在巴黎召开了第一次国际地质学会时成立了地层委员会，负责研究和拟定划分方案。1881年在波伦亚举行第二次国际地质学会时，正式通过了目前通用的地层表蓝本。

在中国的地质年代表中，寒武纪之前还有一个"震旦纪（系）"，代表了下部变质岩之上，寒武纪（系）以前一套未变质的含少量化石的岩层。"震旦（sino）"这个词，是古代印度人称呼中国的名称。1860年，美国地质学家庞培列最早使用这一名称于地质术语之中。后来美国地质学家葛利普将"震旦"一名用于地层中，其包含的时代比较广泛。1922年，葛利普修订了震旦纪（系）的定义，随即普遍地使用于我国各类地质书籍中。各地质年代的来历见表7-3。

表7-3 各地质年代的来历

地质年代	命名者	命名年代	命名地点	命名含意
第四纪	德努阿耶	1829		根据魏尔纳的最初划分方案演变而来
第三纪	赖尔	1833	巴黎盆地	
白垩纪	奥·德哈罗乌	1822	英吉利海峡	地层内产白垩土
侏罗纪	布朗维尔	1829	德国南部	山名
三叠纪	阿尔别尔特	1834	德国西南部	三套不同的地层
二叠纪	莫企孙	1841	前苏联彼尔姆	地区的州名
石炭纪	康尼比尔 费利普斯	1822	英国	地层内富产煤炭
泥盆纪	莫企孙 赛德维克	1839	英国	地区的郡名
志留纪	莫企孙	1835	英国	威尔士古代居住的民族名
奥陶纪	拉普华兹	1879	英国	同上
寒武纪	赛德维克	1836	英国	威尔士地区的一座山名
震旦纪	葛利普	1922	中国	古代印度人称呼我国的名字，意为日出之地
新生代 中生代	费利普斯	1841		生物界面貌接近现代，生物界面貌中等古老
古生代	赛德维克	1838		生物界面貌古老
元古代 太古代	洛冈	1863	美国	生物界面貌次古老 生物界面貌太古老

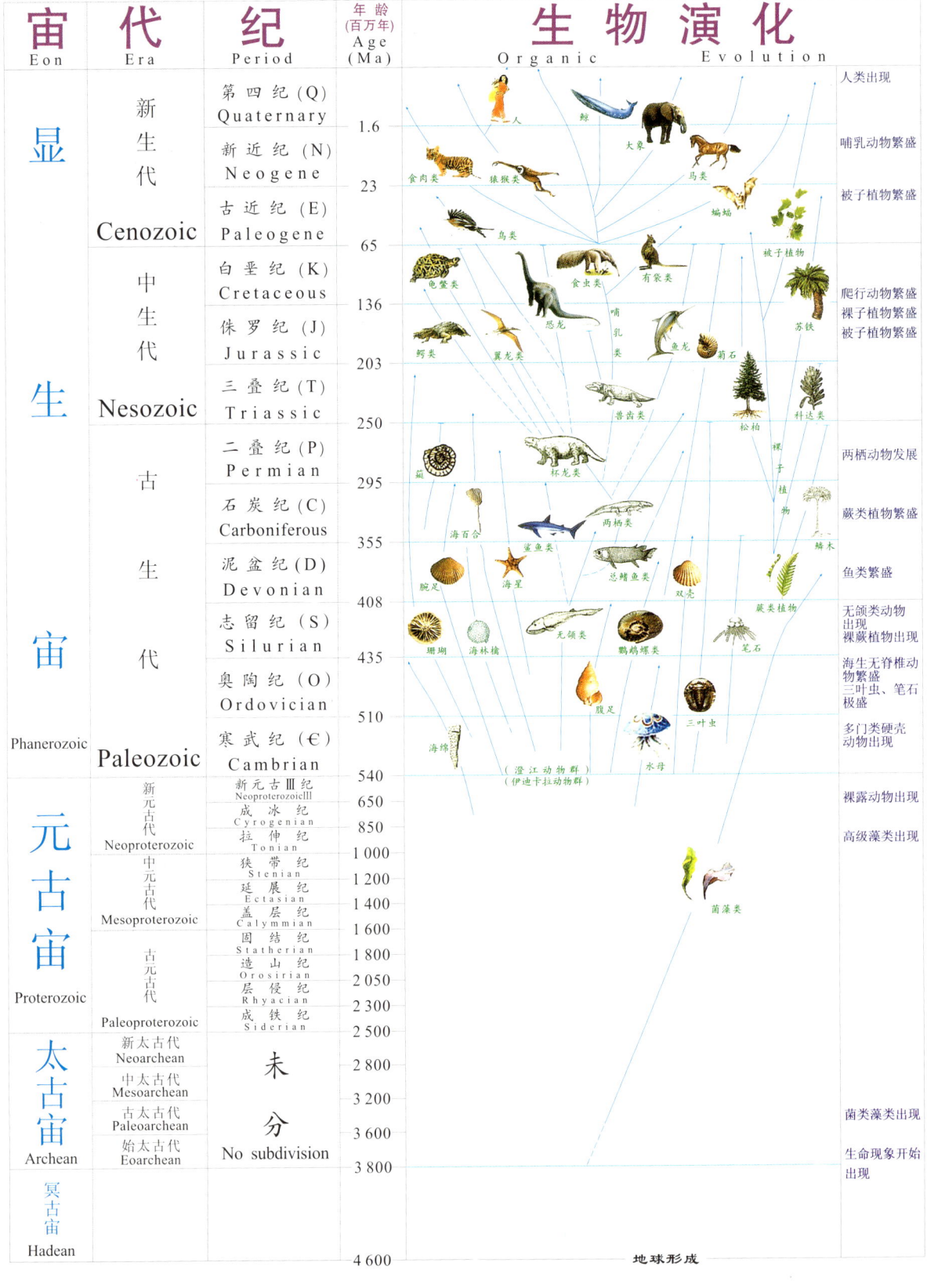

下篇 奇石观览

Xiapian
Qishi Guanlan

第八章　说　砚

一、引子

自古以来，笔墨纸砚称为文房四宝。其中砚台尤为文人所钟爱。一件镂刻精致的砚台，不仅是文人骚客书案上必备的器具，而且也是随身携带、可供摩挲为乐的工艺品。南朝徐陵玉撰辑的名篇《玉台新咏》序云："琉璃砚匣终日随身，翡翠笔床无时离手。"他们爱砚如癖传为佳话。北宋大文学家苏轼（图 8-1）平生就喜欢收藏砚台，尤其喜爱龙尾砚。为此还创作了诗、歌、传、铭以记之。《龙尾砚歌》即其名作："黄琮白璧天不惜，顾恐贪夫死怀璧，君看龙尾宝石材，玉德金声寓于石。"北宋诗人、书法家黄庭坚为了获得龙尾美砚，竟在"陆不通车水不揖舟"的条件下，不避艰险跋涉，亲到龙尾山求砚，并为此作《砚山行》曰："不轻不燥，禀天然，重实温润如君子；日辉灿灿飞金星，碧云色夺端州紫。"另一位北宋著名书法大师米芾曾对怪石具公服抱笏礼拜，呼石为"石丈"，是有名的"石癫"。此公亦酷爱石砚。他于宋神宗元丰八年（公元 1085 年）著成《砚史》一书，并纤道寻幽，亲历砚山，广征名砚。他曾收藏到风流皇帝南唐后主李煜的一方形石砚，此砚长一尺许，砚前刻有 36 座层次分明、雄奇伟丽的大小山峰，中为砚池，号称"天下之冠"。其友苏仲恭之弟苏仲容见之爱不释手，

图 8-1　苏轼像

宁愿以一座宅园与米芾交换，由此可见其贵重。米芾因失掉这座名为"海岳庵研山"曾叹赋诗云："研山不复见，哦诗徒叹息；唯有玉蟾蜍，向余频泪滴。"清代扬州八怪之一的著名书画家金农，更是一位传奇的"砚癖"，当时有朋友劝他积钱买田产以成富豪，他竟摇摇头说："予平昔无他嗜好，唯与砚为友。"后来他竟背着祖传的古砚游历四方，笔耕墨耘，卖画积钱，收购名砚。他收藏到 102 方砚时，便自称"百二砚台富翁"。清代"八闽巨手"黄莘田任广东四会县令时，曾因酷嗜石砚而丢官。在离任归里时，其压箱之物仅有端砚数枚。回家后，他将住所命名为"十砚斋"。其砚友共十人，每人各怀砚一方，抱砚而寝，以使砚常温。

与上述例子相悖的有一则广为人知的故事，那就是宋代著名清官"包拯三掷砚"的故事。宋庆历三年（公元 1043 年）包拯（图 8-2）赴端州任知州。端砚自从由唐太宗李世民赏赐魏征时起，就成为唐代赏赐功臣良将和馈赠亲友的珍

图 8-2　包拯像

品。由此引起的则是朝廷要求端州的地方官年年上贡端砚。而端州的知州常以上贡为名,向下面勒索和搜刮端砚以中饱私囊。由此引起砚工和端州百姓的强烈不满。包拯就是在这种形势下赴任的。他一到任,力除勒索端砚的积弊,除收取正常的、需进贡的端砚外,其他一个也不多收。这一做法深得民心。在他离任的时候,仍坚持初衷,不肯带走一方端砚,甚至将朋友馈赠的名端砚抛掷山坳。这便是千百年来流传久远且脍炙人口的"包拯三掷砚"故事的由来。

二、砚史略

据我国近代地质学的奠基人章鸿钊(1877—1951年)先生撰写的《石雅》所述:"砚字不见于经,意三代时尚未用砚也。"此说是不难理解的。"三代"是指夏、商、周时代。而汉文始创于商,是刻在龟甲、牛骨上的文字,此即甲骨文。从文字的创造到书写工具砚的发明与使用,经历了较长的历史时期。汉末训诂学家刘熙著的《释名》(卷六)云:"砚,研也,研墨使和濡也。"后汉许慎的《说文解字》中称:"砚,石滑也。"古代砚与研字是通用的。如南宋末年赵希鹄撰的《洞天清禄集》中称"洮河绿石研"与"黑玉研"之研字即指现今的砚字。由此可见,以上引文中的砚,还不是明确指的器物名称。这说明早在汉代,砚的使用不是很普遍的,但砚是存在的。不然"研墨使和濡"是用什么工具进行呢?1975年,在湖北省云梦县睡虎地发掘出木牍、墨和石砚(藏于云梦县文化馆),这是史学界所称的著名的"云梦秦简"。这说明作为器物的砚在秦代便已存在了;同年在湖北省江陵县凤凰山发掘的西汉墓,亦发现了石砚;其后在河北省沧县及安徽省太和县发掘的东汉墓亦都出土了雕刻精细的石砚。这些都表明砚在汉代的存在。及至魏、晋、六朝,砚的使用亦愈来愈广泛。隋唐时代,我国制砚业随着端砚材及歙砚材等优质砚材的发现而得到迅速发展。到了宋代,砚的造型、墨堂处理、方圆关系的设计以及雕刻艺术的精美等方面,达到了一个新的水平。由于石砚一般较重,为了便于移动和减少与桌面的接触,发明了抄手砚。这是将砚底的一部分挖空,依砚底的情况,如花纹、石眼等而因花、因形施技,达到巧夺天工的艺术效果。作者曾从友人处亲睹一方长约30cm,宽约13cm,厚7cm,其侧刻有"花石纲"的倡导人,北宋"六贼"之一的朱勔的题款,砚底依74石眼的分布,高低错落地留眼去石,不仅减轻了砚台的重量,更突出了晶莹圆睁的石眼,这就是有名的宋代抄手端砚,1990年9月亚运会期间,北京荣宝斋曾出价10 000元收购。明代出现了"随形砚",即在制砚时常采用人工与天然造型相结合的方法,"因材施艺",从而达到浑然天成的效果。到了清代,进一步重视砚石的材质,讲求文彩、色泽、嫩润乃至声音效果等工艺美术性能,对砚材资源的开发利用亦更为广泛。现代端、歙等名砚的制作,从造型、俏色、构图以及镂刻手法上,基本上继承了清代制砚的传统技法。

新中国成立以后,我国制砚业在继承传统的基础上,推陈出新。历史上兴盛一时,而随后被湮没的优质砚材及某些失传的制砚传统工艺,都得到恢复与发展。除更重视砚材的质地以外,对砚台的艺术造型设计和加工工艺也更为考究,使之达到更加完美的艺术效果。同时应用现代科学方法探索砚石"发墨"机理,从而指导砚材资源的进一步开发与利用。20世纪80年代末,广东省肇庆市端溪名砚厂利用1942年开采出来的一整块原料,设计雕刻出一件长2.05m、宽0.95m、厚0.08m、重约1t的被称为"端砚王"的特大砚台——"七星岩古今碑刻砚",它以当地著名风景名胜七星岩景致为依托,以盛唐以来文人学士名家的墨迹和石刻佳作为砚铭,制作成当代重要的名砚艺术珍品。同样,20世纪80年代以来,安徽省徽州砚厂青年雕刻师方建成利用一大块歙石,以黄山风景为主体设计,雕琢成一件长0.87m、宽0.65m、厚0.11m,重达120多kg、命名为"八百里黄山图"的"歙砚王"。此砚呈方圆形,砚的下沿为黄山风景区大门;左沿为观瀑楼、半山寺;上沿为玉屏楼、迎客松、松鼠跳天都、排云亭、猴子观海;右沿为人字亭等。制作者以精湛的技艺、新颖的构图,巧妙地利用了原砚材的轮廓和色泽、花纹,使雄奇的黄山云海、奇峰异石、楼台亭阁、文化古迹得以再现于"歙砚王"上,实为一幅绝妙的黄山立体导游图,也是一件罕见的石雕艺术珍品。"歙砚王"这件稀世绝品的出现,使歙砚声誉大振,赢得"砚之最"、"歙砚天下第一"的美誉。

三、砚材

我国已有2000多年的用砚历史,经过不断地发现、淘汰并逐步筛选出了一批优质砚材。那么优质砚材的标准是什么呢?章鸿钊先生在《石雅》中指出:"石砚以细润、发墨而不损毫为归。故当以质为重,而形、色、纹为次。磨墨无声,细之至也;清莹如玉,润之至也。锋铓内涵,油油然与墨相恋,而不徒以石理芒涩易磨墨为长。斯乃发墨而又不损毫矣。"以上文字是对各类砚材的总评价。其中心思想是"以质为重"。质的衡量标准就是"以细润、发墨而不损毫"。砚的"发墨"与"不损毫"是一件好砚石必须具备的矛盾统一标准。一般说来,砚材质地粗糙较利于发墨,但有损于笔毫,而质地细密且发墨不损毫才是制砚良材。对于石砚的发墨机理,长期以来众说纷纭。20世纪80年代利用扫描电镜对砚石进行微观研究后才找到了科学的答案,简单地说,砚发墨的实质是砚面切割墨的过程。通过扫描电镜对歙砚砚面的观察,发现砚面是由不可胜数的、微米(10^{-6}m)级的锋刃构成,这些锋刃称为"砚锋"。它就像数不清的一把把刀刃一样在磨墨过程中不断地切割墨。从矿物学的研究发现,砚锋是由粒状石英和片状的云母族及绿泥石族矿物形成,这些矿物颗粒以一定的比例和特定的结构形态组成砚石。因此在长期的研磨过程中,旧的锋刃被磨损后,新的锋刃又显现出来,继续承担着切割任务。由于它们具有特定的结构,矿物颗粒不会脱离砚面,这种天然的砚锋具有自磨刃的性质,只要砚存在,其锋刃就存在。质地优良的砚材,砚锋都具有良好的稳定性和耐磨性。

砚材发墨的效果是由砚锋的密度决定的。因为砚的锋刃都有一定的长度,而单位面积上的锋刃长度总和称为砚锋密度。

评定砚材质量,除了工艺美术上的要求,如色泽、花纹、质地等项外,那就是决定于发墨效果的砚锋密度了,以歙石砚材为例,优质歙石其砚锋密度要大于1,而小于0.6者,其砚石的发墨效果较差。当然这些都是理论上或定量的标准,通常采取实际应用的效果及相比较的方法便可以达到检验的目的。

以上所述是砚材质的标准。我国具有悠久的用砚历史,在长期的实践中开发出许许多多制砚良材。章鸿钊先生在《石雅》中指出:"古砚亦不尽以石为之。"有玉砚、水晶砚,还有以银为砚的。据"曹孟德杂物疏"云:"御物有纯银参带台砚一枚",就是证明。此外还有以铜、铁为砚的,甚至以瓷和竹木为砚的。章鸿钊先生还指出:"唐以前尤多为瓦砚。东坡云,柳公权论砚甚贵青州石末。石末亦瓦砚也。"他在总结了前人使用不同质地的砚材后指出："若砂石若砂页岩则质过粗，损墨亦易损笔；若玉若水晶若石英岩则质过细且太坚。又若灰石与黏（土）页岩则质过软，亦复燥渴，凡此皆锋芒太乏，往往顽滑不发墨。而石灰质多者用久尤易凹陷。"自盛唐以来，一代又一代的人们通过大量的实践，开发出许许多多的优质砚材，迄今为止已逾百种。其中名闻遐迩的歙砚材有25种，端砚材有21种，而产于山东的鲁砚材达30种。其中产于广东省肇庆的端砚、产于安徽省歙县的歙砚、产于甘肃省卓尼县的洮砚以及在河南省虢州和山西省绛州创制的"澄泥砚"，从古至今被称为中国的四大名砚。而"澄泥砚"即是陶砚，它是古人利用绢袋收集河水中的淤泥，经过配料、成型和雕刻，最后焙烧而成的陶砚。古代也曾将产于山东省益都县的红丝砚视为名砚。但实际上端砚和歙砚其质量远在其他砚台之上。

现将端砚、歙砚、洮砚和红丝砚详述如下。

端砚（石）：居中国四大名砚之首。产于广东省肇庆市东北、西江羚羊峡东侧端溪河畔的烂柯山（又名斧柯山）及七星岩至鼎湖山一带的北岭，其方圆近100km²范围内分布一些古代著名的砚坑，如水岩坑（老坑）、麻子坑、坑仔岩、朝天岩、宣德岩、古塔岩、宋坑、梅花坑、蕉园等。但以水岩坑所产的端石最为名贵，自古以来一直居古端州（今高要县）正品名砚——"端溪名砚"的前列。

中国对端砚石的开发利用具有悠久的历史。如《石隐砚谈》载："东坡云：端溪石始于唐武德之世。"迄今已有1300多年，大约从唐太宗李世民将端砚赏赐大臣魏征起，端砚就成为赏赐功臣良将和文人互相馈赠的珍品。

端砚（石）呈青灰、深灰、紫、紫蓝等色。主要由水云母类黏土矿物组成，其次含赤铁矿、石英及碳酸盐类矿物。矿物颗粒细小、分布均匀，因而成砚后细润柔和，磨墨无声。硬度为3～4。砚石资源产于泥盆系桂头群（$D_{1-2}gt$）砂页岩中。砚石花纹多达数十种，其中观赏和艺术价值较高的有：①鱼脑冻；②猪肝冻；③蕉叶白（如蕉叶初展，白带青黄色）；④石眼（为含铁质的结核体），眼以"活眼"为贵，"圆晕相重，黄黑相间，鼙睛在内，晶莹可爱"者谓之活眼；⑤水捺，像火烙过似的，呈紫红微带黑色的纹饰；⑥金银线，为氧化铁（黄褐色）和碳酸盐（白色）充填细小裂隙而成；⑦冰纹，为砚石形成后产生的两组剪切裂隙被碳酸盐物质充填所形成的花纹。

歙砚（石）：为四大名砚之一，以产于安徽南部古歙州而得名。据文献记载，歙砚创始于唐代开元年间，至今亦有近1300年历史。据北宋唐积《婺源砚谱》记载："婺源砚在唐开元中，因猎人叶氏逐兽至长城里，见垒石如长城状，莹洁可爱。因携之归，刊刻成砚，由是天下始传。"自五代十国以后，石砚生产规模扩大，砚山村几乎家家有人制砚。北宋书画家蔡襄把歙砚比作价值连城的和氏璧，有"玉质纯苍理致精，锋芒都尽墨无声。相如闻道还持去，肯要秦人十五城"之句。

歙砚石料除产于婺源龙尾山以外，在安徽省黄山支脉歙山和祁门县等地均有产出。

歙砚石产于震旦系上溪群（Zsx）海相泥砂质沉积后经浅变质的地层。岩性主要为灰黑色板岩和灰色千枚状粉砂岩。具变余泥质显微鳞片变晶结构，矿物成分有多硅白云母、蠕绿泥石、石英、碳质、黄铁矿、磁黄铁矿和褐铁矿等。矿物粒径为0.001～0.005mm，砚石硬度为3～4。其质地苍劲、温润，发墨性能优良，原因就在于多硅白云母的存在，砚石坚实致密；石英颗粒的均匀分布，使砚石柔中带刚，细中带锋。正如《歙砚辑考》所说："凡石坚者必不嫩,润者必不多滑。唯歙石则嫩而坚,润而不滑,扣之有声,抚之若肤,磨之如锋。兼之纹理烂漫,色似碧天,虽用积久,涤之略无墨渍,此其所以远过于端溪也。"宋代名臣苏东坡对歙砚也赞许有加,曰:"砚之美,润而发墨,其他皆余事也。然两者相害,发墨者必费笔,不费笔者不退墨,二德难兼。唯歙砚涩不留笔,滑不振墨,二者德相兼。"

歙石的天然纹饰,使砚石的艺术性大增。按其颜色、形态和分布特征等,可分为金星、银星、金晕、金花、水浪纹、鱼子纹、刷丝纹、罗纹、眉纹、玉带、紫云玉斑、枣心纹、青绿晕等。千百年来,工匠们依据歙石的不同纹饰及工艺美术特征,设计生产出了许多歙砚珍品。

此外,在歙县岔口区周家村叶家山一带发现了一种新的歙砚石,称为"紫云石"。岩性为产于震旦系紫色含粉砂板岩。根据其质地、色泽、云纹所制成的石砚,不仅发墨快、不损毫,而且"色泽美丽,有翠色纹理和斑点,紫中带翠,翠中夹紫,彩云飘飘,金星点点",为新的歙砚珍品。

洮砚(石):又名洮河石,洮砚亦为中国四大名砚之一。产于甘肃洮河一带即古洮州,主要砚坑有喇嘛崖,所产洮石又称绿漪石,水泉湾一带所产洮石称为绿石、紫石。一些零星砚坑所产洮石称为黑石或绿石。宋代大书画家米芾品评洮砚道:"绿色如朝衣,深者更可爱。"

中国对洮砚的开发使用至迟始于唐代。在柳公权的《论研》中就有"蓄砚以青州为第一,绛州次之,后始重端、歙、临洮"。"临洮"在此处即指用洮石所制之砚。南宋赵希鹄的《洞天清禄集》称:"除端歙二石外,惟洮河绿石,北方最为贵重。绿如蓝,润如玉,发墨不减端溪下岩。然石在临洮大河深水之底,非人力所致,得之为无价之宝。"现知生产洮石的采矿场紧靠洮河,为一陡崖,即喇嘛崖。

砚石为含少量粉砂质的泥板岩,产于距约3.5亿年的早石炭世(C_1)地层下部。组成砚石的矿物主要为水云母,粒度0.01~0.012mm,粉砂碎屑石英含量约1%,粒度0.01~0.02mm。洮石通常是绿色板岩,为富含叶绿泥石所致。

红丝砚(石)为古代中国四大名砚石之一,在唐代即负盛名。北宋苏易简的《文房四谱》认为"天下之砚四十余品,青州红丝石第一,端州斧柯山石第二,歙州龙尾山石第三"。红丝石的产地,《清一统志》和《临朐县志》记载:"红丝(砚)石产于临朐县南之老崖崮",又称:"红丝石产于青州西四十里之墨山"。时至今日,这两地仍有红丝石产出。

红丝砚(石)是一种呈肝紫色、砖红色具有弯曲的丝状纹理或变形缟状纹理的薄层状微晶石灰岩。产于中奥陶世马家沟组(O_2m)地层中。

清代"秀水盛百二秦川"著的《淄观录》将红丝砚推崇备至,称红丝砚"华缛密致,皆极其妍;既加镌镵,则其声清越,锵若金石。殆非耳目之所闻见,亟命裁而为砚,以墨试之,其异于他石有三:……渍之以水而有滋液出于其间;以手磨拭之,久粘者如膏,一也;……常有膏润浮泛墨色,故其相凝若纯漆,二也;……覆之以匣,数月墨色不乾,经夜即其气上下蒸濡,着于匣中有如雨露,三也"。章鸿钊先生在《石雅》中评论道:"石为水浸渍即有膏液出者,是石易溶解也。"又云:"石质渴燥……徒具美观,实非佳品。"这是从砚石的实用功能对红丝石砚的评价,见图版47。

四、历史上湖北的名砚

从史料上看，湖北省境内的砚材，早在北宋著名文学家欧阳修（公元1007—1072年）所著的《砚谱》中便有记载："归州大沱石斑斑有文，其色青紫，亦颇发墨。"归州为唐武德二年（619年）设置，治所在今秭归。从以上所记的文字看，早在900多年前，在今宜昌地区，便有先民利用当地所产的大沱石制砚，该砚亦"颇发墨"。

过了约100年，南宋著名的学者杜绾所撰的《云林石谱》（公元1133年）亦详称："归州石出江水中，其色甚青黑，有纹如鹧鸪。质颇粗，可为研，甚发墨。土人相互贵重。峡人谓江水为沱，故名大沱石。"又据章鸿钊先生《石雅》记述："民国初年，农商部复遣使采之，所得石块有大逾1~2尺者，质粗有纹，略如杜绾所云。"章鸿钊先生认为大沱石是震旦系南沱冰碛层中所含的、适宜制砚的某种成分的砾石。

杜绾在这里指出的是"归州石出江水中"，此乃指河中卵石。而章鸿钊先生所指的震旦系南沱层，似应包括现在划分的南沱冰碛岩组及其上的与之呈假整合接触的陡山沱组地层较为合理。因为南沱冰碛岩组中的砾石以不宜制砚的硅质岩以及花岗岩、片麻岩为主，而陡山沱组的地层为灰黑色薄板状灰岩夹碳质页岩、黑色灰岩、暗灰色泥质灰岩及棕黑色碳质页岩等组成。这些岩石从颜色或岩性上看，与古人所指的大沱石砚材之色、质相差无几。

试以当今四大名砚中的端砚材和歙砚材与大沱石作一些比较。

端砚材产于广东省肇庆市的中泥盆系桂头组下亚组中段，共有4个含砚材层位。质地好的砚材岩性为青灰色泥质页岩，该岩性呈紫蓝色，具泥质结构，致密块状构造。质地坚韧，纹理细腻嫩滑。其成因为"有障壁的湖坪碎屑沉积"。

歙砚材产于安徽省歙县前震旦系上溪群海相泥砂质碎屑沉积，后经浅变质的地层里。其砚材岩性为灰黑色板岩和灰色千枚状粉砂岩。成因为沉积变质型。

从大沱石与端、歙两砚材的比较，不难看出其共同特点是：颜色深，以沉积型泥质岩类及粉砂质细碎屑岩类为主；无论形成时间长或短，其变质程度皆不深。湖北省宜昌地区陡山沱组的泥质岩类亦具有以上特点，因而它可能就是自北宋以来选作砚材的大沱石的原产地层。

此外，又据赵希鹄撰的《洞天清禄集》云："黑玉研：荆襄鄂渚之间有团块黑玉璞，正与端溪下岩黑卵石同，而坚缜过之，正堪作砚……"（注：此处"研"字与"砚"字在古代是通用的）。由于年代久远，黑玉砚的产地具体地址、砚材岩性及地层时代尚需详考。但这说明至迟在我国宋朝时期便有人从事于湖北境内砚材的调查研究与开发事业。赵希鹄著的《洞天清禄集》是南宋末著名的道藏本，是古代岩石和砚石的论述集。从以上引载的"黑玉砚"可以看出，他将黑玉砚与产于端溪下岩的质地最好的端砚材（黑卵石）相类比，足见其对产于"荆襄鄂渚之间"的砚材的重视了。

以上仅是撷取散见于几种古籍中所载的鄂砚材的零星资料。如用现代地质学的研究方法对湖北省境内砚材的地质情况进行调查，一定会发现更多更好的砚材新品种。

第九章 随州陨星的陨落现象

——随州陨石雨科学考察

1986年4月15日北京时间18时52分,在湖北省随州市东南12.5km的大堰坡乡及其附近地区,突然降落一场规模较大的陨石雨。这是继1976年3月8日在我国吉林省降落的陨石雨之后降落的第二场大规模的陨石雨。自1986年4月19日至1987年7月21日,我们先后四次,历时30余天,对陨石雨分布的39km²面积上陨落的现场进行了详细调查。调查涉及三个乡所属的约60个自然村,被询访的知情人和目击者达200人次以上,并对陨落现场进行了认真地测量、摄影和录像,取得了一批数据,收集到一些供分析研究的宝贵陨石标本,为随州陨石雨的深入研究打下了良好基础。如图9-1所示为随州陨石雨的分布图。

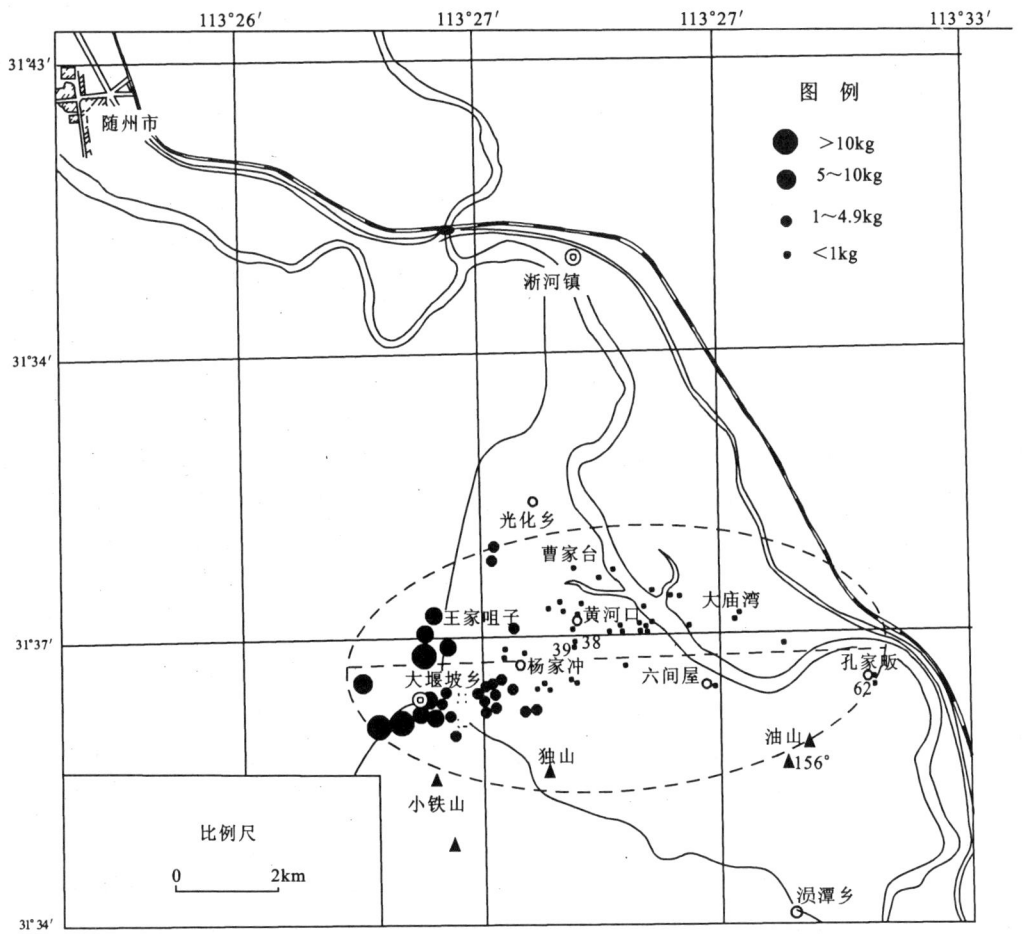

图9-1 随州陨石雨分布图

一、陨落现象

1. 闪光、火球、爆炸声及带状"烟云"

1986年4月15日18时52分，位于随州市东郊气象站的几位工作人员，突然发现其南部天空猛然一闪亮，有一辉光耀眼的火球（约有满月的一半大小）出现在傍晚的天幕上。约5～6秒钟后，听到一声闷雷般的巨响声，随后传来不断的响声，持续了约30～50秒钟。在大堰坡乡，还有人在听到连续爆炸声后紧接着的一声如炮弹飞行时发出的呼啸声。此时红色火球的体积迅速膨胀，视直径达4～5m，且因陨星爆炸和烧蚀产生了带状"烟雾云"，并从火球的一端向西南方向拉长。这种带状"烟云"分成两层：上层为红白色，下层为灰色，处于其上的卷云和其下的高积云之间。据气象站的工作人员徐安乾的现场目测，当时的卷云高度为9 000m以上，卷云总云量5～6成，其下的高积云云量有4成。气象站海拔高程96.2m，气压为1 007.7Pa，低空风向70°，风速4m/s；真空（12 000m）风：平均风向261°，平均风速49m/s。此后，火球及其周围的烟雾不断往上翻腾，其情景与原子弹爆炸产生的蘑菇云顶端相类似，后经风吹呈弥漫状滞留空中，20～30分钟后才逐渐消散。

与此同时，大堰坡乡政府的干部们亦在政府机关所在地的上空观察到了这一天空奇观。据工作人员叶全臻提供的情况表明，带状"烟云"是从火球的一端向SW218°～220°方向拉长并飘散的（这个方位是根据叙述者所指的两个对应的地物连线方向用罗盘实测定向的）。

2. 几块陨石陨落情况

（1）随州陨石雨中最大陨石（1号陨石）：目击者方顺祖、方银平，当时在田里抽水，他们被一束突如其来的弧光所惊呆，接着听到闷雷般的响声持续约30秒钟，朝天上看去，见有呈抛物线状的灰白色烟雾，且是火花在东北而烟雾在西南。这说明主爆裂发生在北偏东方向，而1号陨石及其烟尘是由北向南运行的。烟尘在空中滞留30分钟后散去。随后，轰隆一声巨响，大地震动，在距他们抽水处约60～70m远的麦地里落下了一块陨石，溅起的尘土约有10m高。他们赶到陨石落处，发现陨坑周围的麦杆向外侧伏，溅起的尘土在陨坑四周堆积起来。坑中充满了松散的黄褐色细砂质黏土，坑口深有10cm，用锄头挖去松土约18cm见到陨石。用手触摸陨石感到有些热，湿润润的。在扛回家的途中，陨石的温度越来越低，甚至感到有些冰手。挖出的陨石外形大体上呈三向相等的浑圆状，熔壳完好，质量为56kg，后因人为破坏，现仅存48kg。经测定，现保存的陨石尺寸为32cm×30cm×23cm。残留的陨石熔壳呈深褐色，气印清晰，熔壳厚0.5～1mm，熔壳破坏处的新鲜面为浅灰色，金属矿物颗粒随处可见。陨坑口近圆形，坑口直径75cm，坑深50cm，陨坑北陡南缓（和此陨石体的外形有关），见图版49。

（2）一块陨落在王家咀子村张明才家的陨石：其质量为2.35kg。陨落时击破屋瓦并损坏木椽。据测定，陨石以NW290°方向、80°倾角击穿屋顶砸向屋内水泥地面，造成一个19cm×13cm×5cm的椭圆形坑穴。

（3）落在大堰坡乡粮站的混凝土预制板上一块重约5kg的陨石：砸穿了预制板并形成一个面积为25.5cm×20cm的坑洞。从坑洞边的崩断面测量，陨落方向为NW310°，倾角82°。

(4) 一块重约 20g 的陨石砸向东部与 1 号陨石相距约 9km 远的孔家畈叶玉平家的屋顶上,将一大块机制瓦打碎成 4 块,陨石也破碎成黄豆至米粒大小。

二、陨石雨的分布范围与特征

随州陨石雨分布在随州市淅河镇的大堰坡乡、光华乡和滈潭乡一带。地理坐标:东经 113°25′~113°32′、北纬 31°36′~31°38′以内。已发现陨落点 72 处,总质量估计超过 270kg。陨石雨分布在东西长约 10km、南北宽约 5km 的区域内。如按陨石雨的主要质量分布区为椭圆轴线作图,陨石雨所在的椭圆面积约为 39km²,分布方位为 NEE—SWW。

陨石雨的质量分布具有以下特点。

(1) 陨石总量的 97% 分布在椭圆面积西部(东经 113°28′以西地区)1/3 的土地面积上,占总量 3% 的陨石则分布在其余 2/3 的土地面积上。

(2) 在西部 1/3 土地面积上共发现陨石 34 块,约 250kg。陨石质量最大的如 1、2、3 号陨石都大于 30kg(见表 9-1),第 4 号陨石重 7.4kg。其他 20 块陨石分布在稍偏东一些的地方。杨家冲为陨石分布密集区。

表 9-1 随州陨石雨的质量分布

序号	编号	陨落地点	质量(kg)	陨落方向	倾角
1	3(S-2)	闻家岩村山坡松树林中	70~75*	SE—NW(?)	75°
2	2	小铁山 NW346°约 1.2km 山坡上	>35(?)	130°~310°	
3	1(S-1)	大堰坡乡西约 200m 麦地里	56	110°~290°	41°~88°
4	4	大堰坡中学 SW265°约 550m 处	7.4	NW—SW	
5	5(S-3)	肖家凹东 50m 处	6.5	SE—NW	
6	6	刘家湾 SW195°约 400m 处	6.5	SE—NW	
7	7	前王家咀子北约 100m 麦地	5±	SE—NW	
8	8	魏家湾 SE136°约 100m 处水田	5.25		
9	9	大堰坡粮站水泥预制板上	5±	130°~310°	82°
10	11	杨家咀子村张明才家	2.35	110°~290°	
11	12	大肖家凹东约 40m 水沟边	3.2	NE—SW	75°
12	22	邓家垅与杨家冲之间山坡上	1±		
13	31	碾子湾 SE 后山脊上	0.2146		
14	32	碾子湾东后山冲中	0.3	270°~90°	
15	34	园墙湾 SE144°小山坡上	0.75	222°~42°	
16	39	光华乡竹林湾小路上	0.0288	SW—NE	
17	56	光华乡上头湾 NE20°,350m 河滩上	0.5(?)	275°~95°	
18	57	大堰坡乡六间屋东边小山上	0.1		
19	61	滈潭乡孔家畈叶家屋顶	0.02±		
20	62	滈潭乡孔家畈童家菜地里	0.02±	270°~90°	

注:此表所列为 72 个陨石碎片中的部分有代表性的陨石资料;括号内代号为陨石标本编号。
* 根据目击者提供的体积大小估计的质量。

(3) 在其椭圆面积的东部（东经 113°28′以东地区）2/3 土地面积上共发现 38 块陨石，总质量仅约 9kg，占陨石雨总质量的 3%。黄河口一带为陨石分布较密集区域。这里需要指出的是，陨落在闻家岩的 3 号陨石，据目击者提供的情况表明，是比 1 号陨石更大的陨石。该陨石落地时被震裂成 6 块，但未破开，外形尺寸约为 45cm×36cm×36cm，估计达 70～75kg。陨石落地后就被当地农民破坏瓜分了。这块陨石分布在其椭圆分布区的最西端。以上事实说明陨石雨在地面上的分布自西向东其质量是逐渐减小的。

(4) 陨石的陨落方向总体看来也有一些规律性，即在整个陨石雨所在的椭圆分布区西部 1/3 土地面积的区域，主要陨落方向是 NW 或 SW；1/3 土地面积的东区可能是近垂直降落（方向、倾角不明显）；而其余 2/3 土地面积上的陨石，主要陨落方向是 NEE 或 NE。陨石雨的地面分布特征，大致反映了陨石在空中运行的走向。

三、陨星[①]运行情况讨论

根据中国科学院紫金山天文台编撰的《中国天文年历》中的太阳出没时刻，1986 年 4 月 15 日北纬 30°平均日没时间为 18 点 51 分 30 秒（武汉地区日没时间为 18 点 51 分），这与随州陨石雨发生的时间 18 时 52 分很接近。

随州陨星以顺行轨道在地球上的日落一侧赶上地球。随州陨星正是具顺行轨道的特征，即陨星在空间是由地球公转方向的后面追上地球的（如图 9-2 所示）。1986 年 4 月 15 日 18 时，太阳的黄经为 15°，距春分点 15°。

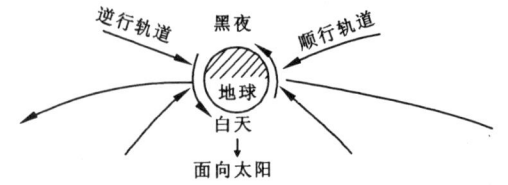

图 9-2　陨石轨道与一天内陨石陨落时间关系的示意图
(Glass，1982)

陨星以顺行轨道趋于在傍晚一侧击中地球，而逆行陨星趋于在清晨一侧击中地球

陨星体进入大气层以后，由于空气的阻力，使其初始速度降低很多。随州陨星体为质量小于 1t 的小型陨星体，由于大气层的阻力使其急剧减速，致使其宇宙速度在地表上空的一定高度完全消失（如图 9-3 所示）。据此，估计随州陨星在 20km 高空的速度约为 18km/s，而在 15km 左右的高空，其宇宙速度完全消失。此时陨星的飞驰速度是完全受地球的引力支配的（Mason，1962），如陨星飞驰冲击地面速度小于 100m/s，将会在松软的地面上造成小的洞穴，其直径通常与陨石大小相当，当以类似速度落在硬地面或岩石上时，陨石与地面皆会发生破碎（Krinov，1963；Glass，1979）。因此，随州陨石的降落速度都应小于 100m/s。

通过对吉林陨石雨大气层内轨道的计算表明，决定陨星发生爆裂的主要因素是作用于飞

---

① 将随州陨石雨形成以前的陨石体称为陨星。

行中的陨星头部的热流和动压值，吉林陨星的爆裂高度约为19km左右，在这个范围内，陨星所受到的热应力和空气动力都足以使陨星裂开。从这个意义上说，陨星在某一高度爆裂也正是它的爆裂主要因素所决定的。随州陨星的爆裂高度据目测约在9 000～10 000m高空。这样的高度也决定了随州陨石雨的地面分布特点。

随州陨石雨中质量大的（＞35kg）和较大的（5～10kg）陨石分布在椭圆面积的西端和其邻近地区，其陨落方向皆偏西（NW或SW），而杨家冲一带的陨石质量为1～4kg，分布比较密集且质量大小也较均匀，陨落的方向性不显著。据目击者反映，在该地段陨落的陨石似乎是从头顶上落下来的。除少数几块落在松软的田地里仅留下一个很小的浅坑外，其他在地面没留下明显的痕迹。由此可推测，这一区域陨落的陨石几乎是垂直落下的。这一现象说明，爆裂中心的投影点在杨家冲一带。杨家冲以东至椭圆最东端的孔家畈村，陨石除在黄河口一带分布较密集以外，其他处均较分散，质量都在1kg以下。据竹林湾的陨石标本（见表9-1中第39号）收集者反映，他们看到有的陨石是从西部大堰坡方向飞来的。表9-1中所列小于1kg的标本记述的陨落方向，都是由目击者提

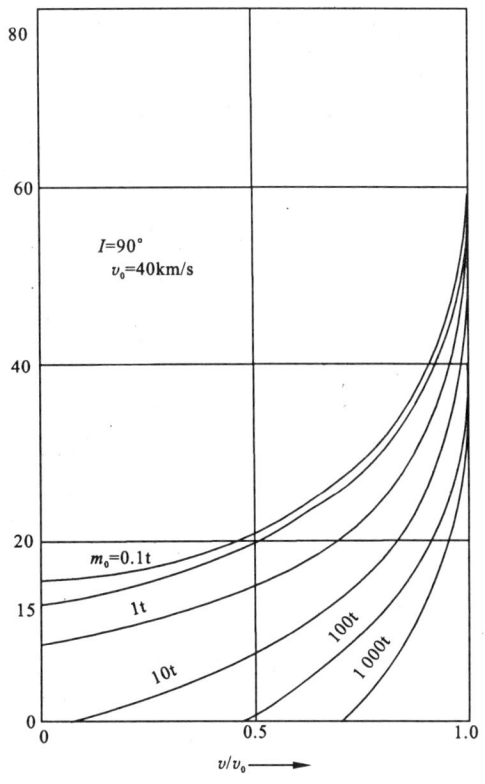

图9-3 陨石着陆速度图
(Heide, 1957)

假定一个初始速度为40km/s，且垂直陨落。当不同质量的陨石飞行穿过大气层的时候，其速度是递减的

供的。这反映了这一区域的陨石多数可能由于陨星在大气圈运行过程中不断地小爆裂以及受当天高空风的影响。当时10 000m高空平均风向为SW269°，平均风速为33m/s（湖北省气象局，1986），在这样的风速和风向影响下，对小块陨石的飞行方向是起了很大作用的。

综上所述，随州陨石雨主要的质量分布集中在其椭圆西部1/3土地的面积上，小部分质量分布在其东2/3土地面积上，造成这一分布特点的主要原因是随州陨星主爆裂高度较低，进入大气层的角度较陡，陨星在大气层运行过程中持续的小爆裂以及当时高空风向影响所致。以上所述的陨石分布特点与加拿大的Bruderheim陨石雨的分布特点相似（Mason，1962）。

四、陨石的外形特征和烧蚀图像

1. 陨石的外形特征

随州陨石雨陨落点分布至少在72处以上。在图9-1上的72个陨落点有64处已经采集到标本，有8处因各种原因，标本下落不明。在野外调查时，这几处陨落点均系有人（有的是多人）亲自目睹的。从所收集的材料看，已保存的标本其大小相差悬殊，最大的1号陨石

重 56kg，而最小的 61 号仅重约 20g。随州陨石大小数十块标本，其外形一般多为不相等的长六面体，少数为不甚规则的多面体。呈长六面体状的标本在三向中有两向的最大值很相近。决定陨石外形的因素主要是：在外太空的陨星受侵蚀与碰撞以及在穿过地球大气层过程中的熔融与破碎等。陨星体在进入地球大气层之前，在外太空的碰撞是造成其破碎与初始形状的主要原因，其证据表明在陨石的结构与其矿物组成上的变化方面。随州陨石中"矿物的冲击效应明显，橄榄石普遍发生碎裂，有的呈波状消光。铬铁矿和陨硫铁也有明显的碎裂现象"（侯渭等，1987），"陨星体表面在太空中的侵蚀，是受星际气体、尘埃与太阳风的影响所致的"（Glass，1982），而"陨石在穿过大气圈时形状的改变，可能是决定陨石最终形状的最重要因素"（Mason，1962）。由于陨石飞行穿过大气圈时的烧蚀可导致其质量的巨大损失。经测算表明，"一个较小的陨石，比其进入大气圈前的质量要损失掉 60%，而对一个相当大的陨石而言，其质量亦要损失掉 27%"（Mason，1962）。随州陨石中除 2 号、3 号两块较大的陨石由于受落地撞击作用而破碎外，其他一般为中小型陨石，落地的速度较小，对其外形一般没有多少影响。许多陨石都有完整的熔壳就证明了这一点。

2. 烧蚀图像

随州陨石在大气层中主要烧蚀高度为 9 000m 以上，在其表面普遍造成形态多样的烧蚀图像。陨石表面发育有 0.1～1.5mm 厚的黑褐色或棕色熔壳。由于随州陨石在大气层中发生多次爆裂，因而多次形成熔壳。据初步观察，随州陨石至少有三次形成的熔壳。初始熔壳为黑色、黑褐色，厚 0.5～1.5mm，壳层光滑。二次熔壳厚度稍薄，表面的光滑程度较差，颜色也浅一些。大堰坡道班收集的一块陨石，就是具有两种类型的烧蚀熔壳。藏于随州市博物馆的陨石标本（从大堰坡挑水河收集的）也具有两次熔壳，早期的厚达 0.4mm，晚期形成的仅厚 0.1mm，前者颜色较深呈黑色，而后者呈褐色。最晚形成的熔壳表面极不均匀，稀稀疏疏地覆盖在粗糙不平的新生成的浅灰色断面上，常见有疣状小突起及微细放射束状的、由熔融物质组成的细沟纹和厚且光滑的楔状条带熔融物。22 号标本明显地显示出二次熔壳发育的事实：其早期熔壳为黑色，是带有楔状条带的，质地比较均一的，并且熔壳表面又因气流的作用形成微细放射束状细沟纹。最晚一次爆裂露出的断裂面为浅灰色新生面，表面砂粒状小突起已被烧蚀而变黑，其上程度不同地发育着一层稀疏的、厚 0.1～0.5mm 的熔壳，它在凸起处的背风面凝结的熔壳层要厚一些，这种三角状的烧蚀图像，实际上代表气印发育的雏形，它保存了熔壳形成初始阶段的图像（如图 9-4 所示）。它与细沟纹所代表的陨石在大气层中的运动方向可能是相同的。

随州陨石除上述的图像外，还普遍具有形态多样、大小不等的气印（烧蚀坑）以及平滑的钝头这两类不同的图像。24 号陨石具有这两种图像，除其较尖处有分布密度小而发育很好的气印外，绝大部分表面为烧蚀得比较光滑的钝头。随州陨石从已保存的 56kg 的 1 号陨石到仅 28g 的完整陨石，都发育有比较完好且其大小、深浅、密度均有差异的气印。一般而言，外形比较尖棱、不规则的陨石气印较发育。就气印的发育情况而言，是由于"陨石表面气流的流动状态不同所造成的，光滑的表面一般是层流边界层烧蚀的结果，气印是湍流边界层烧蚀的结果"。

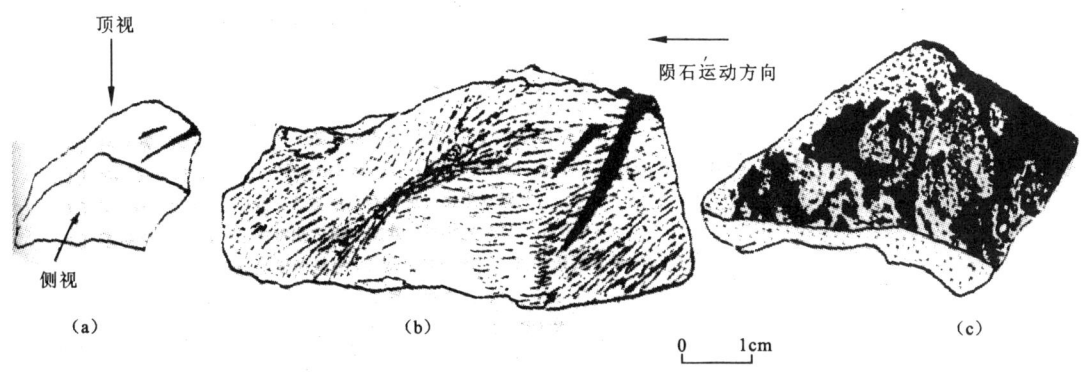

图 9-4 22 号标本素描图

(a)—透视图;(b)—顶视图,熔壳表面微细放射束状的、由熔融物质组成的细沟纹,它由气流作用形成;(c)—侧视图,在浅灰色新生断面上,程度不同地覆盖着一层稀疏的、厚约 0.1~0.5mm 的熔壳,在凸起处的背风面熔壳层稍厚一些,这些鱼鳞片状的三角形熔融块是气印发育的雏形

五、陨石的矿物成分、结构和化学成分(从略)

随州陨石的矿物成分、结构和化学成分将有专门章节进行介绍。根据其主要化学参数和矿物成分特征,随州陨石为低铁群(L)球粒陨石。按其矿物成分定名为橄榄石-紫苏辉石球粒陨石。

六、结论

(1) 1986 年 4 月 15 日 18 时 52 分,随州陨星是沿着地球绕太阳运行的顺行轨道,由地球公转方向的后面,于日没之际追上地球进入大气圈的;以较陡的角度由东偏北方向飞行进入杨家冲一带的上空。其后由于陨星在高速飞行中受空气动力作用与陨星体头部高温所产生的热应力的双重作用,在 9 000~10 000m 的高空发生较强烈的主爆裂以及陨星在飞行过程中发生的多次小爆裂,致使陨星破碎,散落在 39km^2 的椭圆面积区内。陨石基本上遵循质量递减顺序自西而东分布。地面分布特征大致反映了陨星在空中运行的方向,即近 NEE—SWW 走向,已发现陨落点 72 处,总质量估计不小于 260kg。

(2) 随州陨石采集到的标本有 64 块以上,大的达 56kg,最小的仅 20g 左右。除少数个体为不规则多面体形状以外,大多数个体皆为长六面体形状。其烧蚀图像主要有两种类型,一为较光滑的层流烧蚀表面,另一为气印发育的湍流烧蚀表面。

(3) 随州陨石属于低铁群(L)普通球粒陨石。

第十章　湖北观赏石

湖北省地形大致为向南敞开的不完整盆地。地处中南部的江汉平原除了向南与洞庭湖平原相连并敞开，四围几乎被山系包围。湖北山地与丘陵占省域面积（$18×10^4 km^2$）的80%，其余为平原。从地质上看，湖北地质历史演化悠长，区内保存了我国南方比较完整的一套元古代地层，同时从古生代、中生代到新生代的地层也发育完好。湖北省的金属及非金属矿产资源蕴藏丰富，因此，各种岩石、矿物类观赏石及古生物观赏石资源亦甚为多样，有些种类堪称中华观赏石之绝品。湖北素有千湖之省的美誉，区内大小湖泊星罗棋布，河流纵横；长江生成于约7 000万年前的喜玛拉雅山系隆起后，自西而东横贯湖北省全境；长江最大支流汉江自西北向东南在武汉汇流于长江；另一大支流清江呈东西向绵延约400km，流经鄂西南山地，在宜都市与长江汇合。其他河流还有千余条，总长3万多千米，迂回曲折，汇入长江，在湖北省版图内构成向心状水系，因此，岩石及一些古生物观赏石的发现与河流水系关系密切，如神农石系列主要发现于神农架山区的香溪河上源及南河一带，清江石发现于清江长阳地段，汉江石则发现于郧县一带的汉江及其附近支流堵河一带，名闻遐迩的三峡石则分布于宜昌、枝城到枝江这沿长江100余千米的江段及其分布的支流之上。

现依岩石类观赏石、矿物类观赏石、生物化石观赏石、事件石与纪念石等类分述如下。

一、岩石观赏石

1. 神农石系列

神农石系列观赏石是我省独具特色的一类观赏石，20世纪90年代初，被独具慧眼的王杰先生发现并进行系统发掘、采集，在全国数次观赏石展中作为湖北省的独特石品引起了全国观赏石界的注意和好评，并多次在国内石展中荣获大奖。

神农架特区位于湖北省西部的长江与汉江之间及横亘东西的秦岭与大巴山东端的交汇处，面积3 253km²，是举世闻名的亚热带生物遗传基因资源宝库。由于神农架地处我国西部高山区向东部低山丘陵平源区过渡地带，区内山川交错，地势高峻，山峦重叠，河谷深切，峡谷纵横，绝壁高悬，奇峰异石比比皆是，悬崖峭壁随处可见。其山脉绝对高度多在1 500m以上，最高峰神农顶海拔3 105.4m。峰谷相对高度一般为300～1 200m。地质上除少数几个时代的地层缺失外，自元古代至第四系地层均有出露。矿产也较丰富，因而各种岩石类观赏石、矿物类观赏石及古生物观赏石资源蕴藏丰富。良好的地质、地理环境蕴藏着神农架特区许多绚烂的、特有的观赏石类。神农石色彩丰富，具有红、黄、绿、灰、白等多种不同的色彩。

（1）神农石：以红色为主色调。其中砾石浑圆，由红色近玛瑙的硅质砾石、灰白色燧石及白色脉石英砾石组成，硅质胶结，因而质地十分坚硬。岩石躺在山溪清澈的水中，好似绚丽多彩的雨花石被包裹在一团波光粼粼的山泉里，令人爱不释手。神农石产生于15亿年以前地质上称作元古代下神农架群（Ptsn$_1$）荒草坪组（Pthc）的地层中。它反映了10多亿年前神农架地区是一片茫茫大海的海滨环境。远古时代的阵阵海浪拍打着海滩，从河流两岸冲刷到海滨的小石子被海浪来回激荡着磨去了棱角，经过漫长的地质年代，沧海变桑田，最终固结成岩，昔日的浩瀚海洋变成陆地，变成今日崎岖的山岭。岁月悠悠，又经历了亿万年的地质作用使完整的沉积岩层重新遭到风化破碎，以致流落在山溪之中，形成今日的模样。真可谓藏在深山无人识，一遇知音价倍增。此层颜色绚丽的砾岩层在地质上为神农架群中的重要标志层，且有"宝石砾岩"层的称谓，极具观赏价值。此层最大厚度可达267m，这是王杰先生最先开发的神农架观赏石种，"神农石"亦为王杰先生命名，可谓独具慧眼。

（2）神农灰石：这是1997年新开发的一种观赏石品种，在地质上，其生成时代略晚于神农石（宝石砾岩），约生成于13亿年前，属元古代上神农架群（Ptsn$_2$）石槽河组（Ptsh）。神农架地区从下元古代进入中元古代，经历了约2亿年以后，地壳活动频仍，爆发了大量基性火山喷发活动，导致上覆的岩层发生破碎，形成大小不一的碎块，火山喷发时产生的大量火山灰随着火山喷发的终止而沉积下来，这种沉积的火山灰内含有许多周围岩层的碎块，这些碎块都保留有岩石破碎时产生的棱角，因此形成的岩石叫做火山凝灰角砾岩。这种叫神农灰石的观赏石，大小不一，由肉红色、黄色、白色等不同色彩形成的"布丁"，由于在以灰色为基调的视野里常出现很大的颜色反差，给人以新奇的视觉效果和美的享受。

（3）神农（绿）玉：这类观赏石产生于神农石下部层位，与神农灰石属同一层位，但以后者为多，组成神农玉的岩石，其地质名称叫细碧岩。它是海底火山喷发的熔岩在海水中迅速冷却而形成的观赏石，特点是其颜色几乎全为绿色和较深绿色，表明它是在海底缺氧环境中生成。神农玉质地光滑细腻，润泽如玉，色彩鲜艳，手感舒适，可以说是人见人爱。还有一种神农玉具杏仁状构造，在其一片绿色的基底上，散布着一些杏仁状斑点，星罗棋布，别具情趣。组成杏仁斑的主要成分为绿泥石、海绿石、石英和方解石。

细碧岩与前述火山角砾岩之区别在于前者为海底火山喷发形成，后者为陆上火山喷发形成，其喷发时间可以相同，但喷发的环境有差异。这类观赏石具有很大的开发前景。

一件好的观赏石反映了一段内涵丰富的地质历史。作为鉴赏者本身，除了欣赏一件观赏石的外在美（如纹饰、造型或色彩等）外，还应该深入到每件作品"灵魂深处"，探究它的组成是什么，是如何形成的，什么时间形成的，等等，这无疑会更加提高我们的鉴赏水平，丰富我们的知识。

（4）神农绿石：神农绿石的产生时代和地层背景与前述的观赏石情况迥然不同。我们知道，地球形成于距今约46亿年前。前面介绍的观赏石皆产于15亿年至13亿年前，那时的古海洋生物主要是一些低等的植物——单细胞的蓝藻类和菌类。它们在生命活动过程中将海水中的钙、镁碳酸盐及其碎屑颗粒黏结、沉淀，由于季节（温度）变化，其生长速度快慢相间，形成颜色深浅不同的、形态复杂的色层构造，这就是最原始的生物化石——叠层石。而神农绿石则生成于其后的6.5亿～7亿年左右，这期间在全中国乃至全世界的广泛地区发生了一次"冰河"时期，由于冰川的产生，导致世界各地冰碛层的发育，经历了一次约5 000万年之久的全球性气候的大变化。鄂西神农架一带的这套地层就是著名的震旦系下统的南沱冰碛砾岩层，其特点是无层理，砾石成分复杂，主要为硅质岩、砂岩、白云岩，其次为脉石英、页岩、花岗岩等。砾石多呈棱角状和半滚圆状、基底式胶结，胶结物以砂质及黏土质为主。砾石大小不一，排列无方向性，本身具冰川擦痕，为典型的冰川及冰水沉积物。这套地层厚度变化大,神农绿石便是地球历史上曾经发生的震旦纪大冰期形成的,其中的绿色基底反映了冰期寒冷气候条件下氧化作用弱的自然环境。

(5) 神农黄绿石:这是一种特别稀有的品种。在其暗绿色基底上分布着形状不规则、块度大小不一、棱角分明的硅质角砾,其颜色为土黄色,呈蜡状光泽,硬度较大。它之所以珍贵和稀有,是因为它的土黄色砾石与基底的暗绿色形成了强烈的视觉反差,给人一种明快、鲜亮的色彩效果。其珍贵之处还表现在其土黄色砾石成分比较单一,以坚硬的硅质砾石为主。尽管其生成原因与前述之神农绿石一样,但由如此单一的砾石与基底组合而成的观赏石,在神农架地区是殊为罕见的。

(6) 神农白云石:这是神农架地区另一种外貌奇特而特别鲜见的造型观赏石。其原岩则在神农架地区整个元古界及震旦系灯影统广泛分布、具厚层状的硅质条带或硅质结核白云岩,它表明在 8 亿~16 亿年前的神农架地区存在一个以化学沉积为主的浅海沉积环境。为什么说神农白云石是"特别鲜见"的造型观赏石,这是由白云岩本身的物质成分决定的,其成分为 $CaMg[CO_3]_2$。在白云岩被风化作用过程中,$CaMg[CO_3]_2$ 很容易被弱酸性的水溶解而形成奇特的造型。武汉中华奇石馆有一件名为"乱云飞渡"的神农白云石,外形浑圆,在土黄色底衬上,浮雕似地镂刻着灰褐色平行于最大轴径的不规则条带,恰似"乱云飞渡",其立体感强,动感强烈,给人以无尽的遐想。欣赏之余不觉令人感到大自然的鬼斧神工之精妙,整件石品形意双具,浑然一体,是一件不可多得的上乘的观赏石作品。

2. 三峡石

长江三峡,名震中外,巍峨雄奇,撼人心魄。三峡石是指产于长江三峡一带的卵石。其具收藏及欣赏价值的是卵石上的纹饰,这些纹饰有的像图画,有的似文字。三峡石产于第四系形成的河漫滩及河谷一、二级阶地的砾石层中。其原岩层可能是产于宜昌至宜都(枝江)以东一线沿长江分布的中生代白垩系上统下部的罗镜滩组的砾岩层及下统上部五龙组的砾岩层。三峡石的砾石直径 2~20cm,少数也有大于 20cm 以上的。砾石成分主要为灰岩、石英岩,产于枝江玛瑙河一带的砾石,其成分则以玛瑙、玉髓为主。自古即有人采掘,历久不衰。其中一些玛瑙石色彩缤纷,足以与南京雨花石相媲美。

三峡石之美,美在其纹饰,其灰岩质地、石英岩质地的纹饰分别与方解石细脉或石英脉构成如诗如画的图形或文字。如三峡石著名的"中华奇石"、"十二生肖石"、"伟人头像石"以及"裸女形体石"等都是由这些方解石脉或石英脉组成的。人见人爱,令人爱不释手。

3. 汉江石

汉江石为河底卵石。汉江是长江的第一大支流,起源于陕西宁强县,流经陕鄂两省的汉中、安康、十堰、襄樊等 30 余县市,于武汉注入长江,流域面积 48 000 km^2。汉江上游多系深涧峡谷,中、下游支流亦较多,其中发源于湖北省境内神农架的一大支流堵河,绕过武当山,百折千回注于郧县附近的汉江,是湖北省境内汉江石蕴藏丰富的地区之一。在汉江转弯处的沿岸及河床上,由于支沟冲积物在江水的搬运、沉积作用下,形成了许多河漫滩和阶地。这些堆积物中蕴藏着许多可供鉴藏的汉江石观赏石。

汉江石独具地方特色,其具代表性的有汉江红石、墨玉石、彩石、油光青和绿石等。

(1) 汉江红石:颜色为大红、枣红、黑红和斑点红等。以全色大红似鸡血者为上品。质地有两种,一为含铁(Fe_2O_3)石英岩,颜色较均匀;另一种为含赤铁矿硅质碎裂岩,其局部含较大的赤铁矿角砾，多数赤铁矿呈斑点状分布于岩石中，为一种构造岩。前一种多分布于神农架地区，属下元古代下神农架群黑水河组（Pth），岩性为粉红色铁质石英砂岩，其中枣红或大红色者为本地层中赤铁矿层，层位稳定。

（2）墨玉石：以墨如漆、肤如玉而形似瓜果、球体者为佳品。其质地坚硬，为一种碳质硅灰岩。

（3）彩卵石：为汉江支流泗水河、九道河所产的图画石和文字石。其质地坚硬，原岩多为硅化粉砂岩类岩石。

（4）油光青：为汉江石中的一个新的品种，以墨黑、麻黄、金星、银星等品种最为常见。其形状多为西瓜、圆饼及椭圆饼状。为黑色硅化泥质岩。

4. 清江石

清江是湖北境内除汉江以外长江的第二大支流。全长约 400km，号称八百里清江。发源于鄂西利川，流经十县（市），在长江三峡的西陵峡口宜都汇入长江。其中以过境长阳县流程最长，又居临尾部，因而长阳清江是清江美石最集中、规模亦最大的汇聚地。

清江石以河谷卵石为主体，以"色、质、形、纹"而取胜。色者，"骊石烨之升辉"，"赤石炳炳如火"。质者，石质坚硬，多为硅质类及硅化粉砂岩类纹理石。形者，造型奇巧而常以浑圆型之图纹著称于世。纹者，"道不尽纯质美纹"，"内容博洽，广搜大千；片石之小，可宁修千秋云月，六合乾坤，方寸之狭，巧绣人物花草，走兽飞禽"。亦有天工铸就、永垂不朽的秦汉篆籀。

清江流域行经古生代地层，故而河床卵石中不时可见角石、珊瑚类、斧足类、腕足类和菊石化石形成的观赏石。

5. 云锦石

云锦石是 20 世纪 90 年代中期才被人发现的新的观赏石品种。它集造型石和纹理石的特点于一身。一经问世即因其奇特的造型和浮雕状、云朵般的纹理受到赏石者的青睐并争相收藏。其傲然无我的风韵和独领风骚的气势，纵览现今所见之奇石，更很少有出超其左右者。

云锦石产于恩施附近清江河滩层中，是第四系大姑期冰碛泥砾层中的硅质灰岩、黑色硅质泥岩类砾石在特殊的地质、水文条件下所形成。云锦石的原岩可能为二叠系上统长兴组（P_2c）、大隆组（P_2d）地层。因该地层岩性为厚 8m 的灰黑色硅质泥岩以及灰黑色薄层硅质灰岩和灰黑色薄层硅质层夹碳质灰岩、页岩等。其 P_2c 以灰岩为主而 P_2d 则以硅质岩为主。原岩经过第四纪更新世冰川的破碎，再经过搬运、风化溶蚀的外生地质作用，从而形成了千姿百态的冰川泥砾。洗去其外裹的黄色黏土便逐渐显露出云锦石的浮雕状花纹。切开云锦石，其外为黄色浮雕状云纹层，中间为灰白色过渡层，而里面为深灰黑色硅灰岩层。

6. 宣恩菊花石

产于湖北宣恩县，产地有一座"七姊妹山"，因此，传说菊花石是由"七仙女"抛向人间的美丽的白菊花凝结而成。宣恩菊花石发现于 20 世纪 90 年代初。它产于约 2.7 亿年前形成的海相碳酸盐地层中，即二叠纪栖霞组灰岩，属于菱锶矿型菊花石，花蕊部分以菱锶矿为主，并含微量重晶石、方解石和白云石，花瓣部分的原生矿物由菱锶矿组成，但皆被方解石、石英及白云石所取代，只保留了菱锶矿矿物的假象。宣恩菊花石花形美丽，其相互间的主次、协调、点缀、搭配相得益彰。花色洁白而纯洁，基岩载体以较深的黑色石灰岩为底，黑白搭配、反差明快，给人以强烈的美的冲击。宣恩菊花石花形多样，有蝴蝶花形、飞鸟花形、爪花形及圆柱花形，尤以蝴蝶花妩媚多姿，如彩蝶飞舞，翩翩而至，其花朵分布疏密相间，错落有致，小花灵秀可爱如天女散花，落英缤纷，而大花粗犷豪放，一枝独秀。花冠直径小者不足一寸，而大则盈尺。

二、矿物观赏石

1. 绿松石（Turguoise）

据章鸿钊先生的考证，在清代以前的文献中，绿松石被称为"甸子"、"琅玕"、"瑟瑟"、"碧瑱"等。其英文名称意为土耳其玉。但并非产自土耳其，古代主要产于波斯（伊朗），后经土耳其传入欧洲，因此得名。

我国绿松石的主要产地为湖北，它产量最大、质量最优，享誉中外。古代文献中鄂产绿松石称之为襄阳甸子，又称荆州石（见元代陶宗仪的《辍耕录》）。

湖北绿松石主要产地为郧县、郧西、竹山等地。矿山处于武当山西端、汉水以南的部分区域内。地质上属秦岭褶皱带东段南缘武当地块西侧，含矿地层是寒武系下统的含碳或含泥质硅质板岩。绿松石矿常沿断层有规律地分布，在母岩的层间破碎带中，矿体呈透镜状、藕节状、串珠状出现。绿松石一般呈结核状、粒状、葡萄状、似鲕状、豆状等。主要矿区有郧县云盖寺、郧西的广山寨、竹山的金莲洞等。其中，郧县产绿松石是古代"襄阳甸子"的主要产地。

郧县云盖寺绿松石矿最迟在元代即已进行开采，清代采掘量最盛。有三个含矿层，第一含矿层以脉状矿体为主，往上第二含矿层曾开采出最重达100kg的绿松石大结核，再其上为第三层矿，矿体矿量均较差。高档绿松石矿多来自云盖寺的绿松石矿。

绿松石矿产在近地表处，深度一般不超过30m，其矿床为表生常温常压下形成的外生淋滤型矿床。母岩一般为富磷、含铜的沉积岩和沉积变质岩。

绿松石本身即为含水的铜铝磷酸盐类矿物，化学成分为 $CuAl_6[PO_4]_4(OH)_8·5H_2O$。通常呈致密块状、肾状、钟乳状、皮壳状等集合体。以独具天蓝色或称为"绿松石色"为其特征。矿物属三方晶系，隐晶质结构，具贝壳状至粒状断口。摩氏硬度为5～6。韧性一般较好。相对密度2.4～2.9。通常不透明。具油脂光泽及玻璃光泽。常有黑色斑点或黑色线状褐铁矿或其他氧化铁的包裹物，俗称铁线。

作为观赏石的绿松石，一般要求其颜色具绿松石的蓝绿色，外形最好为具象或抽象状动物或其他能使人产生联想的形状。从矿山采集的绿松石多呈结核块状，必须除去围岩残留及黑色包裹物，颜色以蓝色或蓝绿色为好。

值得注意的是，作为观赏石欣赏的造型绿松石中，尤其是褐黑色包裹体较多、颜色偏暗的某些绿松石，常具放射性，放射性强度一般可达到正常值的2～3倍以上，个别的甚至更高。作者曾对所能接触到的个体绿松石观赏石进行放射性γ射线测量，检出超过正常值强度2～3倍以上的大约为20%。分析其产生原因，是由于绿松石乃以富磷含铜、铝的沉积岩作为围岩，为表生淋滤矿床类型，其地球化学特征与某些表生含铀矿物的形成条件是类似的，如含铀胶磷矿在下古生代（寒武纪）地层中以磷结核状、块状产出，铀在胶磷矿中常呈分散吸附状态存在，其铀含量可达0.1%；又如含铀磷铝石、含铀褐铁矿等均产于沉积地层的表生淋滤氧化带中,其铀含量可高达0.5%。而湖北绿松石矿床分布区亦位于湖北外生沉积-淋滤型铀矿床远景区划范围,故某些绿松石具放射性,这都不是偶然的现象。

这里必须指出的是,适合于绿松石的成矿地化条件,理论上与铀的相对富集的地化条件是相似的,如围岩中的磷块岩、氢氧化铁[$Fe(OH)_3$]、氢氧化铝[$Al(OH)_3$]等都是铀(U^{6+})的吸附剂,它直接影响着对溶液中U^{6+}的沉淀与富集。以上这些都是对具放射性绿松石观赏石形成原因的理论分析,更充分的阐释还需大量实验室工作的分析鉴定。

2. 孔雀石 (Malachite)

湖北省有一座古代因"大兴炉冶"而得名的城市——大冶市。据清修《大冶县志》载:"铜绿山,山顶高平,巨石对峙,每骤雨过时,有铜绿如雪花小豆点缀土石之上,故名。"这铜绿便是孔雀石。在大冶市西有一座距今3 000多年前的商代古代青铜矿冶遗址,这是中国至今唯一保存以孔雀石为冶炼原料的铜矿遗址。这说明早在3 000多年以前,古代的先民对孔雀石便有了认识,至今铜绿山还堆积着40万吨以上的古代冶铜炼渣。古人称孔雀石为"绿青、石绿、深绿、青琅玕"。

湖北省境内有铜矿数十座,唯独铜绿山富产孔雀石,这与其所处的地质条件有关。孔雀石产于铜矿地表氧化带中,与蓝铜矿、赤铜矿、自然铜、针铁矿等紧密共生。铜绿山是大型富铜富铁的矽卡岩型矿床,这是接触交代变质作用形成的矿床。

孔雀石硬度为3.5~4,相对密度为4~4.5,其化学成分为$Cu_2[CO_3](OH)_2$,其中Cu^{2+}具有特殊的电子态,使孔雀石具有鲜艳的绿色。集合体不透明或半透明,呈玻璃光泽至金刚光泽,而纤维状集合体则呈丝绢光泽。铜绿山产的具皮壳状、肾状的孔雀石,其硬度和相对密度相对而言是最高的,其表面经抛光后可呈现出闪烁斑斓的光泽和千姿百态的、美艳无比的绿色花纹。这是作为观赏石的孔雀石最具收藏价值之所在。

孔雀石观赏石中肾状、皮壳状者多为一面具观赏价值,而有二面以上观赏面者则很少,这也是这类孔雀石的局限之所在。如果是有三面以上观赏面的孔雀石,那就是出类拔萃的珍品,而且这类孔雀石之边角余料亦可加工成摆件、戒面、印章等工艺品,可供随身把玩。

绿铜山孔雀石亦有与蓝铜矿共生的。蓝铜矿呈深蓝色,与翠绿色的孔雀石交相辉映,观赏性更高,但甚为少见,因此,价格更高。

有关孔雀石的市场行情,据一些资料综合介绍,孔雀石原石国内的价格在1986年至1988年3年间涨了5倍,由30元/kg上涨到150元/kg,2000年以后,一批孔雀石印章的平均售价达到了每枚300元左右,最高达每枚1 600元。国际方面,1988年优级孔雀石原石售价为30~50美元/kg,直径为6mm的孔雀石项链每条售价30美元,直径为8mm的每条售价40美元。孔雀石印章在日本、台湾市场上的销售情况较好,日商尤喜圆柱形印章。随着对孔雀石资源的大量采掘,其资源日趋枯竭,估计孔雀石的价格还会向上攀升。

3. 鱼眼石 (Apophyllite)

鱼眼石为产于湖北省黄石地区的珍贵的、不多见的矿物晶体。此地所产的鱼眼石为羟鱼眼石(Hydroxy Apophyllite),化学成分为$KCa_4[Si_4O_{10}]_2[F,OH]\cdot 8H_2O$,鱼眼石为一种含有结晶水的钾钙硅酸盐矿物,具较特殊而罕见的硅氧四面体层状结构。其形态为复四方双锥晶类,晶体以板状为主,一般厚0.1~1cm,棱边长1~3cm,少数可达6cm以上。其次亦见柱状、柱锥状和不规则粒状集合体形态。为不透明至半透明。颜色有无色和粉红、桔红、棕红色，少见浅绿色。摩氏硬度4～5。(001)完全解理。从解理面上散发出异常光性，具珍珠光泽及类似鱼眼的反射光，故以此而得名。鱼眼石属低温热液矿物，与基性火山岩在成因上有关，常与沸石、方解石等共生。黄石产羟鱼眼石还有一些稀见的伴生矿物，如红硅钙锰矿（这种矿物的化学成分和晶体结构尚待进一步确定）、硅硼钙石等。

鱼眼石的市场行情颇为看好。印度的一些矿物标本商将大量优质的鱼眼石和沸石矿物晶体向欧美市场销售，售况普遍良好。1992年，在美国图森宝石矿物展销会上，一块手掌大的印度绿色鱼眼石晶簇售价高达16 000美元。

4. 水晶晶簇 (Rock Crystal)

湖北水晶产于罗田县、通城县、巴东县、兴山县、郧西县和神农架地区等地。现以神农架地区产水晶为例述之。

神农架地区共发现13个水晶矿化点。其成因单一，以热液石英脉型为主。如亮石坪小型水晶矿，水晶产于围岩为元古代神农群板岩夹白云质灰岩扁豆体的横切裂隙内。大多石英脉呈雁行式排列，石英脉体形态简单，以板状为主，脉长一般为10～25m，最长为90m，一般厚约0.1～0.2m，最厚处达2.5m，石英脉多为块状结构，边缘有时可见粒状、柱状及晶簇状结构。

矿脉属多晶洞含晶石英脉，单脉含晶数量约数个至数百个。按晶洞成因可分为残留式及溶解式两类。晶洞大小与其数量和脉体规模成正消长关系。晶洞在脉体内分布较均匀。晶洞规模一般为0.014m^3，单个晶洞含水晶量为0.5～150kg，最高达400kg。

水晶晶体一般呈单晶或晶簇生于洞壁，部分脱落赋存于充填物中，晶体为无色透明或半透明柱状体。少数为长轴状，晶形较完整，晶面纹清晰，个体较小，一般为3cm×1.5cm×1.3cm～5cm×3cm×2.5cm，最大者可达30cm×16cm×15cm，主要缺陷为裂隙，巴西双晶、幻影，采取率为5%～10%，压电水晶可用率为0.05%，熔炼水晶可用率在25%以上。

此外，还有两个较大的水晶矿点，即刘家屋和张家坡水晶矿点，但规模比亮石坪水晶矿要小。

中国古代称水晶为"水精"、"水玉"、"白附"、"黎难"、"玉晶"、"千年冰"、"玻璨"、"菩萨玉"和"放光石"等。对水晶的开发利用，我国有悠久的历史和光辉灿烂的文化，在距今50万年前的北京周口店古人类文化遗址里，就发现有用水晶制作的石器。历史文献中关于水晶的记载亦为数甚多，尤以对水晶的性能、产地的记述相当明确，对水晶形成原因的认识亦有所论及。如《山海经·南山经》就记载了"堂庭之山，多棱木、多白猿、多水玉"之句。汉司马相如的《上林赋》有"水玉磊砢"之说。《后汉书·西域传》称："大秦国宫室皆以水精为柱。"唐朝大诗人韦应物的《咏水精》称："映物随颜色，含空无表里。持来向明月，的砾愁成水。"明代曹昭的《格古要论》认为，水晶以"色白如冰，清明而莹，无纤瑕砧击痕者为佳"。李时珍的《本草纲目》称："南水较白，白水较黑。信州、武昌水较浊。性坚而脆，刀利不动，色澈如泉，清明而莹，置水中无瑕，不见珠者佳。古语云水化，谬言也。"以上这些都是中国古代浩如烟海的古籍文献中对水晶认识的万一。

三、生物化石观赏石

湖北省境内地层发育比较齐全，生物化石从无脊椎动物到脊椎动物皆有发现，有些化石，如头足类、水生爬行类以及陆生大型爬行类化石，举世闻名。

1. 震旦角石（Sinoceras Chinenese）

它是一种海生无脊椎软体动物化石，属头足纲鹦鹉螺超目，是我国特有化石之一。湖北所产的这类化石在数量上和质量上皆位居全国前列，现发现最完整的化石其长约 200cm。其名震旦（Sino）为中国之古称。它是中奥陶系地层的重要化石之一，是四亿四千万年前生活在海洋中的凶猛的肉食动物。

震旦角石形似"宝塔"，状如"竹笋"，故民间俗称"宝塔石"、"竹笋石"。至今保存最早的化石标本是北宋时期的震旦角石，于 1967 年在江西武宁县石家祠堂发现，其长 19cm，宽 11.4cm，厚 2.5cm，正面为角石化石，侧面刻有北宋著名诗人、书法家黄庭坚（公元 1045—1105 年）的一首诗："南崖新妇石，霹雳压笋出，勺水润其根，成竹知何日。"从诗中可知，当时人们称它为"石笋"。从黄庭坚的题诗可知，它保存至今最少已有 900 年的历史，且在地质上具有较高的学术研究价值，故深受地层、古生物学界的重视。

昔日奥陶纪海洋中头戴圆锥形钙质长帽的怪物，因头部长有环状分布的触手，其手、足功能用以捕食、爬行和游泳，故名头足类。历经沧海桑田，如今埋藏在坚硬的石灰岩中，它就是海陆变迁的见证。因此，它对于古生物研究和地质科普有重要的意义，是供观赏和收藏的稀世珍品。其主要产地在湖北省宜昌及远安等地。

2. 江汉鱼（Jianghanichthys Hubeiensis Lei）

湖北发现的"江汉鱼"，即是早年在湖南澧县等地发现并定名的"骨唇鱼"。湖北的骨唇鱼则发现于 20 世纪 70 年代末，随后在湖北松滋、宜都等地也有少量发掘。

江汉鱼隶属于硬骨鱼纲鲤形目，科未定，江汉鱼属。其生存于距今 5 000 多万年的第三纪始新世早期。其主要特征是：体小，侧扁，纺锤形，顶骨小，额骨具发达的侧嵴；口端位，口裂小；前上额骨呈三角形，上额骨组成口裂的侧缘，眼眶大，泪骨发达；脊椎前的 4 个脊椎骨各自分离，相互不愈合；尾正形，尾鳍深叉裂；各鳍无棘刺，近基部的部分不分节，鳞片大，圆形，放射纹极发育，如图 10-1 所示。

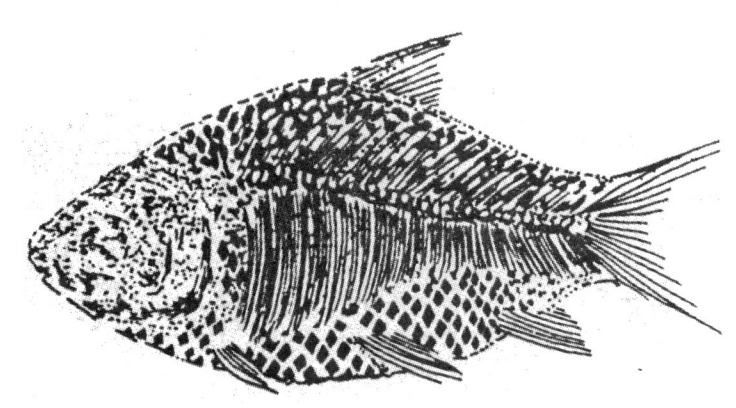

图 10-1 江汉鱼（1×1）

有趣的是，我国最早记载鱼化石的著作是《山海经》，在《山海经·海外西经》中记载："龙鱼陵居在其北，状如狸，一曰鰕。即有神巫乘此以行九野。一曰鳖鱼在夭野北，其为鱼也如鲤。"郭璞作注认为"龙鱼为龙狸；狸即鲤也；九野，乃天下之意"。北宋杜绾的《云林石谱》记述："陇西地名鱼龙，据地取名，破而得之，亦多鱼形，与湘乡所产不异，岂非古之陂泽，鱼生其中，因山颓塞，岁久土凝为石。"可见鱼龙或龙鱼，是状如鲤的鱼化石。

东晋末年，沈怀远在《南越志》（全书一卷十三则）第三则曰："衡阳湘乡县有石鱼山，下多玄石，石色墨而理若云母，拨弄一看，辄有鱼形，鳞鳍首尾，宛若刻画，长数寸，鱼形备足，烧之，作鱼膏腥，因以名之。"这里不仅记述了鱼化石产地、围岩，亦介绍了鉴定方法，这不但在中国，而且在世界上都是最早的。所述"石鱼山"在今长沙市附近，盛产鱼化石。经鉴定，这里的鱼化石就包含有属于鲤科的骨唇鱼（Osteochilus）。

3. 小跗节湖北蝎——中国第一只古蝎子

20世纪80年代初盛夏的一天，在武汉市汉阳一座小小的米粮山上，地质工作者李承森在采集古生代古植物化石的过程中，偶然在敲打身边的碎石时，一块拳头般大小的石块被劈成两半，在那灰白色的断面上赫然显出一只小动物的身躯，仔细一看，它的身体明显分节，并弯曲着。这无疑是一只节肢动物。经进一步研究，在其尾部发现了一个明显的尾刺，确定是一只古蝎子。古蝎子是非常重要的早期节肢动物，这对地质工作者来说真是无价之宝，如图10-2所示。

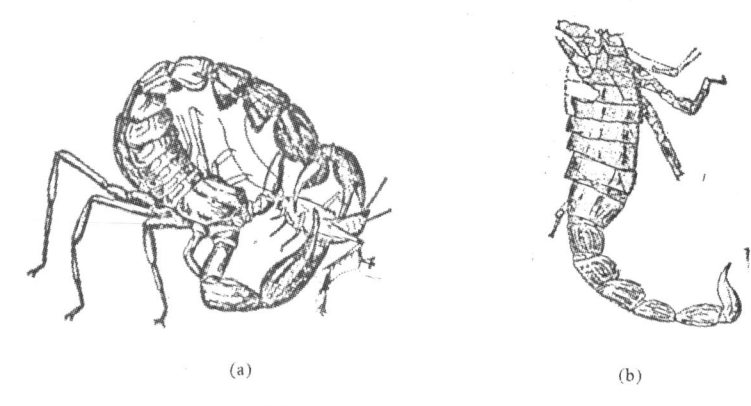

(a)　　　　　　　　　　　　　(b)

图10-2　小附节湖北蝎

(a) 蝎捕食昆虫；(b) 中国第一只古蝎小附节湖北蝎（部分复原图）

蝎子属于节肢动物门，螯肢亚门，蛛形纲，蝎目。这只古蝎的整个形态酷似现代蝎子而不同于其他已知的古蝎子。最早的古蝎子出现在志留纪。全世界在古生代所发现的古蝎子标本，也不过十来块，它们产自德国、加拿大和美国，归属于7个属8个种。经中国和德国的学者研究，中国这只古蝎子以其跗节格外细而明显不同于志留纪和现代蝎子，因此定名为小跗节湖北蝎（Hubeiscorpio Gracilitarsus）。标本长3～3.5cm，胸部右侧的步足基本保存下来，特别是第三步足十分完整。腹部各节轮廓清晰。后腹部向右弯曲，尾刺呈水滴状，十分醒目。为新属、新种，时代为晚泥盆世，距今已3亿年（论文发表于1990年的德国地质古生物年刊上）。

与湖北蝎同时发现的还有大量的陆生植物化石。可以推测，这只古蝎很可能是生活在淡水湖边，而以往报道的古蝎都是生活在沿海的浅水环境里。毫无疑问，中国这只古蝎的发现不仅扩大了古蝎子在世界上的地理分布范围，而且为这类节肢动物从水生到陆生的早期演化提供了非常珍贵的资料。

4. 百鹤石 (Crinoidal Limestone)

百鹤石又称"百鹤玉",是一种以含有海百合茎为主的石灰岩,产于湖北省鹤峰县距今约4.3亿年前的志留纪地层中。该地层中除海百合茎化石碎块外,还含有孔虫、层孔虫以及珊瑚等,胶结物为碳酸盐及粉砂质等,由此构成了生物碎屑灰岩。其色彩繁多,有绿、蓝、紫、红、黑、灰、黄、白8种基色,由此构成十数种色型。花纹变化多样,色纹各异,质地致密细腻,可做成许多实用的百鹤石质工艺品,如酒具、茶具、文房用具以及餐具等,也可雕刻成人物、走兽、花鸟等陈设品和瓶、燻、炉等艺术品。如俏色精镂、霞红、果绿以及奶白等色彩交相辉映,艺术价值甚高。诸色之中,以红百鹤石质量最佳,英国皇家科学院对中国湖北的百鹤石进行了鉴定,其报告称:"19世纪中叶,曾有类似的大理石装饰于伦敦皇家节日大厅的室内墙壁,而现已无法获得。中国的发现可填补这一空白"。

作为观赏石的百鹤石,即天然的纹形兼具的块体比较少,但武汉中华奇石馆有一方百鹤石观赏石,将近 $2m^3$,则是不著人工的、色、质、形、纹兼备的百鹤石观赏石。

5. 郧县恐龙蛋化石

湖北省郧县恐龙蛋化石群于1995年初发现。产地位于距县城约8km的青龙山一带。化石产在中生代白垩统晚期胡岗组底部 (K_2hg) 红色含角砾粉砂岩和细砂岩中,距今约6 700～13 500万年,在 $4.2km^2$ 范围内已发现9个恐龙蛋化石点,产蛋层2～6层。成窝状产出,在同一层位一般为不规则排列,窝间距3～5m,平均每窝10枚蛋左右,最多达到59枚,其为5个不同种类的恐龙产下的恐龙蛋。据有关资料介绍,国内外共发现8个恐龙蛋科的化石,可喜的是,该地区就发现了5种不同类型、分属五个科的化石:①树枝蛋科(分布最广,约占70%);②网状蛋科(分布次之);③蜂窝蛋科(分布次之);④棱齿龙蛋科(分布局限);⑤圆形蛋科(分布局限)。

据不完全统计,青龙山一带仅地表分布恐龙蛋化石就有2 000多枚,是迄今为止世界上恐龙蛋化石种类最多、分布最集中、数量最多、保存最完整、规模最大的化石群落,实属世之罕见。

恐龙蛋呈椭球形、球形,绝大部分已被压扁,多数蛋有破口,破口一般位于蛋的下方。蛋壳厚1～2mm,均有裂纹。其表面颜色为灰褐色、灰白色,蛋壳表面光滑,蛋内填充物与其围岩基本相似。

郧县产蛋的地层为上白垩统,厚10～122.7m,恐龙蛋产在 K_2hg 层下部2～15m的岩层中,其岩石质地较坚硬,呈紫红、红褐色,分选磨圆差,可能属盆地边缘冲积扇背景下的近源快速堆积。K_2hg 下伏岩性为中元古武当群 (Pt_2wd) 中的浅变质岩系。上覆岩性为第四纪冲积物。三者之间为角度不整合。

1997年7月下旬,在距青龙山55km的郧县梅铺镇李家沟村又发现了距今7 000万年左右、属晚白垩纪时期的3条鸟脚类恐龙骨骼化石,再次引起了国内外轰动。郧县境内既发现了恐龙蛋化石,又发现了恐龙骨骼化石,使郧县再次成为享誉海内外的恐龙之乡。

1995年8月,郧县政府在青龙山、红寨子恐龙蛋化石产地设立了县级地质遗迹保护区。该保护区于1996年、1997年又分别被批准为十堰市和湖北省级的地质遗迹保护区。

6. 南漳湖北鳄（*Hupehsuchus Nanchang* Yang, 1972）

南漳湖北鳄：爬行纲、双孔亚纲、初龙次亚纲、湖北鳄亚目、湖北鳄科、湖北鳄属。为一具完整的骨架，如图 10-3 所示。

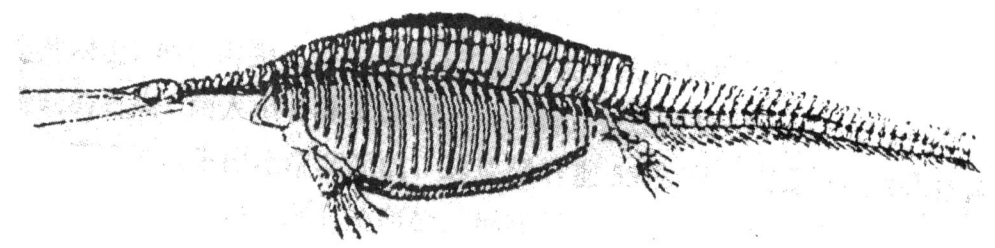

图 10-3　南漳湖北鳄
（据 Carroll and Deng, 1991）

特征：具有鲜明的地方性特点。目前仅发现于湖北南漳县下—中三叠统地层。像鱼龙类一样，其身体呈侧扁的纺锤型，与鱼龙庞大身躯不同的是，南漳湖北鳄的体长仅 33～85cm，属小型的海生爬行类。它的头骨具伸长但不长牙齿的吻部和下颌。颈部和身体上方有纵列的膜质骨板。四肢呈桨状，但仍保留了许多其陆生祖先的特征。它们以身体和尾部的侧向摆动来推动身体前进。

此外，湖北产鳄类除南漳湖北鳄外，还发现有另一种与之相似的不完整骨架的个体，1959 年定名为孙氏南漳龙（*Nanchangosaurus suni* Wang, 1959）。以前认为与南漳湖北鳄为同物异名，但 1991 年经"Carroll & Dong"的进一步研究，认为这两个类型之间是有区别的。

四、事件石、纪念石

1. 随州陨石雨"天外来客"见闻录

1986 年 4 月 15 日 18 时 53 分，在湖北省随州市淅河镇和大堰坡镇一带，一场陨石雨突然从天而降。这是继 1976 年 3 月 8 日在我国吉林省坠落的一场大规模的陨石雨之后，又一次较大规模的陨石雨。经过初步调查，这次陨石雨的散布面积约 40km^2，呈北东东-南西西向分布，东西长达 10km，南北宽约 4km，陨落点达 70 余处，在大堰坡镇及东北部的涢潭镇孔家畈村等地，均有发现陨石坠落的报告，但最密集分布处是在大堰坡镇附近。

据目击者所观测的资料来看，当时风向偏东，风力 2 级，人们突然在卷云下见到像火球一样发出耀眼的强烈闪光，将徐徐垂下的夜幕照得通亮。这道绚丽的闪光持续了约 15～20 秒钟，紧接着发出了数声惊雷般炸响。火球在天空滚动，历经数十秒种，随着几声巨响，无数的陨石散落到了大堰坡镇一带的土地上。有两位农民亲眼目睹了一颗较大的陨石坠落时的情景。当时，数声巨响之后，只见一个渐大的黑点如飞弹一样带着嚣叫的响声，自东而西地飞落在距他们仅约百米的麦地里。坠落处地面扬起几尺高的尘土，随即又升起一团白色烟雾。他们怀着从未有过的好奇心，立即向陨石坠落处跑去，发现有一小片青青的麦杆向四周倒伏，中间是一片松土。他们用锄头将松土挖开，坑内有一块黝黑的、表面坑坑凹凹的、形态不规则的石头。两人小心翼翼地将其挖出来，摸上去还是热乎乎的，在扛回村子的路上逐渐变凉了，但表面还湿润润的。这块陨石重 55kg，它是这次降落的陨石中已发现的最重的一块。陨石坠落处，形成了一个坑口直径为 85cm、坑深 55cm、坑底直径约 30cm 的坑穴。可惜的是具有重要科学研究价值的深褐色的陨石熔壳遭到了不应有的破坏。

另一块陨石重约 5kg，坠落在大堰坡镇粮站的露天货场上，将 10 余 cm 厚的混凝土预制板击穿，形成了一个 20cm×23cm 的坑洞。

还有一块陨石重 2.35kg，坠落在农民张明才家房屋上，砸破了机制大瓦，打断了一根木椽子，直落在房中水泥地面上，形成了一个 19cm×13cm×5cm 的洞坑；同时震破了一扇窗户的玻璃。一位农民说，当时推门进房，还可见到陨石落处冒出"缕缕青烟"。

陨石可分为石陨石、铁陨石和石铁陨石。其中以石陨石为主，铁陨石次之，石铁陨石最少。石陨石主要由含 Fe、Mg 等元素的硅酸盐物质组成。另外具有球粒结构的陨石又可叫做球粒陨石，吉林陨石和随州陨石皆属此类。

随州降陨石雨的消息在报上披露以后，引起了全国有关高等院校和科研单位的高度重视。人们为什么对这些"天外来客"如此青睐呢？因为陨石是从我们地球以外飞来的"稀客"，它给我们带来了许多有关宇宙空间的信息。如天体演化、生命起源、基本粒子等方面。在应用技术上，我们也可以从对陨石的研究中受到启迪，因为陨石在穿越大气层的运行过程中被烧蚀的情况及其烧蚀过程，对我们研究火箭和人造地球卫星等高速飞行器的保护，显然有重要的借鉴意义和参考价值。

近年来，对陨石的研究，已经形成了一门独立的科学——陨石学。它是一门综合性较强的学科。它需要天文学、地质学、数学、物理和化学等方面的科学知识作为基础。随着科学技术的发展，人们对陨石的研究将越来越深入。

2. 三峡大坝岩芯石

三峡大坝岩芯采自大坝电厂的坝基，其最大直径为 0.9m，岩性为黄陵花岗岩和石英闪长岩，岩石生成年龄距今 8.2 亿年。黄陵花岗岩和石英闪长岩体处于著名的黄陵背斜的核部，是一个既古老又庞大的岩基，岩体稳定，无大的断裂带，是长江上中游交接处一个天赐的巨型水坝的稳定、坚固的坝基，是建筑巨型水电站十分难得的地基。其岩芯中国地质大学（武汉）和武汉中华奇石馆皆有收藏，甚为难得，也是珍贵的三峡坝基纪念石。见图版 49。

五、湖北古代著名观赏石

为撰写古代湖北省所产观赏石，作者查阅了许多古代记述观赏石的古籍，其中《云林石谱》（宋杜季阳撰）记载有：襄州产穿心石；峡州宜都产玛瑙石；荆南府产鹦鹉石和松滋石（刷丝玛瑙）；黄州产小玛瑙石；鄂州产石棋子石。上列皆为江水中产的小型鹅卵石及"雨花石"。又有产于归州（即今宜州秭归县境内）之大沱石，以及襄阳石（产于襄阳凤凰山）。

《素园石谱》（明林有麟撰）记载，襄州产穿心石（有孔洞的灰岩卵石）；襄阳石，产太和山上，为风化石灰岩。

《洞天清禄集》（南宋赵希鹄撰）记载有"墨玉砚"，并论述此砚发墨在端溪下岩之下，龙尾旧坑之上。

《奇石记》（胡朴安撰）记载，汉水之滨产"绿色石砚"。

《寿山石小志》（陈子奋撰）记载，湖广石产兴山县（疑为印章石）。

《格物镜源》（清陈云龙撰）记述，"樊石"（又名涅石）产于武昌（今鄂州市）等8种〔樊石为明樊（矾）石，章鸿钊〕。

《万石斋灵岩石子小传》（张轮远撰）记载，"黄冈竹"产于湖北黄冈，"其形扁平椭圆形长一寸三分"。又谓："石蛋白色，有黄圈笼其上，其下又成绿纹，随风摇曳，作竹叶状"。

《石雅》（章鸿钊著）亦记载，鄂产观赏石计有"襄阳石、卞和石等10种"。

《筠廊偶笔》（清宋荦撰）记述，"归州香溪中多五色石"。

以上所记，有据可考，古今皆有记述。以下对自古以来名播华夏的大沱石和卞和石详述之。

1. 大沱石

古籍中有关大沱石的记载颇多。如北宋米芾的《砚史》，南宋高似孙的《砚笺》，北宋杜季阳的《云林石谱》，北宋北海郡侯唐彦猷所编的《砚录》，宋李之彦撰的《砚谱》，以及北宋著名文学家欧阳修所著的《砚谱》中皆有记述。近代地质学家章鸿钊编著的《石雅》也有大沱石的详载。

自古以来，笔墨纸砚称为我国"文房四宝"，其中砚台尤为文人所钟爱。名砚离不开优质的砚材。从史料上看，湖北省境内也出优质的砚材，受到古代文人的重视。

对湖北出产的砚材，早在北宋著名文学家欧阳修所著的《砚谱》中便有记载。该书说"归州大沱石斑斑有文（纹），其色青紫，亦颇发墨"。归州为唐武德二年（公元619年）设置，治所在今湖北秭归。南宋著名学者杜绾所撰的《云林石谱》（公元1133年）对此砚材亦有详细的记载："归州石出江水中，其色甚青黑，有纹如鹧鸪。质颇粗，可为研（砚），甚发墨，士人相互贵重。峡人谓江水为沱，故名大沱石。"这种优质砚材到近代还有，据章鸿钊先生《石雅》记述，"民国初年，农商部复遣使采之，所得石块有大逾一二尺者，质粗有纹，略如杜绾所云"。北宋时北海郡侯唐询（字彦猷）（公元1005—1064年）在其著《砚录》中记述，凡"可为砚者共十五品，而石之品十有一。青州红丝石一；端州斧柯石二；歙州婺源石三；归州大沱石四……"由此可见大沱石砚在古代文人心中的地位。又北宋欧阳修贬任夷陵县令，欣闻大沱石为"黄绿两色，坚硬，叩之有声，布满天然花纹，有的如花草林木，高雅美观，可制砚台"，甚为欣喜。

对于大沱石材质的构成，杜绾说"归州石出江水中"，似指江水中的卵石，语焉不详，而章先生则认为是震旦纪南沱冰碛层中所含适宜制砚的砾石。经实地考察，这里陡山沱组地层为泥质岩类，从颜色和岩性上看，与古人所指的大沱石砚材之色、质相差无几，不仅如此，与端、歙砚材比较，大沱石砚材也有其共同特点。因此，湖北省宜昌地区陡山沱组的泥质岩类，很可能就是北宋以来选作砚材的大沱石原产地。

此外，又据《洞天清禄集》记载："黑玉研（砚）：荆襄鄂渚之间有团块黑玉璞，正与端溪下岩黑卵石同，而坚缜过之，正堪作砚……"由于年代久远，黑玉砚产地的具体地址、砚材岩性及地层年代当需详考，但说明至迟在我国宋代就有人从事湖北砚材的调查研究与开发的事业。当前如用现代地质学的研究方法对湖北省境内的砚材进行地质调查，一定会发现更多更好的砚材新品种。

2. 卞和石（和氏璧）

卞和石又称和氏璧，是战国楚厉王时代（公元前 757—前 741 年）由楚人卞和得玉璞于荆山中。据《韩非子·和氏》记载："楚人得玉璞楚山中奉而献之厉王。王使玉人相之，玉人曰：石也。王以和为诳，而刖其左足；厉王薨，武王即位，和又奉而献之武王。武王使玉人相之，又曰：石也。王又以和为诳，而刖其右足。武王薨，文王即位，和乃抱其璞而哭于楚山之下，三日三夜，泪尽继之以血。王闻之，使人问其故，曰：天下之刖者多矣，子奚哭之悲也？和曰：吾非悲刖也，悲夫宝玉而题之以石，贞士而名之以诳，此吾所以悲也。王乃使玉人理其璞而得宝焉，命曰和氏之璧。"

《史记》廉颇蔺相如传载，公元前 283 年，楚赠和氏璧于赵，赵惠王得楚之和氏璧。同年秦昭王闻之，使人遗赵王书，愿以十五城换取赵国新获的和氏璧。赵王派蔺相如持璧使秦，面见秦王之后，发现秦王欲恃强夺璧，且无意偿赵国城邑，乃当机立断，遣从者持璧先行返赵。当时的形势是秦强赵弱，虽然蔺相如暂时"完璧归赵"，但后来和氏璧终被秦所获。至公元前 221 年，秦始皇统一中国，并下令将和氏璧琢为传国玉玺。他还命丞相李斯在其上书写"受命于天，既寿永昌"八个虫鸟龙鱼形篆字，由玉工孙寿刻之。自此以后，"和氏璧传国玺"相继传了 130 多位皇帝，历经十多个王朝，共 1 620 年，直至公元 1368 年，元顺帝被朱元璋迫离大都往北败逃，"传国玉玺"遂从此失传。递至明清，均未曾用和氏璧作为传国玉玺。其下落至今不明。有趣的是，1991 年 10 月先后在西安、北京召开了"和氏璧传国玺学术座谈会"，香港学者钟世杰称，他已从日本朋友手中获得了年久失传的和氏璧。但与会的许多学者认为现存于钟世杰之手的"和氏璧传国玺"尚存许多疑点，并不能认定此即为秦代所传的"和氏璧传国玺"。

"璧"——《尔雅》云："肉倍好谓之璧"。《白虎通义》云："方中圆外曰璧"。这里，"璧"有两种含义，其一曰"质"，质量上好之玉谓之璧；其一谓"形"，即璧圆有孔。

关于"和氏璧"的产地，历代文献中多有记载，如《后汉书·郡国志》称："荆州记曰，西北三十里有清溪，溪北即荆山，首曰景山、即卞和抱璞之处"。《方舆纪要》谓"荆山顶有池，旁有石室，相传卞和宅；上有抱玉岩"。荆山位于湖北南漳县西北。《清一统志》认为"襄阳南漳府荆山在县西八十里，……下有抱玉崖，即卞和得玉处"。

至于和氏璧究竟是什么玉石？根据唐末五代人杜光庭编著的《录异记》记载，和氏璧"侧而视之色碧，正而视之色白"，说明了和氏璧有变色现象。章鸿钊先生在其《石雅》中写道："……正视色白，侧视色碧者，绎其义可得二解，一则随玉转侧而色由白渐碧者，是也，此与今所谓色变者为近。略与变色相似者，曰色幻，然色幻者将物急转，色次第异。……若色变不微异，是必将物回转，至何方向，始见何色，不达其处，则色不著，此惟今腊长石有之"（腊长石 Labradorite 即今"拉长石"）。

拉长石为斜长石的一种。当转动时，在其特定方向上呈现出美丽的蓝、绿、紫、金、黄等色的变彩。这正符合杜光庭所述"侧而视之色碧，正而视之色白"的记载。拉长石属于中基性斜长石。它的变彩是由于极细的离溶薄片对光的反射所致。湖北省南漳县之西的荆山又出产含拉长石的基性岩，故卞和所找到的玉璞极可能就是这种岩石。

玉石，是天然的单矿物集合体或多矿物集合体。它的硬度要求在摩氏硬度 3～7 之间，其他物理性质（如光泽、颜色、透明度等）要符合工艺美术开发的要求。近百年来，湖北地区除发现举世闻名的绿松石外，尚未发现其他有一定规模的、较有价值的玉石种类。

第十一章 武汉中华奇石馆藏石品鉴

一、奇石世界揽胜——武汉中华奇石馆

座落在武汉市汉阳区翠微街上的这间国内第一流的奇石馆——武汉中华奇石馆是一座仿古园林式建筑群，占地 6 700m²。其正门门楣上具有"瘦金体"风格的牌匾"武汉中华奇石馆"七个字为武汉市前市委书记王杰同志手书。奇石馆以"争辉楼"、"斗艳斋"和"缀彩轩"三幢仿古建筑为主体，其间以变化丰富的曲栏回廊相连接，将奇石馆划分为三个景区。回廊为半敞开式，是陈列奇石的主要空间。奇石主要陈列于不同形式的陈列柜及古朴典雅的博古架上，其间盆花、根雕与奇石错落有致地布局曲尽匠心。园内花木扶疏，摇曳多姿；石峦小径逶迤通幽；漫步其间，一步一景。园内有被白居易赞为"三峰具体小，应是华山孙"的太湖石点缀其中，还有上百盆大小不一、形态各异的山石盆景和花木盆景陈设各处。进门右侧，是目前武汉市最大的山石盆景"高山流水"，它是由一组气势雄峻、立意新颖、手法细腻、匠心独运的作品。常吸引游客驻足争睹，摄影留念。园内各种名贵花木与千奇百怪的观赏石争奇斗艳。

馆中的陈列主体是奇石。它是该馆经多年努力，从全国各地搜集的精品。馆内藏石达数千件，其中包括大型庭园观赏石、造型石、纹理石、钟乳石、图画石、文字石、天然矿物晶体、古生物化石、陨石、工艺石及盆景石等类。这里面有享誉海内外的太湖石、灵璧石、墨石、菊花石、牡丹石、天峨石、紫袍玉带石及彩虹石等选自省外的著名观赏石类。产自湖北省的观赏石，著名的有菊花石、神农石、三峡石、孔雀石以及中华震旦角石等。湖北的菊花石，黑地白花，反差明显，仿佛一朵朵洁白轻盈的秋菊镶嵌在黑色致密坚硬的岩石之上。白菊花舒展清晰，排列有序，有的呈并蒂相连的姊妹花，有的几朵一簇媲美争辉，亦有的一花独放、孤芳自赏。无论是一朵花还是数朵花的菊花石，其外形都是多姿多态的，具有很高的观赏价值，常常是爱好者争购的对象。牡丹石、白花黛绿色地，如民间蜡染布的图案印在岩石上一般，花瓣相互压叠，百媚丛生。一件盈尺大小的牡丹石竟布满三十余朵的花，更令人惊异的是，花朵石不仅在岩石类的表面分布，在岩石的里面也有。每件牡丹石形态也各不相同。经奇石馆工作人员精心处理，使件件牡丹石作品绚丽多彩，令人爱不释手。另外，一些工艺石如龙、虎、熊猫等，虽是妙用彩虹石的纹理，经巧夺天工创作的大型作品，但整件作品独具匠心，很难发现刀斧痕迹。这些气势不凡的大型作品，常令海内外游客赞叹不已，有的甚至要出高价收购。这里展出的还有十分珍贵、色彩缤纷、玲珑晶莹、造型别致的天然矿物晶体，如罕见的、呈"金银花"结晶状的重晶石和由褐黄色方解石和紫色莹石组成的"山花烂漫"石屏。此外，产于石灰岩溶洞中的一些钟乳石、石笋、石柱等也是色彩多样，千姿百态，有的如"金鸡报晓"，有的像"仕女娉婷"，令人浮想联翩，目不暇接，流连忘返。

好花还需绿叶扶持，一件好的奇石作品如无与其相得益彰的台座相配，很难使作品的自

然美和意趣美淋漓尽致地表现出来。相配良好的台座能烘托出一件作品突出的意境，常可以收到意想不到的效果。如一件"金鸡报晓"的钟乳石作品，配以鸡笼状的台座，就像在晨曦中，金鸡兀立在鸡笼上引吭高歌，加强了金鸡的动感。台座的设计是一种创作，其基本要求是要使木质基座适应于各种不同的观赏石，就像不能"削足适履"一样，不能"削石适基（座）"。因此，台座的设计除了必须注意平衡与稳定的关系外，还要在各种不同的纹饰、线条、外形乃至髹漆的色彩上讲究与观赏石匹配，切忌"喧宾夺主"的矫揉造作。在技法上讲究浮雕、圆雕、焦雕（用火、电烙刻）以及透雕等手法，一件好的观赏石与一件上好的台座相匹配，可以达到锦上添花的艺术效果。

中国人爱石、赏石、藏石，有着十分悠久的历史，若从秦始皇筑"阿房宫"设宫苑、宰相李斯引"盆植"装饰宫苑起，至今已有约 2 000 年的历史。从古至今，中国的石艺文化已成为中国传统文化的一个组成部分。随着经济的日益繁荣与发展，国内爱石藏石热已趋升温，继武汉市、南京市等地大型奇石馆开馆以后，其他许多省市也相继建成或正筹划建立新的奇石馆。它必将为我国与世界各国的石文化交流起到越来越大的作用。武汉中华奇石馆的建立、开馆，将为我国方兴未艾的石文化热潮起到推波助澜的作用。

二、镇馆之宝——武汉中华奇石馆馆藏珍品撷英

座落在武汉市汉阳区翠微路上的武汉中华奇石馆，是一家享誉海内外、国内一流的大型奇石馆。它是在武汉市前主要领导和现任市领导的具体指导和亲切关怀下于 20 世纪 90 年代初建立并对外开放的。这是继黄鹤楼、磨山风景区等重要景点的建设之后，献给武汉市民的又一令人瞩目、集观赏与休闲为一体的、高雅的文化场所。自开放以来，深受武汉市民和海内外奇石爱好者的青睐和欢迎。

武汉中华奇石馆是一座仿古典园林式建筑群，占地 6 700m²。大门两侧是一对具有齐鲁风格、用褐红色花岗石雕刻的石狮，其通体光可鉴人，以憨态可掬的模样，笑迎四方来客。两座分别重达数十吨、造型奇特巍峨的奇石，分置于大门外侧两边，就是被江泽民主席书写赞誉过的"灵璧怪石天下奇"的灵璧石。这是我国目前较大的 2 件巨型庭园观赏石。其后，新改建的奇石馆大门具有南派园林庭门的风格，蔚为大观。门楣上具"瘦金体"风格的牌匾"武汉中华奇石馆"七个金字，为王杰同志手书。奇石馆以"争辉楼"、"斗艳斋"、"缀彩轩"、"芙蓉苑"及"百花厅"等仿古建筑为主体，其间为变化丰富的曲栏回廊相连接，将奇石馆划分为若干个景区。依照奇石的类别分别设置了综合奇石馆、矿物晶体馆、钟乳石馆和化石陈列馆（两间）。总共收藏有各类奇石上万件及不同的化石数百件，其中不乏在国内外举世无双的稀世珍品。置身其间，人们不仅可以得到美的享受，而且还可以从惊天恸地的史前世界的生物发展与绝灭的历程，感受到自然演变的沧桑。以下对"镇馆之宝"作一一介绍。

（1）举世无双的蔷薇水晶（芙蓉石）：这是一件呈粉红色的、半透明至透明的巨大晶体（见图版 50）。化学成分为 SiO_2。晶体长 3m，平均直径 1.35m（最大直径 1.8m），质量为 11.32t，具有水晶体特有的一些重要外表与内部特征。我们通常将那种呈粉红色、具油脂光泽、半透明至透明的致密块状的石英称为芙蓉石。它是一种重要的玉雕材料。少数色泽极美、透明，几乎没有任何瑕疵或缺陷的蔷薇水晶，可以作为宝石。奇石馆收藏的这件蔷薇水

晶，其中不乏达到宝石级的局部块体。

　　这里有两点需说明：其一，偌大的单晶体是目前国内已发现的水晶体中体积最大、质量最重的一块。其二，它是粉红色的芙蓉石晶体。作为宝石或玉雕材料的芙蓉石，如此大的单个晶体在国内外还未见有报道。

　　我国明、清以来多以芙蓉石作为材料制作香炉、山子、花插等为数颇多的雕件。北京故宫博物院即有这些珍贵的藏品。自然界的蔷薇水晶，主要产于分异良好的花岗伟晶岩中，以致密块状的芙蓉石为主，但晶体罕见。

　　作为陈列矿物晶体的"芙蓉苑"，除了藏有这件世所罕见的蔷薇水晶外，还藏有白色水晶（重1.6t）以及呈白色、黄色、红色等色彩的大型方解石晶体、石膏晶体、辉锑矿晶体、闪锌矿晶体等数十个品种，大小共数百件藏品。身处其间，犹如进入了一个自然晶体世界。

　　武汉中华奇石馆设有两间化石展馆。一间以陈列大型鱼龙、幻龙及铲齿象等为主，另一间则以陈列古鸟化石、鱼化石及哺乳动物化石为主。

　　（2）举世闻名的"孔子鸟"化石十分完整精美，两枝尾翎保存极好，栩栩如生，是这类化石中的上品。研究表明，具有一对很长尾翎的个体可能属于雄性。"孔子鸟"最主要的特征是其牙齿完全退化，取而代之的是和现代鸟类相似的角质喙。"孔子鸟"具有不对称羽片的飞羽，肩胛骨和鸟喙骨夹角约为90°，前肢长而坚固，因而它是典型的具有飞行能力的鸟类。"孔子鸟"与德国发现的著名的始祖鸟具有相近的特征，但个体比始祖鸟小。始祖鸟是世界上已知最原始的鸟类，而"孔子鸟"的原始性仅次于始祖鸟，但与现代鸟类相差甚远。它生活的时代稍晚于始祖鸟，产于晚侏罗纪的地质时期，距今约1.35亿年左右。馆内收藏的古鸟类化石除"孔子鸟"外，还有始反鸟、娇小鸟等比"孔子鸟"在演化上更进步的古鸟类化石。

　　（3）古海洋中的一霸——鱼龙（化石）：馆中展出的鱼龙化石是在对原化石修复的基础上，以埋藏态的方式展出的。它像一幅浮雕展布于展厅的一面墙上，鱼龙体长5.5m，其原化石完整程度之高，体型之大是十分罕见的。鱼龙属海生爬行动物，它在许多方面都代表已发生最高度特化的身躯和体形。从地质史的角度看，这类海生爬行类动物的出现，非常突然和具有戏剧性，因为在出现鱼龙的地质时期（三叠纪）以前的沉积物中，找不到可能作为鱼龙类动物祖先的任何线索。据对其高度特化的骨骼所作的解剖构造的分析，鱼龙是从恐龙家族中的杯龙演化来的。因而它是"龙"而非鱼，为了适应海洋的环境，其四肢已变成鳍状的桡足，但鱼龙的生活方式完全像一种大型的鱼类，其外貌与今天的海豚和鲨鱼相似。鱼龙纺锤状的身躯、浆状的四肢和强壮的尾鳍，使它成为当时古海洋中的一霸，因此，鱼龙在地史时期，在生物演化上具有特殊意义。值得一提的是，奇石馆在修复鱼龙化石时，特意将鱼龙化石的头骨作了单独而精心的修理，使头骨及部分颈椎作为精品单独保存。从与头骨相连的颌骨中，还可清晰地见到十分难得的鱼龙的牙齿。鱼龙生活在距今约2.4亿年的中三叠纪。

　　（4）神出鬼没的幻龙化石：幻龙是一类生活在海洋里的水生爬行动物，分布于世界各地。我国是世界上发现幻龙化石最多的国家，在幻龙发现史上，幻龙化石个体其长度从不足10cm到不足2m的皆有所发现，但武汉中华奇石馆珍藏的一件幻龙化石，体长达3.5m，其完整程度近乎完美，是这类化石中的极品。幻龙那三角形的头部镶着一双大眼睛，显得炯炯有神，一对小小的鼻孔长在头的前端，头后紧连着一根渐次变粗的颈椎，躯干之后是长长的尾椎，呈自然弯曲状，完美之至。

幻龙生活的环境是在古海洋生物礁边缘的侧部，这里水浅，风浪小，阳光充沛，海水透明温暖，含盐度正常，十分有利于生物的生长。其优越的自然条件造就了丰盛的鱼、虾及大量的无脊椎动物，这可以从与幻龙化石相伴生的其他化石中得到证明。丰富的食物及优越的环境使幻龙繁衍迅速，在我国西南一隅的古海洋中逐渐组成了一个庞大的家族，因而留下了许多遗骨。它保存了幻龙家庭在史前悲欢离合、生死相依的各种场景。幻龙也生活在距今 2.4 亿年前的中三叠纪。

(5) 具铲土功能的铲齿象（板齿象）化石：奇石馆的铲齿象化石共有数具，其中一大一小是经修复后装架展出的。

铲齿象是生活在距今约 2 000 万年、现已灭绝的象类。其上颌骨前部分宽扁，门齿退化。下颌骨接合部宽，呈长匙状，下颌骨与宽扁门齿连在一起形成方头铲形，因而将这种象形象地命名为铲齿象（亦称板齿象）。

现代象是从 5 000 多万年前的始新世出生的始祖象进化来的。始祖象只有现在的猪那么大，身体呈长形，那时它还不具备长鼻子。到了 3 000 万年前，始祖象的子孙一分为二，一支进化为恐象类，另一支进化为乳齿象类。最早的乳齿象叫始乳齿象，此时它已有一个不太长的象鼻子了，经再进一步演化，从乳齿象里进化出了铲齿象。这时铲齿象的鼻子并不长，尚未伸到嘴巴的前面去，它只是和上嘴唇连在一起，长成为一种肉质结构，它既扁且宽，非常灵活。这些铲状齿是用来从浅水水底挖掘植物的。至于其他乳齿象则逐渐演化为现代象，它们的鼻子随着身体的增高而越来越长，越来越灵活。因此铲齿象只是象类进化过程中的一个环节。由于其不能适应自然环境的变化，因此，铲齿象在距今约 700 万年前的上新世，逐渐退出了地球历史舞台。人们站在这种铲齿象面前，可以想象到它在史前的雄姿（见图版 50）。

参考文献

白乐天．中国通史．北京：光明日报出版社，2002
本书编委会．矿物晶体精品集．南宁：广西人民出版社，2002
本书编写组．湖南铀矿物图册．北京：原子能出版社，1980
本书编写组．中南地区区域地层表．北京：地质出版社，1974
陈均远．动物世界的黎明．南京：江苏科学技术出版社，2004
杜石然等．中国科学技术史稿．北京：科学出版社，1985
侯先光等．澄江动物群．昆明：云南科学技术出版社，1999
湖北省气象局．中国高空气象记录月报．北京：气象出版社，1996
侯渭等．新陨落的随州（L群）球粒陨石．科学通报，1987，（1）
靳志忠．田黄石鉴赏与收藏．天津：天津人民美术出版社，2003
林同骥等．吉林陨石雨论文集．北京：科学出版社，1979
李道槐主编．清江石．武汉：长江文艺出版社，1999
李家珍等．中国菊花石．武汉：中国地质大学出版社，1999
李兆聪．宝石鉴定法．北京：地质出版社，1991
刘柏丽主编．柳州名石大典．长春：吉林美术出版社，2002
刘昭明．中华地质学史．台湾：商务印书馆，1985
南京大学地质系古生物地史教研室编．古生物（试用教材）．北京：地质出版社，1980
桑行之等．说石．上海：上海科教出版社，1993
桑行之等．说砚．上海：上海科教出版社，1994
舒勤荣．地学教育论评．旅游地学的兴起及其研究内容．1982，（1）
汪啸风，陈孝红等．关岭生物群．北京：地质出版社，2004
王国维．人间词话人间词．北京：群言出版社，1995
王嘉荫．本草纲目的矿物史料．北京：科学出版社，1957
王璞，潘兆橹等．系统矿物学．北京：地质出版社，1987
王实．中国观赏石大全．北京：中国广播电视出版社，2006
王实．中国现代玉雕精品大全．北京：科学技术文献出版社，2002
武汉地质学院矿物教研室编．结晶学及矿物学．北京：地质出版社，1979
夏树芳．化石漫谈．上海：上海科学技术出版社，1978
谢鸿儒，姜进枝．化石之美．台北：台湾大自然科学出版社，1995
武汉地质学院随州陨石科研组．地球科学，1986
袁珂校注．山海经．成都：巴蜀出版社，1993
袁奎荣等．中国观赏石．北京：北京工业大学出版社，1994
张德良等．吉林陨石雨论文集．北京：科学出版社，1979
张弥曼等．热河生物群．上海：上海科学技术出版社，2001
赵汝珍．古玩指南全编．北京：北京出版社，1992
赵松龄等．宝石鉴赏指南．北京：东方出版社，1992
钟声主编．中国恩施清江石集．武汉：湖北美术出版社，2001
周国平主编．宝石学．武汉：中国地质大学出版社，1989
朱光潜．西方美学史．北京：人民文学出版社，1985
Glass，B. P. 行星地质学导论．北京：科学出版社，1982
Hofmann Kapinski. Schone und Seltene Minerale. Copyright 1981 by Edition Leipzig Prinled in the GDR

Olaf Medenbah, Harry Wilk. The Magic of Minerals. By Springer verlag Berlin Heidberg Printed in Germany; 1986 Translation by John Sampon White

W. H. Freeman, Company. EARTH (Third Edition). Frank Press Raymond Siever, 1982

Willard L. Robert, Wendell E. Wilson. Encyclopedia of Mineral (Second Edition). Printed in the USA New York, 1990

岩石类观赏石　历史上著名的造型观赏石撷英　图版01

瑞云峰　太湖石（苏州）

玉玲珑　太湖石（上海）

冠云峰　太湖石（苏州）

皱云峰　英德石（杭州）

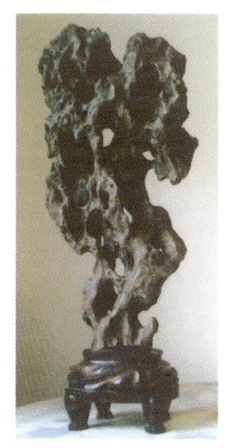
褐色太湖石（现代）

青莲朵　太湖石（北京）

昆山石《秋水横波》（昆山）

昆山石（现代）

昆山石《春云出岫》（昆山）

岩石类观赏石　　造型石　　图版02

园林灵璧石
（安徽·渔沟）

红色灵璧石（安徽·渔沟）

墨石　60cm×38cm×22cm　（广西·柳州）

大化梨皮石
（园林观赏石）

大化水冲石
100cm×158cm×68cm
（武汉中华奇石馆）

窗棂构造石（武汉中华奇石馆）

岩石类观赏石　　造型石　　图版03

晶穗钟乳石（武汉中华奇石馆）

片纹石英观赏石　36cm×20cm×10cm

卷叶钟乳石（武汉中华奇石馆）

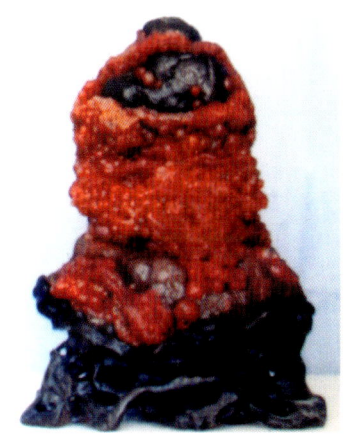
红葡萄玛瑙石

风砺石　16cm×12cm×10cm

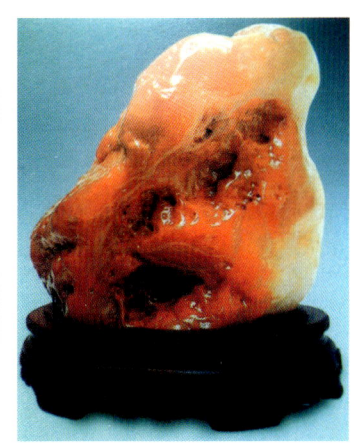
三江黄腊石（雪质）
24cm×28cm×14cm

三江黄腊石（砂质）
47cm×22cm×26cm

"雷击石"——闪电熔岩［中国地质大学（北京）］

岩石类观赏石　　纹理石　　图版04

雨花石一组

凸纹天峨石　22cm×22cm×6cm

宣恩菊花石（武汉中华奇石馆）

平纹天峨石　32cm×15cm×16cm

人工图纹广西彩霞石（武汉中华奇石馆）

四川绵竹石英质纹理石
26cm×18cm×8cm

洛阳牡丹石
（武汉中华奇石馆）

洛阳黄河纹理石
（武汉中华奇石馆）

04　美石大观

矿物晶体观赏石　自然元素类矿物　图版05

金刚石　Diamond
28mm×32mm　（南 非）

金刚石　Diamond
22mm×25mm　（南 非）

自然硫　Sulfur
37mm×7mm　（意大利）

自然硫　Sulfur
4mm×1mm　（意大利）

矿物晶体观赏石　自然元素类矿物　图版06

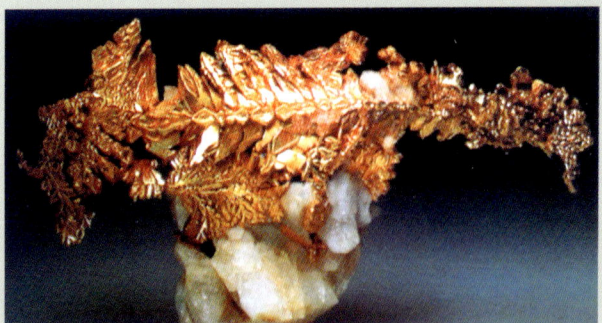
自然金　Gold　7.5mm sp　（美国）

自然银　Silver　6.3mm sp　（美国）

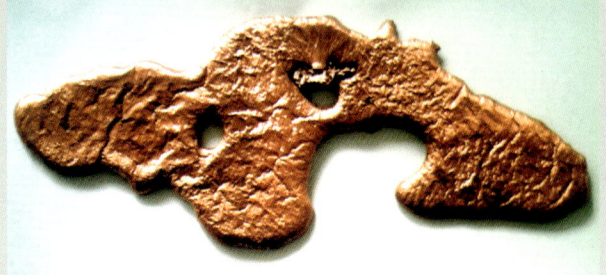
自然铜　Copper　235mm×94mm　（美国）

自然银　Silver　70mm sp　（玻利维亚）

自然铜　Copper　133mm sp　（美国）

自然铜　Copper　320mm×180mm×80mm　（美国）

矿物晶体观赏石　硫化物·碲化物类矿物　图版07

雄　黄　Realgar
334mm×460mm　（中　国）

雌　黄　Orpiment　12mm×1mm　（美　国）

雌　黄　Orpiment　640mm×457mm　（中　国）

雄　黄　Realgar
14mm×10mm　（美　国）

锑雌黄　Wakabayashilite
20mm×10mm　（美　国）

矿物晶体观赏石　硫化物·碲化物类矿物　图版08

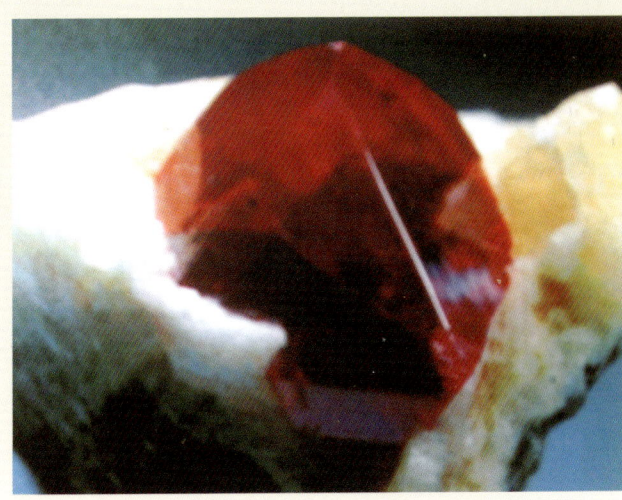

辰　砂　Cinnabar　16mm×10mm　（中国）

辰　砂　Cinnabar
368mm×460mm　（中国）

辰　砂　Cinnabar
576mm×460mm　（中国）

辰　砂　Cinnabar
370mm×460mm　（中国）

辰　砂　Cinnabar　548mm×460mm　（中国）

(本图版照片由王文魁教授提供)

矿物晶体观赏石　　硫化物·碲化物类矿物　　图版09

淡红银矿　Proustite
35mm　sp　（德 国）

黄铁矿　Pyrite　24mm×27mm　（前南斯拉夫）

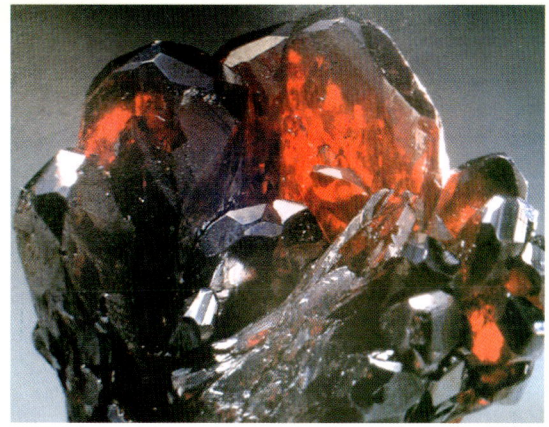

深红银矿　Pyrargyrite
17mm　sp　（德 国）

方铅矿　Galena　42mm×62mm　（美 国）

淡红银矿　Proustite
30mm×100mm×10mm　[德 国（含方钴矿　Skutterudite）]

彩色图版 09

矿物晶体观赏石　硫化物·碲化物类矿物　图版10

闪锌矿　Sphlerite
18mm×12mm　（德国）

辉锑矿　Stibnite
190mm×180mm　（中国）

毒　砂　Arsenopyrite
40mm sp　（圣·欧拉利亚）

黄铜矿　Chalcopyrite
70mm×55mm×25mm　（德国）

碲金银矿　Petzite
30mm sp　（美国）

闪锌矿　Sphlerite
12mm×10mm　（美国）

矿物晶体观赏石 氧化物（含OH化物）类矿物 图版11

刚玉（红） Corundum（Ruby）
24mm×10mm （缅 甸）

刚玉（蓝） Corundum（Sapphire）
45mm×10mm （斯里兰卡）

锐钛矿 Anatase
4mm×10mm （瑞 士）

金绿宝石 Chrysoberyl
58mm×10mm （巴 西）

铁铅砷石
Ludlockite
50mm sp
（纳米比亚）

尖晶石 Spinel
3mm×10mm （缅 甸）

矿物晶体观赏石　氧化物（含OH化物）类矿物　图版12

肾状赤铁矿　Hematite (Reniform)
4mm×6.8mm　（英　国）

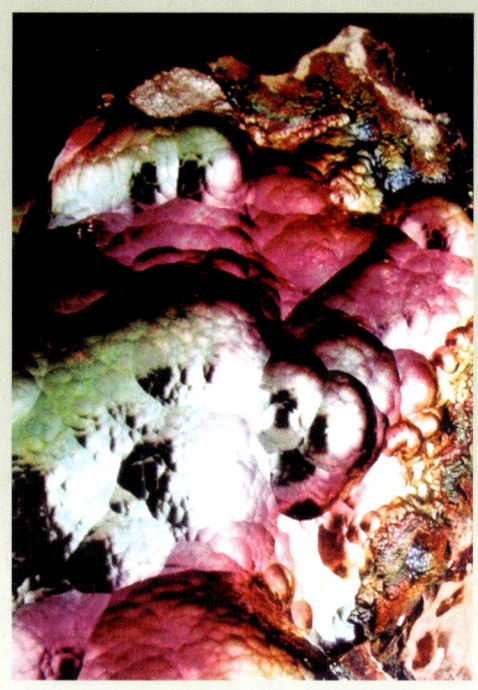

赤铁矿（表面锈色）　Haematite
100mm×70mm×50mm　（德　国）

赤铜矿（在白云石上）　Cuprite
1.8mm×2.1mm　（纳米比亚）

磁铁矿　Magnetite
1.8mm×2.1mm　（瑞　士）

毛赤铜矿　Chalcotrichite
8mm×1.1mm　（纳米比亚）

矿物晶体观赏石　氧化物（含OH化物）类矿物　图版13

紫水晶　Amethyst
60mm sp　（加拿大）

水晶簇　Rock Crystal　（美国）

玉　髓　Chalcedony
4.8mm×5.6mm　（德国）

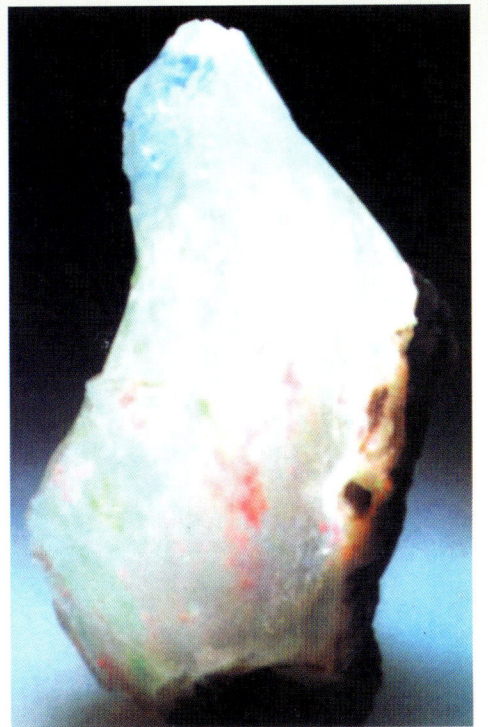

欧　泊　Opal
60mm sp　（美国）

紫水晶　Amethyst

| 矿物晶体观赏石 | 卤化物类矿物 | 图版14 |

萤石（含黄铁矿） Fluorit-Pyrit
100mm×100mm×60mm （德 国）

萤 石 Fluorite
20mm×10mm （西班牙）

萤石球（人工辐射发光） Fluorit
Φ=70mm （中 国）

石 盐 Halite
63mm sp （德 国）

萤 石 Fluorite
25mm×10mm （秘 鲁）

矿物晶体观赏石　　含氧盐类·硅酸盐矿物　　图版15

电气石　Tourmaline
2.3mm×5.2mm　（意大利）

电气石　Tourmaline
60mm×130mm×55mm　（美　国）

锂电气石　Elbaite
92mm×10mm　（巴　西）

电气石　Tourmaline
5mm×5mm　（巴　西）

矿物晶体观赏石　含氧盐类·硅酸盐矿物　图版16

黄　玉　Topaz　（中国）

黄　玉　Topaz
9.4mm×7mm
（巴基斯坦）

黄　玉　Topaz　（前苏联）

黄　玉　Topaz
40mm×10mm
（前苏联）

黄　玉　Topaz
7.5mm×10.3mm　（前苏联）

黄　玉　Topaz
30mm×10mm
（美　国）

矿物晶体观赏石　含氧盐类·硅酸盐矿物　图版17

海蓝宝石
Beryl (Aquamarine)
（中国）

铯绿柱石　Morganite
9mm×10.6mm　（巴西）

绿柱石　Beryl
71mm×10mm　（美国）

绿柱石（红）　Beryl
2.4mm×2.8mm　（美国）

祖母绿　Emerald
2.3mm×3.5mm　（哥伦比亚）

绿柱石　Beryl
60mm×10mm　（阿富汗）

矿物晶体观赏石　含氧盐类·硅酸盐矿物　图版18

榍　石　Sphene
43mm × 10mm
（意大利）

桃针钠石
Serandite
57mm × 10mm
（加拿大）

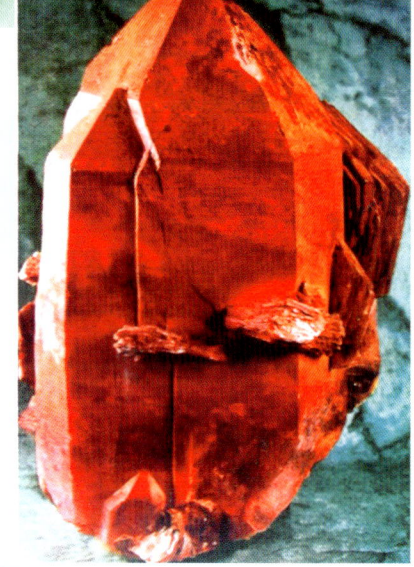

硅孔雀石
Chrysocolla
58mm × 10mm
（美 国）

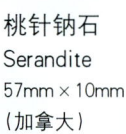

榍　石　Sphene
2.9mm sp（美 国）

铁锂云母-石英
Rauchguarz Zinn Waldit
120mm × 200mm × 160mm
（瑞 士）

矿物晶体观赏石　含氧盐类·硅酸盐矿物　图版19

锂辉石 Spodumene
70mm×10mm
（美 国）

锂辉石　Spodumene
73mm×10mm　（美 国）

红硅钙锰矿　Inesite
22mm×10mm　（美 国）

蔷薇辉石　Rhodonite
48mm×10mm　（澳大利亚）

蓝晶石　Kyanite
48mm×10mm　（美 国）

矿物晶体观赏石　　含氧盐类·硅酸盐矿物　　图版20

鱼眼石　Apophyllite
3mm×3.5mm　（印度）

羟鱼眼石　Hydroxyapophyllite
60mm×45mm　（中国）

鱼眼石　Apophyllite

氟鱼眼石
Fluorapophyllite
160mm sp　（印度）

矿物晶体观赏石　含氧盐类·硅酸盐矿物　图版21

锰铝榴石　Spessartine
2.2mm×2.5mm　（美国）

钙铝榴石　Grossular
25mm sp　（美国）

镁铝榴石　Pyrope　（中国）

钙铝榴石　Grossular
2.2mm×3.4mm　（加拿大）

锰铝榴石　Spessartine
20mm×10mm　（美国）

矿物晶体观赏石　含氧盐类·硅酸盐矿物　图版22

霓石-钠铁闪石-钾长石
Aegirine—Arfvedsonite—Potash Feldspar
304mm×460mm　（中　国）

绿铜矿（透视石）　Dioptase
5.8mm×11mm　（纳米比亚）

绿铜矿　Dioptase
63mm sp　（刚　果）

天河石　Amazonite（Microcline）
175mm sp　（美　国）

硅铜铀矿　Cuprosklodowskite
70mm sp　（扎伊尔）

矿物晶体观赏石　含氧盐类·硅酸盐矿物　图版23

绿帘石　Epidote
25mm sp　（巴基斯坦）

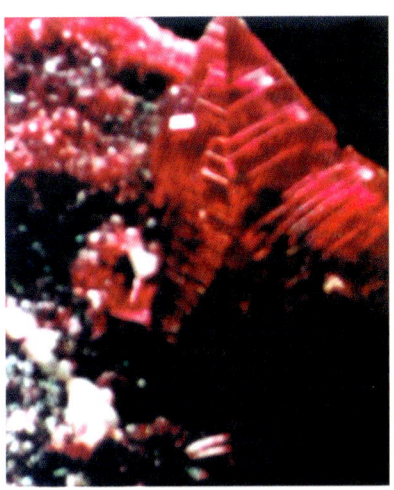

斜绿泥石　Clinochlore
7mm×10mm
（土耳其）

铬绿泥石　Kammererite
2.3mm×2.6mm　（土耳其）

斜黝帘石　Clinozoisite
36mm×16mm　（美　国）

叶蜡石　Pyrophyllite
80mm×40mm×30mm　（美　国）

黝帘石　Zoisite
48mm×10mm　（坦桑尼亚）

矿物晶体观赏石　含氧盐类·磷酸盐矿物　图版24

磷氯铅矿　Pyromorphite
54mm sp　（美　国）

绿磷铁矿　Dufrenite
1.5mm×2.3mm　（美　国）

绿松石（晶体）　Turguoise
1.8mm sp　（美　国）

绿松石　Turguoise
26cm×16cm×12cm
（中　国）

磷氯铅矿
Pyromorphite
1.3mm×1.5mm
（美　国）

锂磷铝石　Amblygonite
64mm×10mm　（巴　西）

磷铝石　Variscite
2.4mm×2.8mm　（德　国）

矿物晶体观赏石　含氧盐类·磷酸盐矿物　图版25

银星石　Warellite
0.7mm×10mm　（美国）

磷铝钠石　Brazilianite
45mm×10mm　（巴西）

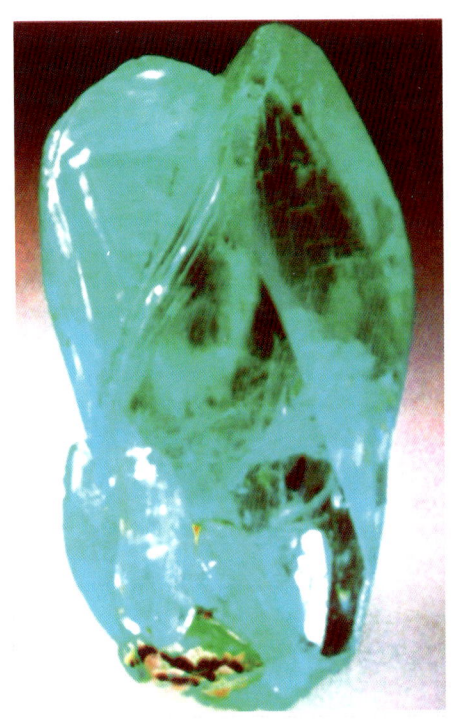

磷叶石　Phosphophyllite
33mm×10mm　（玻利维亚）

磷灰石　Apatite
3.7mm×4.3mm　（葡萄牙）

绿磷铅铜矿　Tsumebite　（法国）

矿物晶体观赏石　含氧盐类·磷酸盐矿物　图版26

氟磷灰石　Fluorapatite
22mm sp （美　国）

磷铝铁石　Childrenite
93mm×10mm　（巴　西）

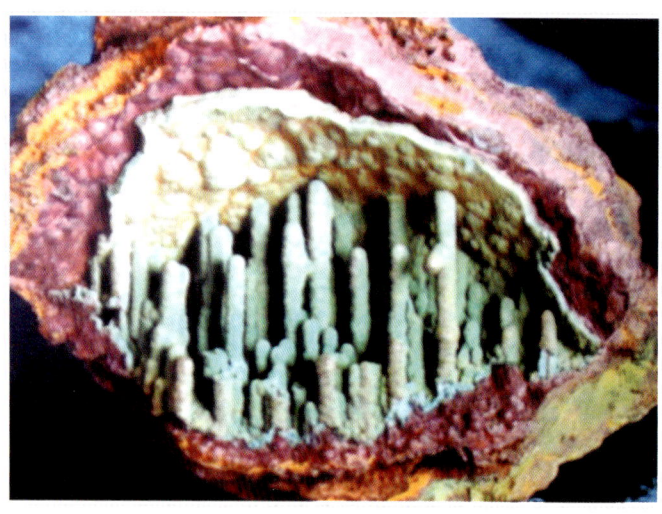

斜磷铜矿（假孔雀石）　Pseudomatachite
90mm×90mm×40mm　（前苏联）

蓝铁矿　Vivianite
30mm×10mm
（前南斯拉夫）

矿物晶体观赏石　含氧盐类·含UO₂的磷酸盐·钒酸盐矿物　图版27

铜铀云母　Torbernite
11mm×17mm　（扎伊尔）

准铜铀云母　Metatorbernite
20mm×10mm　（美　国）

准钙钒铀矿
Metatyuyamunite
1.7mm×10mm　（扎伊尔）

钙铀云母（在白云石、石英上）
Autunite-Rauchguarz
70mm×40mm×50mm　（德　国）

镁铀云母　Salleeite
21mm×10mm　（澳大利亚）

矿物晶体观赏石　含氧盐类·砷酸盐矿物　图版28

砷铅矿　Mimetite
5mm×5.8mm　（德 国）

水砷铝铜矿　Liroconite
15mm×10mm　（英 国）

砷酸镁钙石　Talmessite
5mm sp　（摩洛哥）

毒　石　Pharmacolite
1.7mm×2.6mm　（德 国）

基性砷锌矿　Legrandite
3mm×10mm　（墨西哥）

矿物晶体观赏石　含氧盐类・砷酸盐矿物　图版29

水砷锌矿　Adamite
32mm sp　（纳米比亚）

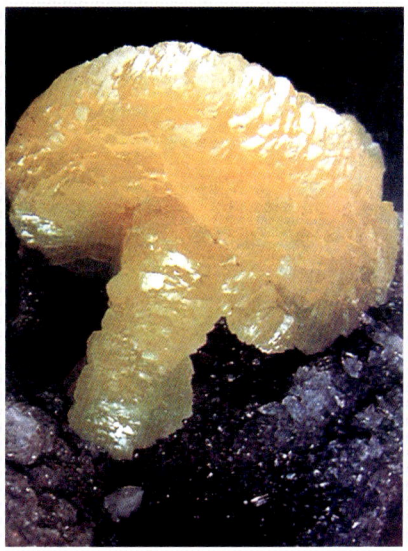

水砷锌矿　Adamite
35mm sp　（墨西哥）

水砷锌矿　Adamite
8mm×9mm　（希腊）

水红砷锌石　Koettigite
33mm×10mm　（墨西哥）

水砷锌矿　Adamite
13mm×10mm　（墨西哥）

水砷锌矿　Adamite
48mm sp　（墨西哥）

矿物晶体观赏石　含氧盐类·砷酸盐矿物　图版30

钴华（在石英上）　Erythrin-quarz
190mm×90mm×150mm　（德国）

臭葱石　Scorodite
10mm×10mm　（墨西哥）

镁毒石　Picropharmacolite
2mm×2.3mm　（德国）

砷铁锌铅石　Tsumcorite
10mm×1.2mm　（纳米比亚）

砷铅矿　Mimetite
12mm×10mm　（纳米比亚）

矿物晶体观赏石　含氧盐类·钒酸盐矿物　图版31

钒铅矿　Vanadinite
80mm×15mm×80mm　（摩洛哥）

钒铅矿　Vanadinite
40mm sp　（墨西哥）

钒铅矿　Vanadinite
6mm×10mm　（美　国）

钒铅矿　Vanadinite
1.5mm×2.8mm　（摩洛哥）

钒铅矿　Vanadinite
25mm×25mm×15mm　（摩洛哥）

矿物晶体观赏石　含氧盐类·钨酸盐·铬酸盐矿物　图版32

白钨矿　Scheelite　28mm×10mm　（美　国）

斜钨铅矿　Raspite　0.5mm×10mm　（澳大利亚）

钨锰铁矿　Wolframite
327mm×460mm　（中　国）

铬铅矿（在褐铁矿上）　Krokoit-Limonit
120mm×90mm×35mm　（澳大利亚）

铬铅矿　Crocoite
1.2mm×1.9mm　（澳大利亚）

矿物晶体观赏石　含氧盐类·钼酸盐矿物　图版33

钼铅矿
Wulfenite
54mm×10mm
（墨西哥）

钼铅矿
Wulfenite
100mm×70mm×60mm
（前南斯拉夫）

钼铅矿　Wulfenite
4.4mm×6.8mm　（美　国）

钼铅矿　Wulfenite
27mm×10mm　（墨西哥）

钼铅矿　Wulfenite　4.6mm×7.2mm　（纳米比亚）

钼铅矿　Wulfenite
29mm×10mm　（美　国）

矿物晶体观赏石　含氧盐类·硫酸盐矿物　图版34

水硼钙矾　Sturmanite
34mm×10mm　（南非）

铝氟石膏　Creedite
20mm×10mm　（墨西哥）

绒铜矿　Cyanotrichite
8mm×12mm　（罗马尼亚）

硫酸铅矿　Anglesite
140mm sp　（摩洛哥）

石膏玫瑰　Gypsum Rose
7.3mm×11mm　（阿尔及利亚）

重晶石　Barite
2.7mm×4.2mm　（前捷克斯洛伐克）

矿物晶体观赏石　含氧盐类·碳酸盐矿物　图版35

文　石
Aragonite
6.3mm×9.8mm
（希腊）

方解石
Calcite
140mm×10mm
（美国）

佛手状方解石　Calcit-Schwefel
130mm×170mm×100mm　（意大利）

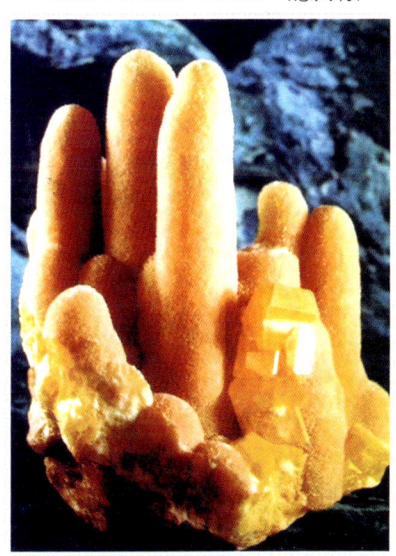

方解石　Calcite　50mm×10mm　（扎伊尔）

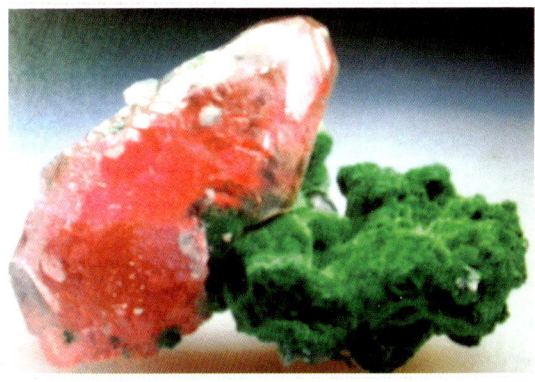

铁白云石　Ankerite
8.5mm×13.2mm　（英国）

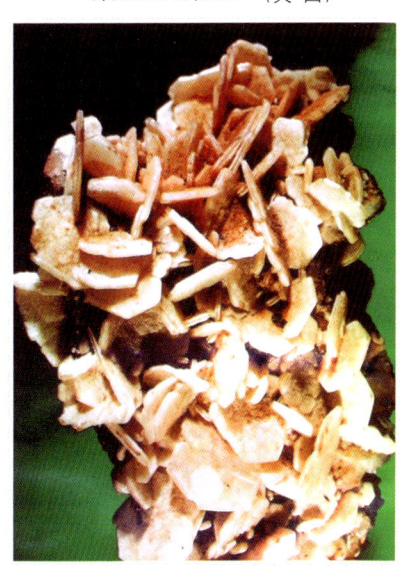

豌豆形霰石（显微镜正交偏光下呈像）　Erbsenstein
（前捷克斯洛伐克）

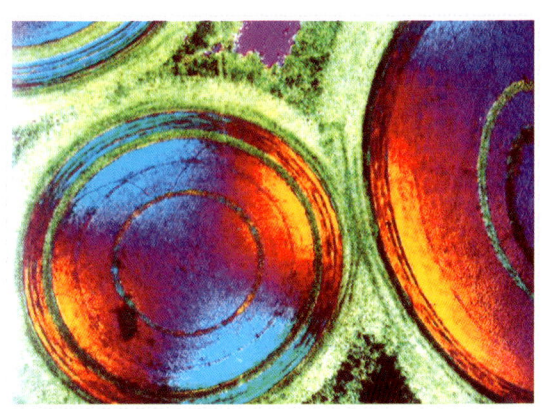

矿物晶体观赏石　含氧盐类·碳酸盐矿物　图版36

菱锌矿　Smithsonite
1.4mm×1.6mm　（纳米比亚）

菱锌矿　Smithsonite
54mm sp　（美　国）

蓝铜矿　Azurite
9mm×11mm　（德　国）

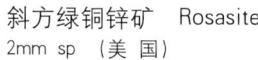

斜方绿铜锌矿　Rosasite
2mm sp　（美　国）

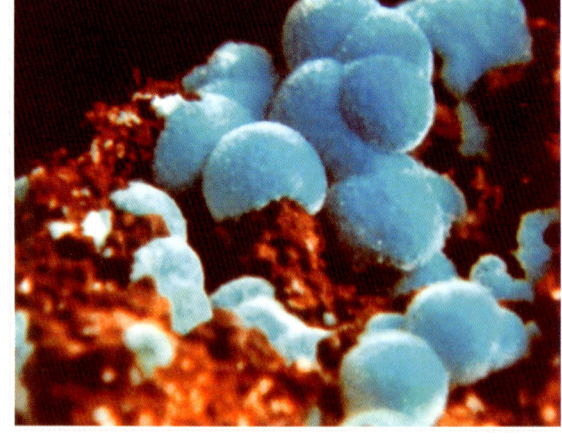

菱钴矿　Spherocobaltite
1.4mm×10mm　（摩纳哥）

矿物晶体观赏石　含氧盐类·碳酸盐矿物　图版37

菱锰矿　Rhodochrosite
90mm sp　（南非）

硫碳酸铅矿　Leadhillite
6mm×10mm　（美 国）

菱锰矿
Rhodochrosite
6.1mm×4.5mm
（德 国）

菱锰矿
Rhodochrosite
34mm×10mm
（秘 鲁）

菱锰矿　Rhodochrosite
2.7mm×4.2mm　（德 国）

绿铜锌矿　Aurichalcite
1.5mm sp　（美 国）

印章石　田黄石　图版38

银包金田黄冻 （罗汉）
53g　5.2cm×4.2cm×2cm

橘皮红田黄冻 （春柳）
142g　6.2cm×3.5cm×3cm

金包银田黄 （春色满山）
128g　8cm×5cm×3cm

枇杷黄田黄冻 （济公）
32.8g　5cm×2.8cm×2cm　清代

硬田黄 （竹林七贤）
3 175g　20cm×13cm×12cm

黄金黄田黄 （石竹图）
252g　6.5cm×5.5cm×2.5cm
清代　郑板桥　印文：
休轻追七步　须重惜三余

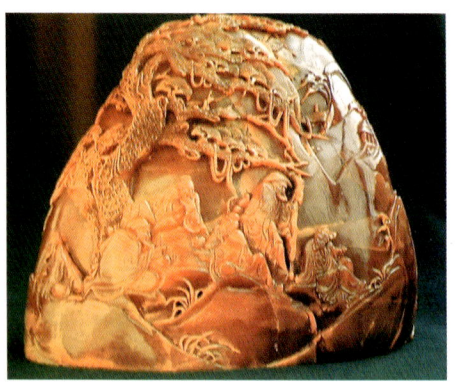

熟栗黄田黄 （松林九老图）
4 900g　22cm×16.5cm×10cm　清代

白田冻 （薄意随形章）
178g　6.5cm×6cm×2.5cm
清　吴昌硕　印文：鹤寿

印章石 田黄石 鸡血石 图版39

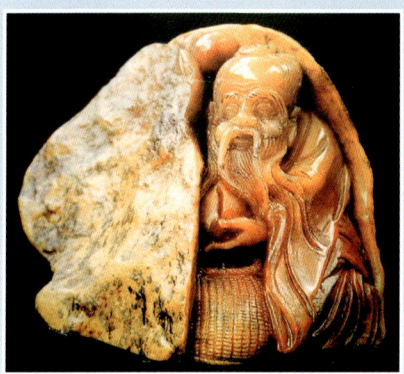
掘性杜陵石 （寿翁） 8cm×10cm×5cm

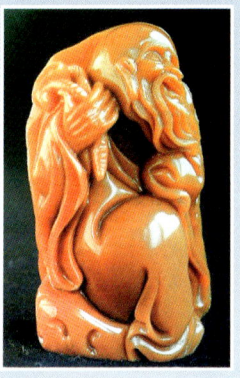
鹿目田 （寿星）
8cm×4cm×3cm 68g

黄塑料造假的"田黄石"
（"乾隆御览之宝"）

内蒙巴林黄冻石
（财源广进）
16cm×12cm×10cm

广绿石料 32cm×23cm×12cm
（中国地质大学博物馆藏）

昌化鸡血石
（万里长城）
35cm×33cm
作者：潘克照

巴林鸡血石
（双豹）
15cm×21cm
作者：陈凤超

昌化鸡血石
（大红袍）
10cm×3cm

昌化鸡血石印章
（天皇巨星）
左：20cm×5cm
右：15cm×4.5cm

彩色图版 39

印章石集锦 图版40

青田石印章

蓝色龙纹青田石观赏石

寿山石印章一组（左一为岫玉印章石）

左：牛角印章石　右：象牙印章石

明黄色薄意雕寿山石印章

孔雀石印章　　虎睛石印章

梵净山风景

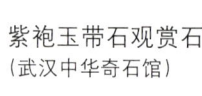

产紫袍玉带石的"万卷书"岩层

紫袍玉带石观赏石
（武汉中华奇石馆）

新生代动物化石·白垩纪恐龙蛋·假化石　图版41

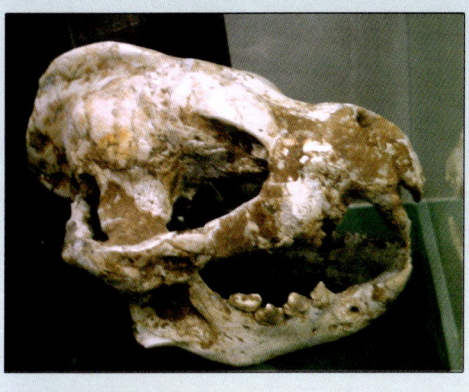

和政巨鬣狗头骨化石　中新世

陆龟壳化石　中新世

内含昆虫的琥珀化石　(Amber)

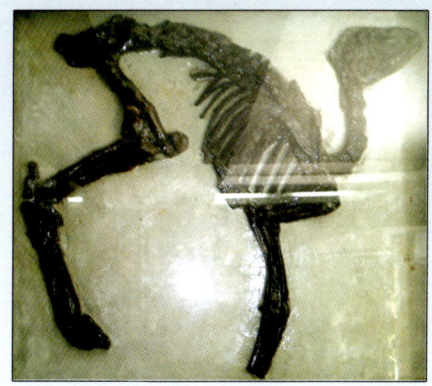

山东山旺柯氏柄杯鹿化石
(Lagomeryx colberti) 中新世　(武汉中华奇石馆)

河南西峡恐龙蛋化石　晚白垩统

似"蛋"的硅质结核

模树石（假化石）
为软锰矿(MnO_2)的杰作

辽西热河生物群——晚中生代动物的天堂　图版42

孔子鸟的生态复原图

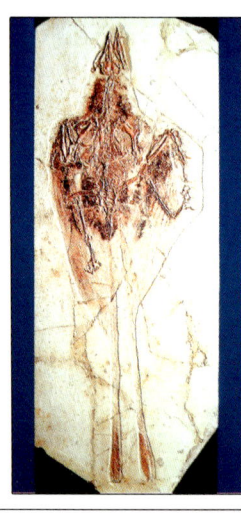

孔子鸟（*Confuciusornis*）为最早具角质喙而无牙齿的鸟类　早白垩统

梅勒营鹦鹉嘴龙
(*Psittacosaurus meileyingensis*)
早白垩统
角龙亚目
为角龙的早期代表
体长1~2m

刘氏原白鲟
(*Protopsephurus liui*)
早白垩统
是目前发现最早的匙吻鲟类
（长10~100cm以上）

狼鳍鱼　(*Lycoptera*)　早白垩统
是我国发现最早的真骨鱼类　体长12cm

尾羽龙生态复原图
(*Caudipteryx zoui*)　早白垩统
其似鸟而非鸟，是披着华丽羽毛的兽脚类恐龙

五尖张和兽生态复原图
(*Zhangheotherium quinguecuspidens*)
早白垩统
全长约25cm以上，为已灭绝的早期哺乳动物

菊石和鹦鹉螺

菊 石
（德国）

菊 石 是已灭绝的头足类动物。化石出现于D-K纪海相沉积岩层中，其直径从1～300cm都有，外壳以具有高度弯曲和复杂的缝合线为特征。其体管大部分在外壳侧边，缝合线是内部隔壁与外壳相连之处。从石炭纪到白垩纪其缝合线愈趋于复杂，是菊石分类上的重要依据

菊 石
（英国）

菊石的缝合线之美

菊 石
（摩洛哥）

菊 石
（德国）

菊 石
（摩洛哥）

现代鹦鹉螺 是原始头足类仅存的后代，故谓活化石。其直径约25cm，内有36个由隔壁分开的气室，各室中央有体管相连，以调节气室的气体量，使之能方便地在海洋中沉浮。其外壳卷曲，美丽，光滑

菊 石
（摩洛哥）

三叠纪海洋动物化石　古生代和元古代化石　图版44

三叠纪海洋中的鱼龙复原图

南漳湖北鳄 (Hupehsuchus Nanchang Yang)　早三叠统　(武汉中华奇石馆)

胡氏贵州龙 (Keichousaurus Hui)　中三叠统

亚洲鳞齿鱼 (Asia Lepidotus cf)　中三叠统 (贵州)

藻灰岩
产于安徽灵璧县　晚元古代

震旦角石
(Sinoceras Chinenese)
中奥陶统　(湖北)

鸮头贝 (Stringocephalus)　中泥盆统
群体化石 (武汉中华奇石馆)

植物化石　海百合化石　三叶虫化石　图版45

中国地质大学(武汉)校园内
中生代硅化木化石林景观

芦木化石 (*Calamites* sp.)
晚二叠统

鳞木化石
(*Lepidodendron* sp.)
晚二叠统 （法 国）

许氏剑孔海百合
(Traumatoerinu shsui)
上三叠统 （贵 州）

海百合茎灰岩
志留纪 （湖 北）
（武汉中华奇石馆）

贝氏三叶虫化石
(*Basidechenella rowi*)
泥盆纪

三叶虫化石
（美 国）

动物世界的黎明和崛起

5.8亿~5.3亿年前动物的演化，即在寒武纪开始之前的4000万年。到寒武纪开始以后发生的生物大爆发，动物世界从多样性黎明到向更高一级的演化。在总共5000多万年时间共发生了4次生物的"点断辐射"，分别诞生了瓮安动物群、伊迪卡拉动物群、梅树村动物群和澄江动物群。其中瓮安动物群、伊迪卡拉动物群发生在前寒武纪，而梅树村动物群和澄江动物群则发生在寒武纪早期。

澄江动物群生态复原图

关于澄江动物群

寒武纪始于5.42亿年前。开始为梅树村动物大辐射，到了距今约5.3亿年前，动物的多样性爆发了新一轮的大辐射，诞生了澄江动物群。它导致了动物各个门和亚门的全面建立。为现代生物多样性的形成构建了框架，而且为包括人类在内的具有脊椎骨动物世界的出现开启了窗口。

伊迪卡拉生物群复原图 (Edicara)
(5.65亿~5.42亿年前)

伊迪卡拉动物群在寒武纪之前生存了大约2000万年时间。其中除个别生物，如海笔继续延伸到寒武纪外，绝大多数生物在寒武纪到达之前走向灭绝。

梅树村生物群

小壳骨骼化石（比三叶虫出现早1000多万年）以腔肠动物锥形管栖生物"Anabarites"为代表。

梅树村生物群为寒武纪生物大爆发的序幕，它以生物骨骼化为特征。代表了寒武纪开始数百万年的一段时间直到近千万年的生物演绎。

瓮安生物群复原图

显示微型群体珊瑚、水螅、钵口幼虫和似小春虫为代表，生活在环礁空隙内的微型、两侧对称的动物。发生在距今约5.8亿年前的贵州瓮安前寒武纪陡山沱组含磷段地层内。

名砚选粹 图版47

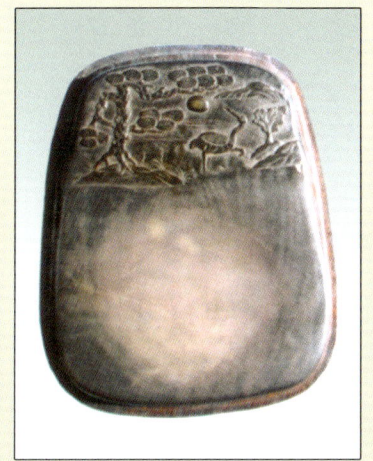
端石砚

澄泥砚

歙石砚

洮石砚

木砚

红丝砚

瓷砚

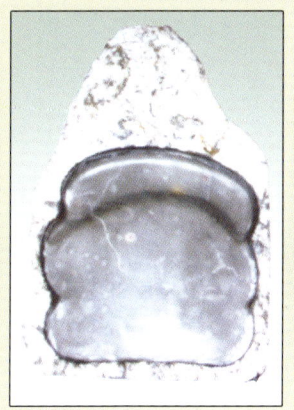
蝙蝠石砚

《兰亭集序》铜墨盒

湖北观赏石集锦(一) 图版48

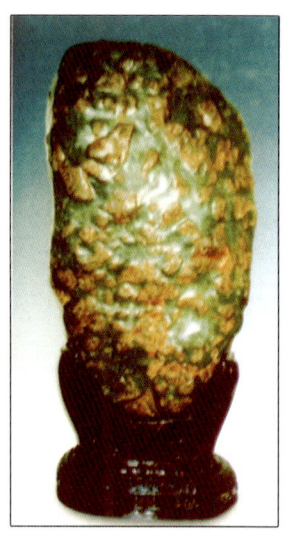
神农黄绿石

神农石

神农绿石

神农白云石

神农灰石

清江云锦石

三峡文字石

清江云锦石

三峡图画石

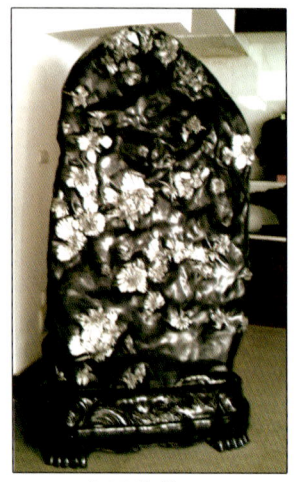
宣恩菊花石

三峡凸纹石

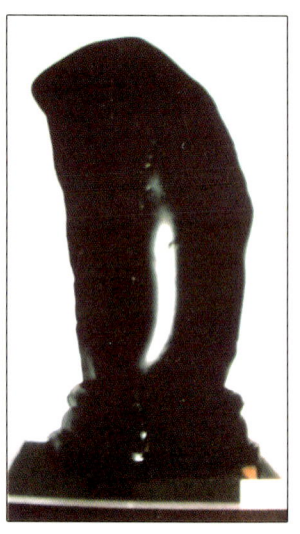
汉江墨玉石

湖北观赏石集锦(二)

黄石孔雀石

黄石鱼眼石

十堰绿松石
(武汉中华奇石馆)

黄石孔雀石

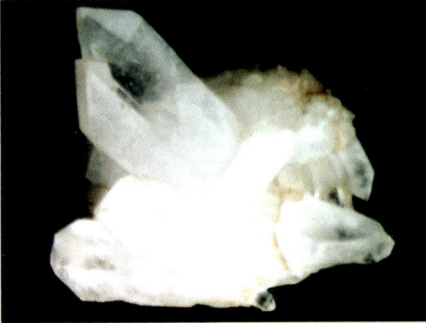
神农架水晶簇

十堰绿松石
(武汉中华奇石馆)

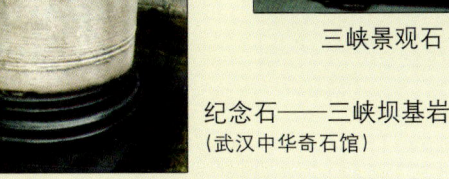
三峡景观石　(武汉中华奇石馆)

纪念石——三峡坝基岩芯
(武汉中华奇石馆)

事件石——湖北随州陨石
(右一为重56kg的1号陨石)

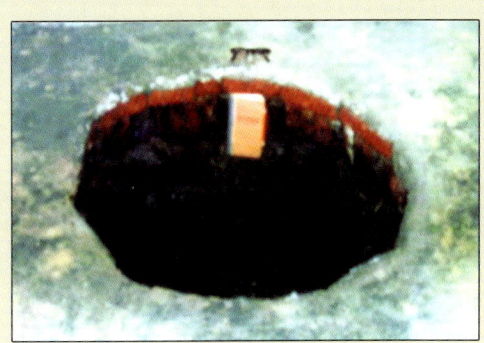
1号陨石陨落坑

武汉中华奇石馆集锦

武汉中华奇石馆门景

武汉中华奇石馆庭园

大型关岭鱼龙化石

和政铲齿象装架化石

蔷薇水晶单晶 （重11.32t）

绿色方解石晶簇